岳立松 著

清代园林集景的文化书写

国家出版基金项目
NATIONAL PUBLICATION FOUNDATION

中国古代园林
文学文献研究丛书

主编 李 浩

陕西师范大学出版总社

图书代号　ZZ23N2180

图书在版编目（CIP）数据

清代园林集景的文化书写／岳立松著. — 西安：
陕西师范大学出版总社有限公司，2024.4
（中国古代园林文学文献研究丛书／李浩主编）
ISBN 978-7-5695-3500-6

Ⅰ.①清…　Ⅱ.①岳…　Ⅲ.①古典园林—园林艺术—
文化研究—中国—清代　Ⅳ.①TU986.62

中国国家版本馆CIP数据核字（2023）第012041号

清代园林集景的文化书写
QINGDAI YUANLIN JIJING DE WENHUA SHUXIE

岳立松　著

出版统筹	刘东风　郭永新	
执行编辑	刘　定　郑若萍	
责任编辑	陈柳冬雪	
责任校对	宋媛媛	
封面设计	周伟伟	
出版发行	陕西师范大学出版总社	
	（西安市长安南路199号　邮编 710062）	
网　　址	http://www.snupg.com	
印　　刷	中煤地西安地图制印有限公司	
开　　本	720 mm×1020 mm　1/16	
印　　张	19.75	
插　　页	2	
字　　数	291千	
版　　次	2024年4月第1版	
印　　次	2024年4月第1次印刷	
书　　号	ISBN 978-7-5695-3500-6	
定　　价	88.00元	

读者购书、书店添货或发现印装质量问题，请与本公司营销部联系、调换。

电话：（029）85307864　85303629　　传真：（029）85303879

总　序

李　浩

经过全体同人六年多的不懈努力，"中国古代园林文学文献研究"丛书第一辑九部著作终于付梓，奉献给学界同道和广大读者。作为这个项目的组织策划者，我同作者朋友和出版社伙伴一样高兴，在与大家分享这份厚重果实的同时，也想借此机会说说本丛书获准国家出版基金立项与出版的缘由。

一

本丛书是由我主持的国家社科基金重大项目"中国古代园林文学文献整理与研究"（18ZD240）的阶段性成果。在项目开题论证时，大家就对推出研究成果有一些初步设想，建议项目组成员将已经完成的成果或正在进行的项目，汇集成为系列丛书。承蒙陕西师范大学出版总社刘东风社长和大众文化出版中心郭永新主任的错爱，项目组决定委托陕西师范大学出版总社来出版丛书和最终成果。丛书第一辑的策划还荣获了国家出版基金项目的资助，为重大项目锦上添花，也激励着大家把书稿写好，把出版工作做好。

本辑共九部书稿，计三百余万字。其中有中国古典园林文化的通论性研究。如曹林娣先生的《园林撷华——中华园林文化解读》，从中华园林文化的宏观历史视野，探讨中国园林特有的审美趣味、风度、精神追求和标识，整体阐释园林文化，探索中华园林"有法无式"的创新精神，是曹老师毕生研究园林文化的学术结晶。王毅先生的《溪山无尽——风景美学与中国古典建筑、园林、山水画、工艺美术》，以中国古典园林与风景文化为研究对象，从建筑、园林、绘画、工艺美术等多重角度，呈现中国古典园林的多重审美内涵。王毅先生研究园林文化起步早，成果多，他强调实地考察，又能够结合多学科透视，移步换形，常有妙思异想，启人良多。

本丛书中也有园林文学文献的考察、断代园林个案以及专题研究，研究视角多元。如曹淑娟先生的《流变中的书写——山阴祁氏家族与寓山园林论述》，是她明代文人研究系列成果之一，以晚明文士祁彪佳及其寓山园林为具体案例，探究文人主体生命与园林兴废间交涵互摄的紧密关系。在已有成果的基础上，又有许多新创获。韦雨涓《中国古典园林文献研究》属于园林文献的梳理性研究，立足于原始文献，对主体性园林文献和附属性园林文献进行梳理研究，一书在手，便对园林文献的整体情况了然于胸。张薇《扬州郑氏园林与文学》研究 17 至 18 世纪扬州郑氏家族园林与文学创作，探讨人、园、文之间的关系。罗燕萍《宋词园林文献考述及研究》和董雁《明清戏曲与园林文化》，则分别从词、戏曲等不同文体出发，研究园林对文学形式和内容的影响。岳立松《清代园林集景的文化书写》，是清代园林集景文化的专题研究，解析清代园林集景的文学渊源、品题、书写范式，呈现清代园林集景的审美和文化内涵。房本文《经济视角下的唐代文人园林生活研究》，从园林经济的独特视角探讨唐代园林经济与文人生活之间的关系，通过个案来研究唐代文人的园林生活和心态。

作为一套完整的丛书和重大课题的阶段性成果，全书统一要求，统一体例，这应该是一个基本的共识。但本丛书不满足于此，没有限制作者的学术创造和专业擅长，而是特别强调保护各位学者的研究个性，所以收入丛书的各册长短略有差异，论述方式也因论题的不同，随类赋形，各呈异彩。

本丛书与本课题还有一个特点，就是将学术研究课题的完成与人才培养结合起来。我们给每位子课题首席专家配备一位青年学者，作为学术助理与首席专家对接，在课题推进和专家撰稿过程中，要求青年学者做好服务工作。还有部分稿件是我曾经指导过的博硕士论文的修改稿，收入本丛书的房本文所著《经济视角下的唐代文人园林生活研究》、张薇所著《扬州郑氏园林与文学》就属这一类。还有未收入本丛书的十多位年轻朋友的成果，基本是随我读书时学位论文的修改稿，我在《唐园说》一书自序中已经交代过了，这里就不再赘述。

本丛书既立足于文学本体，又注重学科交叉；既有宏观概述，又有个案或专题的深耕。作者老中青三代各呈异彩，两岸学人共同探骊采珠。应该说，该成果代表了园林文学文化的最新奉献，也从古典园林的角度为打造园林学科创新发展、构建中国自主知识体系，进行了有益的尝试。

二

中国古典园林是中华优秀传统文化的重要组成部分，是外在的精美佳构与内在丰富文化内涵的完美统一，也是最能体现中国特色、中国风格、中国气派的艺术形式之一。早期的园林研究，主要是造园者的专擅，如李诫《营造法式》、计成《园冶》、陈从周《说园》等，后来逐渐扩展到古代建筑史和建筑理论学者、农林科学家等。20世纪后半叶，从事古代文史研究的学者也陆续加盟到这一领域，如中国社会科学院前有吴世昌先生，后有王毅研究员，苏州教育学院有金学智教授，苏州大学有曹林娣教授，台湾大学有曹淑娟教授，台北大学有侯迺慧教授等。

本丛书的作者以及这个课题的参与者，主要是以文史研究为专业背景的一批学者。其中的曹林娣先生原来研究中国古典文献，但很早就转向园林文化，在狭义的园林圈中享有很高的学术声誉。赵厚均教授虽然较年轻，但与园林文献界的老辈一直有很好的合作。还有为园林学教学撰写教材而声名鹊起的储兆文。我们认为，表面上看，这是学者因学术研究的需要而不断拓展新领域，不断转战新的学术阵地所引发的，但本质上还是学术自身的特点，或者说学术所研究的对象自身的特点所决定的。

法国埃德加·莫兰在《复杂性理论与教育问题》一书中有这样的论述："科学的学科在以前的发展一直是愈益分割和隔离知识的领域，以致打碎了人类的重大探询，总是指向他们的自然实体：宇宙、自然、生命和处于最高界限的人类。新的科学如生态学、地球科学和宇宙学都是多学科的和跨学科的：它们的对象不是一个部门或一个区段，而是一个复杂的系统，形成一个有组织的整体。它们重建了从相互作用、反馈作用、相互—反馈作用出发构成的总体，这些总体构成了自我组织的复杂实体。同时，它们复苏了自然的实体：宇宙（宇宙学）、地球（地球科学）、自然（生态学）、人类（经由研究原人进化的漫长过程的新史前学加以说明）。"[1]从科学发展史来看，跨学科、交叉学科是未来学术增长的一个重要方向，本丛书和本课题的研究，不过是"预流"时代，先着一鞭，试验性地践行了这一学术规律。

三

人类在物理空间中的创造与时间之间存有一个悖论：一方面，人类极尽巧思，创造出无数的宫殿、广场、庙宇、园林等；另一方面，再精美坚固的创造物，也经受不起时间长河的冲刷、腐蚀、风化而坍塌、坏毁，最后被掩埋，所谓尘归尘，土归土，来源于自然，又回归于自然。苏轼就曾在《墨妙亭记》中言："凡有物必归于尽，而特形以为固者，尤不可长。"

人类的精神创造，虽然也会有变化，但比起物化的创造，还是能够更长

---

[1] 埃德加·莫兰：《复杂性理论与教育问题》，陈一壮译，北京大学出版社，2004年，第114—115页。

时段地存留。李白《江上吟》言："屈平词赋悬日月，楚王台榭空山丘。"作为精神类创造的"屈平词赋"可以直接转化为文化记忆，但作为物理存在的"楚王台榭"以及历史上的吴王苏台、乌衣巷的王谢庭堂，都要经过物理空间中的坏毁，然后凭借着"屈平词赋"和其他诗文类的书写刻录，才能进入记忆的序列，间接地保存下来。

中国古人正是意识到了物不恒久，故有意识地以文存园，以文传园，建园、居园、游园皆作文以纪事抒怀，所以留下了众多的园林文学作品，而这些作品具有超越时空的特质，作为一种文化记忆延续了园林物理空间意义上的生命。

前人游览园林景观后可能会留下书法、文学、绘画作品，也就是文化记忆，后人在凭吊名胜时，同时会阅读前代的文化记忆类作品，会留下另一些感怀类作品，一如孟浩然《与诸子登岘山》所说的"羊公碑尚在，读罢泪沾襟"。这样就形成了一个追忆的系列、一个文化的链条，我们又称之为伟大的传统。① 对中国古典园林而言，也存在这样的现象，后人游赏前代园林或者凭吊园林遗迹，会形诸吟咏，流传后世，于是形成文化链条。

我曾引用扬·阿斯曼"文化记忆"的理论解释此现象，在扬·阿斯曼看来，"文化记忆的角色，它们起到了承载过去的作用。此外，这些建筑物构成了文字和图画的载体，我们可以称此为石头般坚固的记忆，它们不仅向人展示了过去，而且为人预示了永恒的未来。从以上例子中可以归纳出两点结论：其一，文化记忆与过去和未来均有关联；其二，死亡即人们有关生命有限的知识在其中发挥了关键的作用。借助文化记忆，古代的人建构了超过上千年的时间视域。不同于其他生命，只有人意识到今生会终结，而只有借助建构起来的时间视域，人才有可能抵消这一有限性"②。

研究记忆类的文化遗存，恰好是我们文史研究者所擅长的。从这个意

---

① 宇文所安：《追忆：中国古典文学中的往事再现》，郑学勤译，生活·读书·新知三联书店，2004年。
② 扬·阿斯曼：《"文化记忆"理论的形成和建构》，金寿福译，载《光明日报》2016年3月26日第11版。

义上说，文史研究者加盟到园林史领域，不仅给园林古建领域带来了新思维、新材料、新工具和新方法，而且极大地拓展了研究的边界，原来几个学科都弃之如敝屣、被视为边缘地带的园林文学，将被开辟为一个广大的交叉学科。

明人杨慎的名句"青山依旧在，几度夕阳红"(《廿一史弹词》)，靠着通俗讲史小说《三国演义》的引用为人所知，又靠着现代影视的改编，几乎家喻户晓。有人说这两句应该倒置着说：几度夕阳红？青山依旧在。但杨慎真要这样写的话，就落入了刘禹锡已有的窠臼："人世几回伤往事，山形依旧枕寒流。"(《西塞山怀古》)

还是黄庭坚能做翻案文章，他在《王厚颂二首》(其二)中说："夕阳尽处望清闲，想见千岩细菊斑。人得交游是风月，天开图画即江山。"由江山如画，到江山即画，再到江山如园，江山即园，是园林艺术史上的另外一个重大话题，即山水的作品化过程。在这一过程中，自然中的山水、诗文中的山水、园林中的山水、绘画中的山水，究竟是如何互相启发、互相影响，又是如何开拓出各自的别样时空和独特境界的？这里面仍有很多值得深入思考的话题。我们希望在本丛书的第二辑、第三辑能够更多地拓宽视野，研讨园林文化领域更深入专精的问题。作为介绍这一辑园林文学文献丛书的一篇短文，已经有些跑题了，就此打住吧。

2023 年 12 月 28 日草成

目　录

绪　　论

　　中国传统文化中的风景不只是一种客观的存在，更是一种融入人文情感与文化表征的空间存在。风景的命名、品题、聚合都是一个重构并赋予其意义的过程。美国学者 W.J.T. 米切尔认为："风景是涵义最丰富的媒介。它是类似于语言或者颜料的物质'工具'（借用亚里士多德的术语），包含在某个文化意指和交流的传统中，是一套可以被调用和再造从而表达意义和价值的象征符号。"[1]

　　景观集称是传统文化中的一个重要面向，其聚合八个或若干个风景，以命名品题、诗词题咏及图画描绘的形式展现景观，是中国传统文化的一个重要范畴。日本学者内山精也在《宋代八景现象考》中认为，八景"是指这样一系列的文化现象：即将某一个地域的八个乃至若干个风景胜地聚合起来，用以四个汉字为主的标题给这些景观加以命名，并以诗歌和绘画的形式对它们进行具体的描绘。"[2] 周琼认为，八景是汉文化与自然审美的融合，"这些景致融入了人文的内涵，包含了人的思想感情、精神寄托及审美趋向，各历史时期的文士以'八景'为中心，在文学、绘画、美学及思想等

---

① W.J.T.米切尔编：《风景与权力》，杨丽、万信琼译，译林出版社，2014年，第15页。
② 内山精也：《传媒与真相：苏轼及其周围士大夫的文学》，朱刚等译，上海古籍出版社，2013年，第430页。

方面创造了较高的文化成就，形成了内容丰富的'八景'文化"①。人们在对山水自然的认知中，择选出最具地域、空间特色的代表性景观，有意识地将景观加以诗意化的审美塑造。景观集称常以"八"统称，但并不局限于八，可以有十景、十二景、十六景、二十景等系列景观，其在命名、选择时不仅注重呈现单个景观，也注重数个景观连缀聚合的整体表现。八景的涵盖范围极其广博，大至江南、岭南、省、府、州的空间范围，小至县、乡、村或某一特定空间，如某一园林的景观。

景观集称文化源于人们的景观意识及对景观所赋予的一种集合性、群体性意义。其在先秦时即有萌芽，经魏晋时期人们对自然风景的认知与审美的酝酿，至唐代得到进一步发展，宋代出现了潇湘八景。潇湘八景因内蕴着士人不遇的忧思之情，而具有隐逸色彩与政治隐情，契合文人心境，引发了文人的广泛共鸣。明清时期八景在品题题咏、景观营造及传播影响上不断发展而臻至鼎盛。八景在日本、韩国等东亚各国亦流播广远，成为东亚文化圈中共同的文化现象。

景观集称可以聚合某一地域内的景观形成地景集称，如潇湘八景、燕京八景、关中八景、金陵四十景、宁夏八景、永州八景等，也可聚合某一园林景观形成园林景观的集称。园林集景择选、聚合园林景观意象而成八景、十景、十二景、二十四景、三十六景等景观序列，借由园林景观的诗意品题与组景集称，以诗词与图绘再现园林意境，如静园八景、筱园十景、随园二十四景、圆明园四十景、避暑山庄三十六景等。园林集景以景观序列点景成趣、造景生情，构建起园林的诗意之境。金学智先生曾在《中国园林美学》一书中指出："没有题名序列的园林，在精神的领域里只具有散文结构，那么，有着优秀题名序列的园林则具有了诗化结构，因为由'数'的严整性和约束性所构成的凝聚中心，能消除园林整体的散文化状态，能生发出多层次、多结构而又完整统一的意境序列来。"②园林集景品题是一个历

---

① 周琼：《"八景"文化的起源及其在边疆民族地区的发展——以云南"八景"文化为中心》，载《清华大学学报（哲学社会科学版）》2009年第1期。

② 金学智：《中国园林美学》，中国建筑工业出版社，2000年，第328页。

史演进的过程，一方面随着园林景观建设与题名而发展，另一方面也受到了传统八景文化的濡染。园林集景是空间景观与审美体验、心理认知相结合的产物，其植根于深厚的园林文化传统，体现出人与园的相互关系、相互作用，发挥着文化表征的作用。其在当代仍然有着现实意义，可作为地域文化的名片，对当代社会的园林文化建设、生态文明建设大有裨益。

清代园林集景是景观集称文化的重要组成部分，也是园林文化的重要表现。目前学界相关的研究主要在八景文化、园林文学和园林集景等方面展开。

八景文化研究。八景文化是一个历史悠久的文化现象，宋代即已出现宋迪所绘《潇湘八景图》，明清时期八景文化得到了繁荣发展。八景的相关研究从二十世纪八九十年代才逐步展开，主要集中于潇湘八景方面。近年来，八景研究在潇湘八景考源、地域八景文化、八景文化交流等方面不断推进。如张轲风、刘贞文《八景文化的起源和定型》研究了八景文化的起源、定型及其标志性要素。张廷银《西北方志中的八景诗述论》《传统家谱中"八景"的文化意义》《地方志中"八景"的文化意义及史料价值》等多篇论文从地域文化、地方志中的八景文化等角度探析了八景诗的史料价值、地学意义及文学价值。程章灿、成林《从〈金陵五题〉到"金陵四十八景"——兼论古代文学对南京历史文化地标的形塑作用》一文研究了金陵四十八景对城市历史文化地标的形塑，以及其对后代的城市想象的化育、衍生、润饰之功。学界重视八景文化的传播及影响，如冉毅《宋迪其人及"潇湘八景图"之诗画创意》《日本的八景诗与潇湘八景》等论文，考察八景诗画创意的源泉，从比较文化研究角度探讨日本的八景文化形态及潇湘八景的影响。周裕锴《典范与传统：惠洪与中日禅林的"潇湘八景"书写》一文讨论了惠洪潇湘八景诗的典范性及其在中日禅林里的书写情况，认为其书写传统可视为"文字禅"影响下的中日文学艺术交流的一个绝佳代表。

中国台湾和海外学者重视八景文化的研究，从文化母题、文图学等视角加以深入研究，取得了一些显著成果。这些研究视角新颖，颇具启示意义。学者衣若芬《文图学理论框架下的东亚"西湖十景"研究》《"潇湘"山

水画之文学意象情境探微》《潇湘八景：东亚共同母题的文化意象》等系列
论文从诗画角度考察潇湘八景山水画的文学意象情境，潇湘八景图的兴起
及潇湘八景、西湖十景在东亚文化中的传播及影响。学者石守谦在《移动
的桃花源：东亚世界中的山水画》一书中有《胜景的化身——潇湘八景山
水画与东亚的风景观看》专章研究潇湘八景图画在东亚的发展历程。叶维
廉《庞德与潇湘八景》一书认为庞德被潇湘八景的画本身所吸引，并从诗
学与中外文化交流角度探讨潇湘八景的相关书写及文化影响。日本学者关
于潇湘八景的研究成果较为显著，如堀川贵司《潇湘八景——诗歌与绘画
中展现的日本化形态》一书以诗歌和绘画为中心，解析潇湘八景在日本的
影响及文化地位。内山精也《宋代八景现象考》一文深入研究八景现象在
宋代如何产生，考察其发展过程及其如何向周围环境渗透。此外，美国学
者姜斐德的著作《宋代诗画中的政治隐情》从潇湘八景的诗画意象入手，
结合唐宋时期的政治环境，透析其所隐含的文人文化及文人心态，解读其
背后的政治隐情。海外学者论著主要研究潇湘八景图起源、意蕴，潇湘八
景的诗画关系及域外传播，资料翔实，视野开阔。这些研究为清代园林集
景与文学研究提供了重要的学术基础及分析视野。

　　园林文学研究。古典园林研究自起步就与文学、文化建立起密切联系。
二十世纪二三十年代，吴世昌《魏晋风流与私家园林》一文关注园林与文
学、文化研究，此时还出现童寯《江南园林志》《造园史纲》等园史专论。
近三十年来，园林与文学、文化研究日益繁荣，园林景观、园林文化研究方
面的成果颇丰，如陈从周《说园》、张家骥《中国造园史》和《中国造园论》、
周维权《中国古典园林史》、金学智《中国园林美学》、王毅《中国园林文化
史》、彭一刚《中国古典园林分析》、杨鸿勋《江南园林论》、曹林娣《中国园
林艺术论》和《中国园林文化》、李浩《唐代园林别业考论》、顾凯《明代江
南园林研究》等著作皆在园林景观、园林艺术、园林文化等方面进行了深
入探析，其中也谈到了古典园林的景观呈现、园林品味及与中国文化的关
系。此外，学者侯迺慧《诗情与幽境——唐代文人的园林生活》《宋代园林
及其生活文化》，曹淑娟《流变中的书写——祁彪佳与寓山园林论述》《在

劳绩中安居——晚明园林文学与文化》等著作,从文人生命与园林结合的视角探讨山光景色的重构及唤醒对前朝文化的记忆等。这些论著为园林集景研究奠定了必要的基础。

海外学者关于园林及文学的研究颇有启示性。如美国汉学家宇文所安《中国"中世纪"的终结:中唐文学文化论集》一书提出"微型自然""私人天地"等观念,对园林与文学进行了多角度透视,提供了一些基本概念及范式。美国学者杨晓山《私人领域的变形:唐宋诗歌中的园林与玩好》一书通过品鉴唐宋园林诗歌,考察了中唐至北宋期间文学传统中的私人领域。英国汉学家柯律格《蕴秀之域:中国明代园林文化》一书从文学与社会学角度切入艺术史,描绘出园林在社会生活中扮演的角色,从而深入考察明代园林文化及文学。这些研究视角新颖,为我们进一步展开研究提供了新的理论视点。

园林集景研究。在二十世纪八九十年代,园林景观集称开始得到学界关注,但是专题研究的成果并不多,且主要集中于单个园林集景研究方面,也多着眼于园林构建与园林艺术方面,如赵洛《香山静宜园二十八景》、沈福煦《西湖十景》系列论文、梁宪华《故宫藏〈御制圆明园四十景诗〉》等论文。

近年来,园林集景研究得到进一步发展,出现了一些通论性的著作。金学智《风景园林品题美学——品题系列的研究、鉴赏与设计》一书,指出品、品味、品题是自古以来中国美学迥异于西方美学的重要范畴。该书从园林景观品题的研究、鉴赏与设计的角度对景观文化加以系统考察,对景观集称作了较为翔实的论述,系统研究了园林品题美学这一重要问题。耿欣等人合作的《从中国"八景"看中国园林的文化意识》一文认为八景是一种集称文化,并从绘画、文学中考察古典园林与八景文化的相通性。

与此同时,园林集景的专题研究得到推进。学者们突破以往园林建筑、艺术的考察范式,开始关注园林集景的文化阐释。首先是园林集景的文化阐释,如吴欣等人合作的《园林为文化的记忆:"岳麓"书院八景》一文分析岳麓书院景观,从书院教育角度诠释八景的儒家思想,提供了新颖的研究视角。陈云飞《论"西湖十景"的美学影响》一文论述西湖十景对于山水景观布局、命名、审美方面的示范作用和影响。贾珺《举头见额忆西湖，此时谁不道钱塘——圆明园中的仿西湖十景》考察圆明园中以西湖十景命名的十处景致，是具有一定典型意义的仿型景观，是清代皇家园林"移天缩地"造园思想的体现。其次是园林集景图绘的研究，如李雪《圆明之德——〈圆明园四十景图〉研究》、刘泉《〈西湖十景图册〉考析》从八景图绘出发，剖析其绘制过程、当朝影响、艺术特色，从艺术视角出发为八景图研究奠定了基础。庄岳《礼仪之争：马国贤〈避暑山庄三十六景〉铜版画与康熙〈御制避暑山庄诗〉木刻画的视觉差异》一文，从清廷与罗马教廷礼仪之争视角分析两幅图绘之差异。海外学者从中西文化交流的视角对园林集景图绘作出了独特的解析。如美国学者石听泉等人合作的《一座清代御苑之传播——康熙避暑山庄三十六景及其在西方的传播历程》一文研究园林集景图绘的域外传播情况，拓展了研究视域。

综上所述，学界在园林景观集称研究方面已取得一些进展，但相对于日益兴盛的园林文化研究、园林文学研究而言，这一领域依然稍显冷僻，目前的研究成果仍存在诸多不足，主要表现为：

其一，目前园林集景的文献整理较为滞后，制约了研究的系统性与深入性。园林集景文献散落于史志、诗文总集、别集等各类文献中，未能加以充分整理运用。除少数成果外，研究也多处于零散状态，辑考与研究皆有待全面开展。

其二，研究视野不够开阔，研究仍多局限于美术学、建筑学方面，重点分析景观营构与绘画特点，未能充分认识园林集景文学书写特征及以此为主题的文人唱和，未能从文学与文化视角对其进行深入诠释。

有鉴于此，本书在对清代园林集景文献进行系统整理的基础上，对清代园林集景文学进行深入探讨，以期有补于当前研究之不足，推动园林文化与园林文学向纵深发展。这一研究亦可对保护古代文化遗产、传承传统文化、建设生态文明等起到积极的推动作用。

清代园林集景在景观建设与文学书写上达至巅峰状态，是研究园林文化、园林文学的重要资源。本书以清代繁荣兴盛的园林集景为研究中心，考察清代园林集景及文学书写，深入研究清代园林集景书写范式、诗文题咏、审美特色、政治隐喻、文人心志等文学文化内涵，主要从文献、文化与文学三个层面展开：

第一，清代园林集景文学文献考述。系统梳理清代总集、别集、史书、方志等各类文献中有关清代皇家园林、私家园林、书院园林的八景品题题咏，简要考述园林位置、园林主人、景观题名，梳理园林集景题咏情况，为清代园林集景的文学、文化研究打下扎实的文献基础。

第二，清代园林集景的文学文化阐释。研究园林集景的文化渊源，梳理园林集景的历史发展，研究其时空特质、品题范式、园林物象，解析园林集景的生态图景与人文图景。透视园林集景品题所塑造的符号意义及深层的审美文化内涵，研究其与城市文化、空间文化的互涵共生，以推动园林文学与文化的深入开展。

第三，清代园林集景的题咏、图绘研究。从总体考察与个案研究方面深入挖掘清代园林集景的文学题咏，研究其艺术构思与表现手法，探析其所传达园林意境及寄寓的人文关怀与情感诉求。研究园林集景图绘的景观呈现、表现手法、艺术风格及传播影响，解析集景图绘与景观的互文性。

本书试图呈现出清代园林集景的历史图景及文学书写概貌，考察各类园林集景的命名方式、意象构成、文学书写，探讨清代园林集景的景观文化、地景文化与园林文化关系问题，将宏观研究与个案研究相结合，考察园林集景文学书写的体系特征及文化意义。

第一章　园林集景的文化探源

集景反映了人们对空间景观的经验感知与集称品鉴，具有丰富深邃的意义内涵，是中国传统文化中一个重要的概念范畴。其形成与人们对空间方位和山水自然的感知、景观集称化和序列化思维、人文情怀以及诗画意境的风景观照有密切联系。园林集景萃聚园林八个或若干个景观而成诗意品题的景观集称序列，借由诗咏、图绘描绘园林景致，形塑出意涵丰富的园林集景文化。园林集景经由魏晋南北朝时期的萌芽、唐代的初具范型及宋元的发展至明清时期而臻为鼎盛，其形成演进顺应了园林建设的发展，也深受八景文化和文学之影响。探究八景及园林集景的形成渊源、演进，对深入研究集景文化及园林文化都大有裨益。

一、八景的时空意涵与文化演进

"八景文化是中国传统仙道文化、审美旨趣与地理环境相结合的产物，它依托自然地理环境，将人文情怀、艺术营造与山水美学融为一体，以景观、诗文、图画、建筑等多种元素为表现形式，以'四字格'为景观的主要命名方式，将某一地域的八个或若干个风景胜地聚合起来的一种地域文化现象。"① 八景文化的渊源可从中国古代文化思维中去探寻。目前海内外学界对八景文化渊源已作出一些有益的探讨，如日本学者小川环树主要梳理了"景"的概念源流，台湾学者衣若芬对潇湘八景进行了深入探讨。② 这些研究给我们以重要启示，而从民族文化心理及文化积淀角度展开尚有诸多待发之覆。

（一）八景的时空意涵探源

探讨八景文化渊源，不妨先分别从八与景的语意上进行推本溯源。八是中国传统文化中常用的数字指称，方位有八方，风向有八风，人才有八元，德行有八德，神明、神仙有八蜡、八仙，节气有八节，音乐有八音，舞蹈有八佾，书法有八法，美食有八珍，中医有八脉，政治上有八政、八法，社交有八拜，文学有八体、八股、八病，文学家有酒中八仙、竟陵八友、唐宋八大家等，此类说法不一而足，遍及地理、文学、艺术、政治、生活等各个方面。八在这些词语中，具有列举、包容、归类的内涵，意指从各物类的多个意象中择选出最具代表性的八个物象，"以八总多"，因而八有"统合涵盖"的意义。《说文解字》释"八"之意："八，别也，象分别相背之形。"八具有区别事物特点之意，以八来统合事物，既以八来明确各事物的特征，形成分解与区隔，使事物具有代表性，又能以八来总多，形成包容与涵盖，使事物具有整体性。例如《吕氏春秋·古乐篇》记载："昔葛天氏之乐，三人操牛尾投足以歌八阕，一曰载民，二曰玄鸟，三曰遂草木，四曰奋五谷，五曰敬天常，六曰达帝功，七曰依地德，八曰总万物之极。"③ 先民的乐舞"八阕"，即由八个乐章组成一套乐曲，显示出"以八总多"的涵括性与系

---

① 张珂风、刘贞文：《八景文化的起源和定型》，载《文史知识》2021年第6期。
② 此类论说代表性的有赵夏《我国"八景"传统及其文化意义》、内山精也《传媒与真相：苏轼及其周围士大夫的文学》、衣若芬《云影天光：潇湘山水之画意与诗情》、周琼《"八景"文化的起源及其在边疆民族地区的发展——以云南"八景"文化为中心》等。这些论说探讨了八景渊源，但文化层面上的研究尚有可开拓的空间。
③ 高诱注，毕沅校：《吕氏春秋·古乐篇》，上海古籍出版社，2014年，第101页。

统性。

八之涵括性也源于八卦观念的浸润。《周易·系辞上》："是故，易有太极，是生两仪，两仪生四象，四象生八卦。"[①]八卦是古人在观天象、观地法、观鸟兽的历史经验积累中形成的，是关于天人关系的哲思与总结，构成了中国古代哲学的意象系统。杨希牧先生认为易卦："原是体象天地之数，而且如卦说的：'参天两地以倚数，观变化于阴阳以立卦。'也原不过是以奇偶之数为基本原则的一种数字魔术而已。"[②]八契合天时、地利、人和，是一个颇具宇宙全息图景的意象。金学智先生研究风景园林品题时亦指出八景之数"主要是八卦之说积淀的结果。如此这般地引而伸之，触类而长之，即'成列'，而'象在其中'，也就是种种八景的不断演绎。八景的孳乳浸多，发展流程完全契合于'生生之为易'（《易·系辞》）的宇宙哲理"[③]。可见八景之数"八"有着深层的哲学性渊源。

八除了具有事物区隔、涵括性的特点之外，与八景相关的另一重要文化意义是其具有空间聚合之义。中国古代十个数字皆谓天地之数，"十个天地之数，个别而言，虽非必狭义的均指言天地，却要可泛指天象地理。例如，一可指太一、太极或天帝，二指两仪即天地阴阳，三指三才、三辰，四指四方、四极即大地，五指五行、五星，六指六合即宇宙，七指七宿，八指八极、八表、八风，九指九天、九野，十指十日、十干"[④]。在这些与天地有关的数字中，八尤指称空间方位。八方在空间上指东、南、西、北、东北、东南、西北、西南八个空间方位，由八方之意扩展开来有八极、八表、八风、八面、八纮、八荒、八表，八垓、八幽等意象，如《吕氏春秋·有始》所记八风："何谓八风？东北曰炎风，东方曰滔风，东南曰熏风，南方曰巨风，

① 陈鼓应、赵建伟注释：《周易今注今译》，商务印书馆，2005年，第627页。
② 杨希牧：《中国古代的神秘数字论稿》，载《中央研究院民族学研究所集刊》第33期，1972年春季。
③ 金学智：《风景园林品题美学——品题系列的研究、鉴赏与设计》，中国建筑工业出版社，2010年，第36页。
④ 杨希牧：《中国古代的神秘数字论稿》，载《中央研究院民族学研究所集刊》第33期，1972年春季。

西南曰凄风，西方曰飂风，西北曰厉风，北方曰寒风"，由八个方位进而指
称"至远"和"天下"，突显了地理空间的涵括意义。《管子·五行篇》云：
"天道以九制，地理以八制，人道以六制"①，反映了中国古代地理空间上以
"八"为制的空间理念。

八景之"八"具有统合涵盖及空间方位指称的意涵，八景之"景"指八
处风景、景观。"景"初意指光，《说文解字》云："景，光也。"日本学者小川
环树在《风景的意义》一文中指出，"风景"作为独立词语在文献中出现以
晋代为最早。其引《晋书》卷六五《王导传》有"风景不殊，举目有江山之
异"之语。魏晋时期人们对自然山水的体认促进了对风景的认知。他认为
从南朝《文选》到齐梁，"'景'的语义与其说指发光的物体（天体，特别是
日、月）本身，毋宁说更多的是指那些发光体所放射的光亮或光辉以及沐
浴着光亮或光辉的某个范围的空间"②。其《"风景"在中国文学里的语义嬗
变》一文研究了风景的发展历程，认为："风景一语，由风和光（光和空气）
的意思，转而为风所吹、光所照之处，再转而指人所观览的物的全体。"③

根据小川环树的研究，我们可以进一步深入探寻八景之景的意涵。景
可包容观赏之物，其意义从光亮扩展至具有光亮空间的层面，作为空间的
指称；景亦因光影的流动而指向时间层面，因而景具有空间指向与时间流
变的多重意义。人们在对所览之物的观看中涵容着取景之义、审美感受和
空间感知，其渊源可追溯至中国古代上下俯仰、四面八方的宇宙观念和空
间认知。

厘清八与景之意，有助于从时空两个层面考察八景的文化渊源。目前
所知"八景"一词最早见于约出于东晋的《上清金真玉光八景飞经》这一道
教典籍，八景与时间、空间相关，指八个受仙时间中的自然景象：

立春之日，……元景行道受仙之日也；……春分之日，……

始景行道受仙之日也；……立夏之日，……玄景行道受仙之日

---

① 李山译注：《管子》，中华书局，2009年，第226页。
② 小川环树：《风与云——中国诗文论集》，周先民译，中华书局，2005年，第28页。
③ 小川环树：《论中国诗》，谭汝谦、梁国豪译，贵州人民出版社，2009年，第13页。

也；……夏至之日，……虚（灵）景行道受仙之日也；……立秋
之日，……真景行道受仙之日也；秋分之日，……明景行道受仙
之日也；……立冬之日，……洞景行道受仙之日也；……冬至之
日，……清景行道受仙之日也。①

元景、始景、玄景、虚景、真景、明景、洞景、清景称为道教八景，此八
景与一年中的时序相结合，将自然变化与行道受仙相结合，可谓八时之景。
此与道家任物自然、天人合一的观念亦有相通之处。道教的八景之意广为
文人所用，如《全唐诗》中出现的八景：

八景风回五凤车，昆仑山上看桃花。……公子闲吟八景文，花
南拜别上阳君。

——曹唐《小游仙诗九十八首》

仙心从此在瑶池，三清八景相追随。

——刘禹锡《三乡驿楼伏睹玄宗望女几山诗，小臣斐然有感》

一奏三清乐，长回八景舆。

——《郊庙歌辞·太清宫乐章·序入破第一奏》

宋前诗歌中出现的八景词汇、意象皆与道教有关。

明代全真道士周玄贞编撰的道教典籍《皇经集注》卷四记载："与诸天
眷属，驭八景鸾舆。"周玄贞注云："八景，一作八宝妙景，一作八卦神景，
一作八色光景，大抵天上神舆，周八方之景，备八节之和，故云八景。"②此
说对八景作了较全面的注释，"周八方之景"从空间方位上阐释其空间指
向，以"八方之景"指代各个方向上的不同景致；"备八节之和"从时间流
变上阐释其时间指意，以"八节之和"指代顺应时序的景致。用"以八总
多"来涵括全部的空间及时序，体现了时象与空间的相融契合。

道教八景之说所具有的时空指称及"以八总多"的特性，与宋代流传开
来的八景之意义指称极其相似，可以视为八景语义层面的重要渊源。由此
可见，八景具有时空层面的双重意义。

---

① 李叔还编纂：《道教大辞典》，华夏出版社，1993年，第38页。
② 胡道静等辑：《道藏要籍选刊》，上海古籍出版社，1989年，第140页。

（二）八景的文化演进

八景经宋代潇湘八景的定型与演绎，成为一种文化范型而广为流传。文人以八景命名、品题及诗词创作营造出更具审美观照及抒情表述的文化空间，使之产生强大的文化张力。八景文化融会着传统文化思维，其在发展演进中也与时代气息、文化心理的推演密切相关。考察其演进特征，主要有如下两方面的表现：

其一，八景景观文化具有一定的历史传承性。八景景观具有相对稳定性，其在形成过程中融入了区域空间感知、民众文化心理等多重要素，因而在历史长河中，虽有一些景观略有出入，但多数景观显现出历史传承性与相对稳定性。如西湖十景在南宋祝穆《方舆胜览》所记为："好事者尝命十题，有曰：平湖秋月、苏堤春晓、断桥残雪、雷峰落照、南屏晚钟、曲院风荷、花港观鱼、柳浪闻莺、三潭印月、两峰插云。"① 清代康熙皇帝南巡时御笔亲赐西湖十景，曾改"南屏晚钟"为"南屏晓钟"，改"雷峰落照"为"雷峰西照"，意欲改变日落静寂之象，却忽视了西湖的自然景象与人文意义，因而康熙题名虽带动了清代西湖题咏、图绘的蓬勃发展，但此种改动却未被接受，可见西湖十景所表现的景观情境与审美情趣是延承传续的。再如关中八景在元代骆天骧《类编长安志》中已初露端倪，此后有明代《长安十景图》、刘储秀长安十景及清代张岱关中八景、康熙《咸宁县志》十二景、宫梦仁关中八景、朱集义《西安八景图碑》等多种说法，虽在景观择选及景观名称上有所出入，却基本反映了关中八景历史脉络与地理因素的共同作用，在自然形胜与人文景观中蕴含着丰富的历史文化，展现出关中地缘文化的人文特性。

其二，八景景观由情感空间向景观空间的流变。八景从其定型之始即以文人诗词、题咏、图绘展示呈现，具有鲜明的文人文化特色，传达出文人的心境情志。潇湘八景在潇湘一带山水氤氲、忧郁沉抑的自然氛围中孕育

---

① 祝穆编撰：《方舆胜览》，上海古籍出版社1991年，第47页。

而出，蕴含着丰富的文人情感及隐逸色彩。衣若芬指出："'潇湘'山水画并未受到湖南实际地理空间的约束，没有文字指陈山水景物名称，更适宜观者以其心灵之眼作广泛的解读，'潇湘'是为一种象征性的情感空间，容纳人们的悲愁喜乐。"①潇湘八景最初并无明确所指，后人在题咏论说中为其寻绎具体的景观所在，如清刻本《康熙长沙府志》云："烟寺晚钟，即水陆寺，在江心。薄暮烟笼，钟声一动，渔舟返棹，宿鸟惊鸣，景趣更悠然矣。"②此说给虚幻缥缈的烟寺晚钟景观以明确的地理空间。宋代西湖十景虽袭用潇湘八景之意，但已淡化了文人的抒情意味而指向较为明确的空间。元代吴镇绘《嘉禾八景图》图绘题写嘉禾八景：空翠风烟、龙潭暮云、鸳湖春晓、春波烟雨、月波秋霁、杉闸奔湍、胥山松涛、武水幽涧。点明景观位置，如题武水幽涧一景："在县东三十七里。武水，景德教寺西廊。幽涧井，泉品第七也。"③八景在演变过程中由具有象征性的情感空间转而成为具体所指的空间，由文人抒怀的意象转向地方景观的导览，由地理空间的想象成为一种实际空间景象，融入了更多城市文化、旅游文化的性质，成为区域景观最为概括化的文字说明。

八景在不断发展中也出现了泛云侈谈八景的现象，举凡地方风景名胜，大至省域，小至邑乡村落、园林空间皆有八景、十景之称，各类八景模仿因袭，乃至部分八景陷入窠臼之中，缺乏空间特性，淡化了文人雅趣与审美观照。清人对此多有批判，如《日下旧闻考》卷八引《寄园寄所寄录》："十室之邑，三里之城，五亩之园，以及琳宫梵宇，靡不有八景诗矣。"④戴震在《乾隆汾州府志·例言》中批评泛滥的八景现象："至若方隅之观，各州县志多有所谓八景、十景，漫列卷端，最为鄙陋，悉汰之以还雅。"⑤《宣威县志稿》有评："盖方志侈谈八景，通人每病其牵合诗家比兴、百物大

---

① 衣若芬：《云影天光：潇湘山水画之画意与诗情》，里仁书局，2013年，第335页。
② 苏佳嗣：《康熙长沙府志》卷一四，江苏古籍出版社，2013年，第751页。
③ 转引自衣若芬：《云影天光：潇湘山水画之画意与诗情》，里仁书局，2013年，第334页。
④ 于敏中编纂：《日下旧闻考》，北京古籍出版社，1981年，第116—117页。
⑤ 戴震著，戴震研究会等编纂：《戴震全集》，清华大学出版社，1991年，第491页。

雅,难免于侈肆浮词隽语,何关风教?"①一些八景往往沿袭挪用或是凑景而成,流入程式化与庸俗化,失去了自然与人文融合的景观再塑意义,但不能因噎废食而否定其价值。八景文化反映了人们对景观空间的认知,其意义及影响早已深入人心,但还应当挖掘其历史文化意义,促进生态文明的建设。

二、古代集景的传统文化思维

集景涵容着人们对宇宙空间的认知、神秘数字的意指、时序流变的感受及山水自然的体认等多重复杂层面。其产生映现着古人时空感知的经验体认、景观集称的文化传统、序列认知的民族思维和区域空间的文化认同,其背后潜隐着古人的思维方式、深层民族心理和文人的文化情思。

(一)时空感知的经验体认

景观集称包容着风景与时空感知,是一个兼具时间与空间意涵的视觉印象。张廷银先生认为:"宋迪当初表现潇湘胜景只选八种,除了受道教中原有的'八景'名词以及中国人的数字崇拜意识的影响外,也许就与中国方位概念中的四面八到有关。因为以某一地点为中心或把某一地区看作一个整体,从八个方面描述周围的景观,正可以比较全面又非常对称地说明其地理环境。"②除八景所具有的空间感知外,时序变幻之于八景亦有重要意义。

台湾学者廖美玉先生在研究物候诗学时指出:"江山的亘古存在,与四

---

① 王均国等修,缪果章等纂:《宣威县志稿》,1934年铅印本。
② 张廷银:《传统家谱中"八景"的文化意义》,载《广州大学学报(社会科学版)》2004年第4期。

时的变动不居，人类乃配合四时变化以建立的生活范式……发展出政治 四时郊祭的礼仪，与农业上耕种收藏的作息。"①对物候的感知与空间体认共同作用于人们的思想生活之中。八景与时序互融共生在沈约《八咏诗》中即有鲜明体现。沈约出任扬州东阳郡太守时怡情山水，政余之暇在郡城东南构筑玄畅楼。每登临送目，所观景物随四时迁变虽有不同但皆触动心扉。沈约择取时序不同的八个视野所至的景观对景抒怀，以"八咏"名篇，以一景咏一诗的形式分别描写登台望秋月、会圃临春风、岁暮愍衰草、霜来悲落桐、夕行闻夜鹤、晨征听晓鸿、解佩去朝市、被褐守山东八景。题名虽未用"景"去统合八个所观景致，但其将空间存在的景物与时序结合，融入秋月、春风、衰草、霜来、夕行、晨征、朝市的时间变幻，将八景塑造成为一种时空共同体。沈约《八咏诗》开创了以"八"题名景观组诗歌咏之先河，开启了后世八景题咏的诗意化倾向。

此种时空共融的景观题名为后代八景品题所沿袭，尤其是经由潇湘八景的演绎而成为颇具影响的范式，潇湘八景成为八景文化形成演进中的重要标志。此说主要源自北宋沈括《梦溪笔谈》所记宋迪所绘《潇湘八景图》："度支员外郎宋迪工画，尤善为平远山水，其得意者有平沙雁落、远浦帆归、山市晴岚、江天暮雪、洞庭秋月、潇湘夜雨、烟寺晚钟、渔村落照，谓之八景。好事者多传之。"②宋代八景之称已然定型，潇湘八景之平沙雁落、远浦帆归、山市晴岚、江天暮雪、洞庭秋月、潇湘夜雨、烟寺晚钟、渔村落照皆是一种时空共融的题名。雁落、帆归、晴岚、暮雪、秋月、夜雨、晚钟、落照汇融时空、声色变幻的动态景象，生发出文学意境及其涵蕴的政治隐情。四字品题可每两字分为一组，前一组描述空间存在，后一组展示时序意象，显示出传统思维中时空对照的观念及贯注于诗人内心的时空体验。如江天暮雪一景，呈现的是江水天色、薄暮飞雪，显现出四时的终结与衰亡，也流露出文人的孤寂与独立的在世姿态。天地运行、四时流转，

① 廖美玉：《江山有待：建构物候诗学的思考路径之一》，载《安徽师范大学学报（人文社会科学版）》2016年第2期。
② 沈括：《梦溪笔谈》卷一七，中华书局，2009，第185页。

终结之时也意味着另一重境界的开始，正如美国学者姜斐德在《宋代诗画中的政治隐情》一书中指出的："'江天暮雪'具有一种丰富的朦胧性。根据物极必反的变化规律，观者在现象（和政治）世界的低谷应该能够具有柳宗元那样平静的心态，或者至少可以避免杜甫那样的绝望。当自然界的循环达到一个最低点后，'阴'必然会让位于'阳'。"①

八景时空认知的理论推动者是北宋苏轼。他从禹贡角度将八引至地理、阴阳之宇宙天地空间，传达出体象天地、囊括万物的精神意旨，将八归结为空间意象，并提出"八之出乎一也"的哲学理念与景观认知，虽是用"八境"一词指称虔州境内八处胜景，实与八景意同。在八景文化中亦常用"八境"代指八景。如最早题咏《潇湘八景图》的北宋诗僧惠洪，其诗题为《宋迪作八境绝妙，人谓之无声句，演上人戏余曰："道人能作有声画乎？"因为之各赋一首》。又如，南宋诗人杨万里《题文发叔所藏潘子真水墨江湖八境小轴·浙江观潮》，将八景从某一地域扩展至整个江南空间，所题"八境"有洞庭波涨、武昌春色、庐山雾色、海门残照、太湖秋晚、浙江观潮、西湖夏日、灵隐冷泉，将八景从一地域扩展开来，延伸至包容多个地域的江南八景。

苏轼作有《虔州八境图》诗，当时虔州太守孔宗瀚建石城，并依"城上楼观台榭之所见"而绘《虔州八境图》，苏轼依图题咏，其《虔州八境图诗跋》有对创作初衷的解说："南康江水，岁岁环城，孔君宗翰为守始作石城，至今赖之，轼为胶西守，孔君实见代，临行出《八境图》求文与诗，以遗南康人，使刻诸石。"《虔州八境图》诗序：

> 苏子曰：此南康之一境也，何从而八乎？所自观之者异也。且子不见夫日乎，其旦如盘，其中如珠，其夕如破璧，此岂三日也哉？苟知夫境之为八也，则凡寒暑、朝夕、雨旸、晦冥之异，坐作、行立、哀乐、喜怒之变，接于吾目而感于吾心者，有不可胜数者矣，岂特八乎。如知夫八之出乎一也，则夫四海之外，诙诡谲

---

① 姜斐德：《宋代诗画中的政治隐情》，中华书局，2009年，第89页。

怪，《禹贡》之所书，邹衍之所谈，相如之所赋，虽至千万，未有不一者也。后之君子必将有感于斯焉，乃作诗八章，题之图上。①

苏轼此诗序具有重要的意义：第一，提出了时空结合的八境观念。所咏虔州八境是在空间认知之上有感于"寒暑、朝夕、雨旸、晦冥之异"的自然变幻，亦即"景"之意义所蕴含的自然流变，因而八境之称是融合了时间和空间的范畴。第二，八境的感知与人的情感相激荡。八境与"坐作、行立、哀乐、喜怒"的行为情感变化密切相关，从而引发"接于吾目而感于吾心"的各种情感体验，体现了景象空间的自然变幻与人的情感激荡的交融。第三，具有"以八总多""由一生八"的哲学思维。强调"有不可胜数者矣，岂特八乎""八之出乎一也"，指出虔州八境非只此八处胜地，八境乃"以八总多"，是虔州风景之代表，而一切都在"太极生两仪，两仪生四象，四象生八卦"的万物运转之中，体现了空间的衍生与万物的运化。

（二）景观集称的文化传统

中国古代文化传统中喜以数字统合景观，从而形成通俗明晓又具高度概括意义的景观集称以突出事物的整体性特征。"用数字的集合称谓表述某时、某地、某一范围的景观，则形成景观集称文化。"②景观集称在汉魏时期就已萌芽，汉代即有三台之说，许慎《五经异义》："天子有三台，灵台以观天文，时台以观四时施化，囿台以观鸟兽鱼鳖。"③景观集称在唐代已有广泛的运用，柳宗元《永州八记》以"八愚"之名集称园亭中愚溪、愚丘、愚泉、愚沟、愚池、愚堂、愚亭、愚岛八处景观；韦处厚《盛山十二诗》集称隐月岫、流杯渠、竹岩、绣衣石榻、宿云亭、梅溪、桃坞、胡卢沼、茶岭、盘石磴、琵琶台、上士瓶泉十二景观。景观集称聚集区域内的景观，并附以文采题名，使景观灿然生辉。

① 苏轼撰，王文诰辑注，孔凡礼点校：《苏轼诗集》，中华书局，1982年，第792页。
② 吴庆洲：《中国景观集称文化研究》，见《东方建筑遗产》，文物出版社，2011年，第66页。
③ 徐坚：《初学记》，中华书局，1962年，第574页。

集景文化体现了人们对于自然景观的热爱，反映了人们对古代空间观念的认知向度和整体性思维。景观集称择选某一地方、区域、园林、佛寺、书院等景观代表并冠以数字形成统合，以体现某一地域、空间的特征。景观集称是对风景的择选与归纳、提炼与再塑的过程，借由数字聚合展现出景观的个体特征和整体风貌。组景集称的意义不只是简单的景观叠加，而是将单个景观聚合成为整体，以个别表征全部，反映了中国古代以整体统合局部的整体性思维。集景增强了单个景观的意义，也因其聚合成整体，其意义就不仅仅是单个景观叠加，而具有了整体的认知和意义导向，从而扩大了景观的影响。

中国古代景观集称在发展过程中形成以八为核心而衍生成多种数字景观集称。不论是数量的增加抑或减少，所出现的景观多是"八"之倍数，且以偶数居多，此类组景集称皆可归于八景之类，以代表性的八景统称之。如西湖十景、黔江十二景、燕园十六景、辋川别业二十景、随园二十四景、南京愚园三十六景、圆明园四十景、金陵四十八景、避暑山庄七十二景。八景因最能体现时序、空间的观念，又因宋代潇湘八景契合文人情怀而产生广泛影响，故而将八景作为景观集称之代表，由八而衍生成一系列景观集称，大大扩展了八景的广度。集景文化体现了中国古代对于景观的整合及追求整体性的民族心理。张岱年先生指出："在中国传统哲学中占主导地位的思维方式，以重和谐、重整体、重直觉、重关系、重实用为特色，并在一定程度上采用了观察、分析的方法。这五者既相互联系，又有区别。"[1]古代整体性思维强调一与多、个体与群体的互融关系。集景在这样一种整体性思维体系中强调个体与局部，彰显个别景观的独特性，突出其个体价值，又强调统合观照，注重整体空间经验与审美感悟，构建起一个整体的时空框架。

---

[1] 张岱年、程宜山：《中国文化论争》，中国人民大学出版社，2006年，第192页。

（三）序列认知的民族思维

集景以序列化的形式呈现空间景观，此深受古代秩序化、序列化的民族思维影响。序列化反映了中国古代对宇宙空间和外在事物的一种逻辑重构，体现了古人对自然景观及社会历史空间的观察和思考。选择何种景观汇成集景，如何组织、构造每一个景观空间，多个景观又以何种秩序形成序列，这是八景建构的重要面向。"景观要素之间需要通过一定的逻辑关系组织起来，或是平行排比的，或是递进演变的，才能准确地表达意象或是比较复杂的意图。"①集景通过序列化的景观认知与品题展现出某一区域的空间特色和丰富内涵。景观的序列化建构即是一个意义生成的过程，从而达至景观的再现与重塑。

景观空间与主体经验在序列化中形成完美融合，融摄了传统文化对称和谐思维。集景聚合各个景观的过程即是一个取景的过程，将每个景观置入相框中，形成一个个独立的风景单元，再以对称和谐的序列化组景形成多元复合的整体。每个风景单元本身即是一个意义符号，诸多风景单元又构成一个具有整体意义表达的文化符号。

宋代潇湘八景奠定了八景对称和谐的序列范式。潇湘八景以四字品题景观，形成八个诗意盎然的景观单元。这些景观单元又以两相对应的形式组构聚合，如平沙雁落与远浦帆归以雁落、帆归展示出黄昏时分的潇湘景象；山市晴岚与江天暮雪则以对比视角显现出潇湘晴雪之态；洞庭秋月与潇湘夜雨在秋月、夜雨的清冷静谧中传递潇湘的经验感知；而烟寺晚钟与渔村落照则以晚钟、落照的时象呈现出潇湘悠远意境，对称或对比构成内在的景观序列，在时间、空间、情景上营造出潇湘八景的风致气韵及视觉经验。此种模式波及深远，影响广泛的西湖十景亦承此范式。它以两两相对的四字景题和诗歌描绘出西湖四时变化的多种风姿。

集景以对称和谐的内在逻辑对景观加以序列化、意义化。正如学者李

① 李开然：《景观"意、境、流"概念及其语义学解读》，载《中国园林》2008年第9期。

开然指出的："这种存在方式有时候被认为是有所牵强的行为，但实际上应该把它理解为带有深刻中国文化印痕的景观感知体悟方式下的一种对于在空间上无序呈现的多个景观的综合把握与有序化呈现，这种呈现使他们之间关联化了，序列化了，整体化了，也因此对这个地方产生了'被以文化的方式接纳和欣赏的游憩场所'的意义。"[1]

（四）区域空间的文化认同

集景作为一种空间的呈现，浸润着自然与历史人文色彩，尤其是对一个区域长期形成的集景而言，更是带有集体的文化认同及对历史的追忆、怀想，也融注着景观欣赏者内在的精神与思想。集景潜隐着城市的、区域的抑或是事件的、人物的种种文化因素，其形成的文化渊源与古人对景观寄怀之情密不可分，其"从产生之日起，就不可避免地具有十分浓厚的文化创造意味与心理想象色彩"[2]。集景可以是城市、地方、乡村、园林、寺观等具体的真实存在的实景空间，也可以是饱含人文意象或是政治隐情的写意空间。换言之，景观集称之中的每个景观不仅是一种实存的、可见的视觉空间，也是一种包含历史的、文化的、人文情感的文化空间，敷染上区域空间的文化色彩。

中国古代一直重视对山川、古迹的欣赏，景观集称标示区域地方之美，主要收录于方志中的山川、古迹、名胜目录之中。集景文化具有浓厚的地域色彩与人文特色，是区域地理空间与人文特色的代表，是自然景观与人文景观的集中展现。集景是一种在大众认知基础上的文人表述，反映了地域及民俗文化，有着深厚的群众基础与地方影响。对一个地方的感知，可从八景认知开始。即使一地无名胜，但文人常于八景中塑造出人杰地灵

---

① 李开然、央·瓦斯查：《组景序列所表现的现象学景观：中国传统景观感知体验模式的现代性》，载《中国园林》2009年第5期。
② 张廷银：《传统家谱中"八景"的文化意义》，载《广州大学学报（哲学社会科学版）》2004年第4期。

之物象。如乾隆时山东《原武县志》卷一《八景说》："原陵一望平坦，无名胜奇观足供登临。然夫人胸中自有邱壑，苟兴会所至，虽勺水拳石，亦可与桃源、雁宕并作佳丽。"①八景寄寓了地方的认同之情和对家乡故土的眷恋。

集景反映了人们对地方胜概的理解观照和"人自以为乐土，家自以为名都，竞美所居"的矜夸情感，展示出个人际遇与空间感知的共鸣，是一种在大众认知基础上的文人表述与地方认同。如学者指出："各地胜景在积聚了文人独到的审美眼光、宏富的神思及文采，凝聚了深厚的文化内涵后，以其傲然的丰姿挺立在人们的视野中。……不同时期的'八景'反映了当时自然环境的状况及人们的思想文化、精神伦理及美学成就，包含了各地经济生活及文化活动状况等方面的内涵。"②

文人题咏八景的诗文不仅传扬了区域景观，也增强了民众的乡土情怀，"生长于此地的普通民众则通过阅读或口传这些诗文，油然而生浓厚的乡土观念和景观意识，并能够无需长途远涉而广收观光赏景之效"③。关中八景之华岳仙掌、骊山晚照、灞柳风雪、曲江流饮、雁塔晨钟、咸阳古渡、草堂烟雾、太白积雪既呈现出古老的历史情怀，又给人以远古历史似曾发生于当下的在世之感。关中八景体现了关中地区的自然风貌与人文景观，在雁塔晨钟的清响中开启新日，在骊山晚照中归于寂静，在四时循环中不断地演进。其不同于江南八景之山水氤氲，也没有潇湘八景之感伤忧思，其于凝缩集成的景观意象中展示出帝都的景观风貌与文化空间。关中八景以帝都地缘空间的构建与汉唐历史文化追忆的视角对景观进行再生产，形成区域空间的文化坐标，透显出关中帝都气象及浓郁的文化气息，成为抒发与表达文化记忆与乡土情怀的媒介。关中八景体现了人们对地域的空间感知，这些书写描画使自然景观具有了生命气息，不再是静态的客观存在，

① 吴文炘：《原武县志》卷一，清乾隆十三年刻本。
② 周琼：《"八景"文化的起源及其在边疆民族的发展——以云南"八景"文化为中心》，载《清华大学学报（哲学社会科学版）》2009年第1期。
③ 张廷银：《地方志中"八景"的文化意义及史料价值》，载《文献》2003年第4期。

而是融入生生不息的宇宙之中，成为可与今对话、可与古勾连的情境。景观集称反映的正是传统文化、地域文化及民俗文化，其以景观序列的方式呈现出远超于单个景观的群体意义，是一种人与自然、人与景观关系的体现，反映出深厚的民族文化心理、空间认知与审美意识。

（五）景观涵融的人文情怀

集景文化植根于深厚的自然与历史文化传统，其以景观序列的方式呈现出远超于单个景观的群体意义，是一种人与自然、人与景观关系的体现，反映出深厚的民族文化心理、空间认知和审美意识。集景通过景观的诗意品鉴，以组景的形式呈现出人们的审美感受及地域认同，成为一种具有丰富意涵的文化符号。

集称景观不仅是一种自然呈现，也是一种文化的符号，具有文化表征之意。景观集称以诗书画的多元艺术形式展现景观，更易触发人的视觉、观感与想象，令人产生跨越时空的共通情感，建构起人文情怀的文化空间。景观集称以物质的建构、审美的描绘和情怀的书写，融注了人们的景观认知、个人情怀、政治意蕴，开启了多元的体验空间的方式，展现出画境诗意的景观空间。如燕京八景之太液秋风、琼岛春荫、金台夕照、蓟门烟树、西山晴雪、玉泉趵突、卢沟晓月、居庸叠翠体现出人与自然的契合，在空间景观上寻求一种与自然、时间相融合的具有天人合一之感的审美观照，是空间景观与审美体验、心理认知相结合的产物。在城市生态文明发展的形势下，应当挖掘城市的历史遗存与文化印迹，使其在历史人文与自然山水的和谐统一中展示出区域文化的魄力。当前传统八景景观的修复、新建城区八景景观的塑造都得以发展，但应注意避免单纯的景观标识建构，应将八景建构成为集体认同的富于文化内涵的精神标识，使集景文化重新焕发生命力。

集景在文人文化中孕育，其与诗、书、画艺术密不可分。古代诗画传统对景观的品鉴、图绘成为集景文化形成的诗意文化之源，其以诗性语言

图1-1　张若澄《燕山八景图册·太液秋风》

图1-2　张若澄《燕山八景图册·琼岛春荫》

建构景观，使风景成为一个个内涵丰富的文化意境和心灵图景。集景的文化渊源不仅是对地域的感知与认同，文人的审美赏鉴、情感幽思最终促成了集景文化的萌发，使集景景观展现出人文画意空间。集景的产生与文人对景抒怀的风致及品题作画的雅兴有关，赋予了比真实景观更大的想象空间与意义空间。集景形成的过程也是一个创作与诠释的过程，其将空间景观加以诗意化再塑，诗画成为八景重要的文化展示。八景在传统诗文和山水画图的熏陶下塑造和构拟意境。影响深远的潇湘八景以潇湘一地静寂空灵、烟雾朦胧的山水为核心，融注着文人对潇湘山水的情感投射，潇湘八景并没有具体指陈的景观空间，而是含有丰富的象征意味及某些贬谪与返归的政治隐情。衣若芬指出："从文学的角度观察，'潇湘八景'的八个取景观点根植于六朝山水文学的传统，唐代王维的辋川诗画，柳宗元的《永州八记》，以及将风景比拟绘画的书写风尚，促进了这种颇富诗意特质的风景组合。"①集景形成诗意题名与绘画共生的一种文化现象，在诗咏与图画中提升景观的意境，铸就集景文化的诗性品格。

　　集景植根于传统文化思维，反映了时空感知的经验体认、景观集称的文化传统、序列认知的民族思维、区域空间的文化认同、景观涵融的人文情怀。八景将物质的有形空间转化为一种文化空间，超越时空，在文化思维的编织与再造中展现无穷的魅力，承载了丰富的审美情趣和人文意义。

三、园林集景的发展演进

　　园林集景的形成是一个历史演进的过程，其经由魏晋南北朝时期的萌芽、唐代的初具范型及宋元发展至明清时期而臻为鼎盛。园林集景以景观的序列化呈现园林，传达出园林主人的构园理想和心志诉求、游园者的欣

---

① 衣若芬：《云影天光：潇湘山水之画意与诗情》，里仁书局，2013年，第89页。

赏品味和情感寄寓，形成颇具人文色彩的品题情境。园林集景的发展演进顺应了园林建设的发展，也深受八景文化和文学内部律诗发展之影响。

（一）唐前园林集景的萌芽

魏晋时期，人们对山水自然的认知进入新的境界，"宋初文咏，体有因革。庄、老告退，而山水方滋"①，山水具有了独立的审美意义。中国古典园林崇尚"人法地，地法天，天法道，道法自然"的哲学思想，园林作为一种再造自然山水的风景，随着人们对山水审美的体认而渐为发展，从而促进了园林集景的萌芽。

园林景观题名涵括园林的风貌意境，彰显出园林的精神意趣。宋代文彦博《思凤亭记》提到园林题名："夫考室命名者众矣，或即其地号而著，而因其事实而称，揭而书之，斯用无愧。"②园林题名往往出于几种考虑，有些源于所在地域、空间的名称，突显出空间特征，有些源于事件、人物，或为今朝之事或为古代事典，大多数则体现了园主、游园者的精神寄寓，融合了园林的审美观照与人文情趣。

高楼作为取景览胜之处，为观览者提供了广阔的视野，便于文人抒怀畅情，正如唐代刘禹锡所云"每遇登临好风景"③。六朝时期沈约登玄畅楼赋诗题咏作《八咏诗》："八咏诗，南齐隆昌元年太守沈约所作，题于玄畅楼，时号绝倡。后人因更玄畅楼为八咏楼云。"④其以《登台望秋月》《会圃临春风》《岁暮愍衰草》《霜来悲落桐》《夕行闻夜鹤》《晨征听晓鸿》《解佩去朝市》《被褐守山东》八首诗歌咏其登楼观感。《八咏诗》开创了八首一组的集景诗歌范式，成为文学题咏的典范。

其每首诗题皆为五言，以二字动词词组与三字动词词组相结合构成。

---

① 黄叔琳注，李详补注，杨明照校注：《增订文心雕龙校注》，中华书局，2000年，第65页。

② 曾枣庄、刘琳主编：《全宋文》第16册，巴蜀书社，1991年，第56页。

③ 刘禹锡著，瞿蜕园笺证：《刘禹锡集笺证》，上海古籍出版社，2009年，第1109页。

④ 逯钦立辑校：《先秦汉魏晋南北朝诗》，中华书局，1983年，第1683页。

若略去中间的动词，将其改为四字格，则为登台秋月、会圃春风、岁暮衰草、霜来落桐、夕行夜鹤、晨征晓鸿、解佩朝市、被褐山东，其品题形式与宋代潇湘八景以四字格描绘景观的形式颇为相似。秋月与春风、衰草与落桐、夜鹤与晓鸿、朝市与山东形成两相对照的景象格局，序列组合颇具时象特色，成为后世八景题咏之时空导引。

《八咏诗》具有极强的时空色彩，时间意象尤为鲜明：有秋月、春风、岁暮、衰草、落桐的四季意象，有晨昏、夕行、夜鹤、晨征、晓鸿的时序意象。相较于时间色彩，其空间感受相对较弱，侧重书写登楼远眺观望四周景物变化而引发的感悟，借台阁远眺牵连历史情境，兴发怀古之幽情，纾解羁客寥落之愁思。钟嵘《诗品》论沈约诗歌："不闲于经纶，而长于清怨"①，此《八咏诗》感情激越、辞藻华美、体式自由，可谓沈约诗歌风格之代表。

萧驰先生在研究南朝山水诗歌时指出："这些诗即便题目上与后世的八景诗有近似之处，其实却并非是对一时一地之'景'的吟咏，而是借一个意象如秋月、春风、衰草去贯串许多历史情境，是典型齐梁咏物诗和'前后左右广言之'的咏物赋的写法。其不能形成'景'，端在不能创造出一个美学上同质的画意空间。"②沈约《八咏诗》题咏一个个景观画面，将无序的景观以画意单元形式展现，聚合成整体的意境空间。虽非一诗咏一景，但其开创了以组诗吟咏景象风物的先河，使八景与诗咏密切关联起来。

《八咏诗》顺应了律诗讲究音律、对仗的格式要求，强化了八景的书写格律。"通常一组组景不是散乱呈现的，而是通过各个景的诗化题名和按照中国律诗音韵格式顺序化后而总成的。很多组景的命名最初来自一首八景律诗，诗的每一行对应描述一景，使每个景的题名都有它在诗中对应的位置，由于中国律诗在音律、对仗和格式上的要求，使他们互相之间产生某

---

① 钟嵘著，周振甫译注：《诗品译注》，中华书局，1998年，第76页。
② 萧驰：《南朝诗歌山水书写中"诗的空间"的营造》，载《中国文哲研究集刊》第40期，第18页。

种对位关系。"① 八景题名有意将景观对称化、序列化,参照律诗对称、对应的风格,通过景观的诗意品题及序列组合,纳入景观集合中来。

(二)唐代园林集景的初具范型

唐代文人士子将园林隐逸作为一种生存途径,或栖心于林泉,"隐居以求其志"②,或以隐居求仕进,"假隐自名,以诡禄仕"③。他们在嵩山、终南山等名山大川中热衷于构筑草堂、别业,大大推进了园林建设。唐代园林向文人化道路上推进,借由对园林景观的点化、萃集,促进了园林景观的认知与品题,强化园林景观的审美存在,由此进一步阐发园林物色和赏玩情境,使景观更具审美意义和人文情怀。

唐代卢鸿绘嵩山草堂胜景成《草堂十志图》,题骚体诗十首,开创了园林集景之题名组景、题咏、图绘之先河。草堂十景形象勾勒出景观意象,蕴含着隐者的栖居心志与精神风范。每首诗歌皆有景观诗序诠释景观命名,可看出作者对景观题名构思的用心与巧思及对空间的认知和心志寄寓。卢鸿隐居嵩山潜心修道,景观品题也颇有道风仙韵,"枕烟""期仙""涤烦""洞元"等题名皆显示出高士仙风。这些景观命名从空间、风貌出发,既以诗意之笔形象描绘出草堂的特点,又融注了题名者的审美观照与心意气象。卢鸿面对唐玄宗征召而"固辞荣宠",其"云卧林壑"的高士隐逸风姿,为人所推崇膜拜。嵩山草堂及卢鸿的隐逸形象借由草堂十志的景观萃聚、品题、图绘,形构了一种文士隐逸的精神空间。草堂十景在后世文人的不断书写、追忆中,成为一种文化范型而影响深远。

相对于卢鸿草堂十景题名的隐士意趣,辋川二十景则流露出天然纯朴的情怀。王维栖居于终南山辋川别业,题咏孟城坳、华子冈、文杏馆、斤竹

---

① 李开然、央·瓦斯查:《组景序列所表现的现象学景观:中国传统景观感知体验模式的现代性》,载《中国园林》2009年第5期。
② 刘昫等撰:《旧唐书》,中华书局,1975年,第5120页。
③ 欧阳修、宋祁等撰:《新唐书》,中华书局,1975年,第5594页。

岭、鹿柴、木兰柴、茱萸沜、宫槐陌、临湖亭、南垞、欹湖、柳浪、栾家濑、金屑泉、白石滩、北垞、竹里馆、辛夷坞、漆园、椒园之辋川二十景，以植物意象、地理形貌、空间状态命名景观，展现出色相俱泯的禅意诗境，建构起一部天然和谐而又勃郁灵动的生态图谱。王维与裴迪各以五言绝句组诗，阐释辋川景观之美及隐逸林泉之欢乐。

　　唐代刘长卿作《龙门八咏》分咏水东渡、福公塔、远公龛、石楼、下山、水西渡、渡水、阙口之龙门伊川八处景观。景观命名以渡、塔、龛、楼、山、口等标示空间方位之语为中心词，辅以方位描述，其品题并不含有主观意象，是对景观空间的描述，系模仿王维《辋川集》而成。翁方纲《石洲诗话》："刘随州《龙门八咏》体清心远，后之分题园亭诸景者往往宗之。"① 此语指出了《龙门八咏》对后世园林集景题咏之影响。柳宗元被贬为永州司马时在冉溪边卜筑园亭，以颇具个性的题名概括景观，成愚溪、愚丘、愚泉、愚沟、愚池、愚堂、愚亭、愚岛八景，总以永州八愚之名，作《八愚诗》，今仅存《愚溪诗序》。永州八愚以"愚"题名、总冠园林八处空间形貌，实以所谓智者眼中的"无以利市，而适类于予"自况，"今予遭有道，而违于理，悖于事，故凡为愚者莫我若也"②。柳宗元借八景题名以抒抑郁不平之气和怀才不遇之志，于八愚园中寄情山水、安顿自我。

　　唐代园林集景还有姚合《题金州西园九首》分咏"江榭、药堂、草阁、松坛、菱径、垣竹、石庭、莓苔、芭蕉亭"③，九景多以草木意象为主，配以阁、堂、榭、庭等景观实体，描绘园林的清新自然之致。福州刺史裴次元于冶山建亭，有《冶山二十咏》以三字格题名景观，分咏"望京山、观海亭、双桧岭、登山路、天泉池、玩琴台、筋竹岩、枇杷川、荻芦岗、桃花坞、芳茗原、山阴亭、含清洞、红蕉坪、越壑桥、独秀峰、筼筜坳、八角亭、椒盘石、

① 翁方纲：《石洲诗话》，见郭绍虞编选：《清诗话续编》，富寿荪校点，上海古籍出版社，1999年，第13854页。
② 柳宗元：《柳宗元集》，中华书局，1979年，第643页。
③ 彭定求编：《全唐诗》第15册，中华书局，2008年，第5672页。

白土谷"①。虢州刺史刘使君宅园有二十一景,以洞、台、亭及水、湖、岛等空间特征为景观题名,浑然天成,少饰雕琢,颇有王维辋川二十景品题之风。韩愈作《奉和虢州刘给事使君三堂新题二十一咏》,以五言的"辋川体"形式,分咏新亭流水、竹洞、月台、渚亭、竹溪、北湖、花岛、柳溪等二十一景,颇显林间逸趣和悠然闲散的情调。文人亦喜将之与《辋川集》相比,如"首首出新意,与王、裴《辋川》诸诗颇相似,音调却不如彼之高雅","此退之《三堂二十一咏》,盖亦步摩诘《辋川杂诗》而未逮者,已不免落宋人口吻矣"②,可见唐代园林题景对辋川二十咏的承袭。值得关注的是,唐代园林集景已出现四字品题的端倪,如李德裕《春暮思平泉杂咏二十首》,诗咏平泉山庄二十景观,其中有"重台芙蓉""海上石笋""潭上紫藤""书楼晴望"四字题名,与三字品题混杂出现,四字品题虽未能完整运用于全部景观品题,但其每两字一组,空间与物象相结合的风格形式已与宋代潇湘八景颇为相类。

总体上看,唐代园林集景以"草堂十志""杂咏二十首""八愚诗""八咏"等景观集称形成园林序列组景。基本形式多以三字题名出现,由景观风貌与景观形式组成,前两字为定语修饰景观,后一字描写亭、坪、洞、谷等景观风貌,在景观的序列整合之中,体现出园林的整体意境。李浩先生在《唐代园林别业考论》中指出:"除了一般性地描述园居景色外,另一个突出特色是作者采用组诗或组文系列表现,或全景,或分镜头,移形换步,多方位多视角展示园景。"③唐人不仅以审美角度去欣赏、观照园林景观,也有意识地对景观加以萃聚、凝练,形成园林景观集称和题咏组诗,园林集景不断得到生发、扩展。

---

① 梁克家:《淳熙三山志》,四川大学出版社,2007年。

② 陈伯海主编:《唐诗汇评》(增订本)第4册,上海古籍出版社,2015年,第2628页。

③ 李浩:《唐代园林别业考论》(修订版),西北大学出版社,1996年,第82—83页。

（三）宋金元园林集景的成熟

宋代园林有"天下郡县，无远迩小大，位署之外，必有园池台榭观游之所，以通四时之乐"①之说。园林集景的发展及景观设计与分区造景密不可分。学者侯迺慧在研究宋代园林集景组诗时指出："一组组诗吟咏一座园林的情形，显示出园林的设计已经发展到主题式分区造景的阶段。而分区的主题或以景物为主……或以功能为主。"②

宋英宗时阆州太守朱寿昌构筑东园，十景题名为：锦屏阁、清风台、四照亭、柳桥、曲池、明月台、三角亭、花坞、药栏、郎中庵。杨万里《寄题喻叔奇国博郎中园亭二十六咏》分题喻叔奇园林二十六景：亦好园、磬湖、钓矶、芦苇林、亦好亭、横枝、清浅池、荼蘼洞、小山、花屏、紫君林、方池、野桥、菊径、药畦、弄月亭、花屿、柳堤、曲水、水帘、水乐、竹岩、野塘、爱山堂、海棠坞、月山。③宋代张尧同《嘉禾百咏》记潘师旦园中十景："附考宋尚书潘师旦园，在澂湖滨中，有南坞、海棠亭、白莲沼、桃花亭、红薇径、荼溪、仙鹤亭、芙蓉塘、白苎桥、渔溆，十景咸会于此，故名园旧属柳氏，师旦知秀州重筑，赵孟頫有记。"④宋代王炎《张德夫园亭八咏》分咏八景：梅隐、山堂、玉椽、渔村、兼远、橘渚、山椒、可莹。⑤北宋画家李公麟晚年归隐龙眠构筑龙眠山庄，绘《龙眠山庄图》，题山庄有十六景。苏辙有意将山庄景观扩充至二十景，以仿辋川二十。南宋丞相魏杞罢相后于鄞县碧溪构园亭碧溪庵以居，有十八景之胜，有碧溪庵、喜老堂、默然庵等以建筑为中心的景观描绘，也有驻屐、醉宜等体现燕息之乐的景观题名。张汉卿作《梦庵十八咏》，史浩作《次韵张汉卿梦庵十八咏》，以园林集景形成诗咏

① 韩琦：《定州众春园记》，见翁经方、翁经馥编注：《中国历代园林图文精选》第2辑，同济大学出版社，2005年，第24页。
② 侯迺慧：《宋代园林及其生活文化》，三民书局，2010年，第510页。
③ 杨万里撰，辛更儒笺校：《杨万里集笺校》卷二一，中华书局，2007年，第1063页。
④ 张尧同：《嘉禾百咏》，民国宜秋馆刻本。
⑤ 王炎：《双溪类稿》卷六，见《文渊阁四库全书》第1155册，台湾商务印书馆，1982年，第489—490页。

唱和。

宋代园林集景趋于诗意化,八景品题凸显文人园林的文化特质。周维权认为:"意境的深化在宋代文人园林中特别受到重视,除了以景象的简约而留有余韵之外,还借助于景物题署的'诗化'来获致象外之旨。用文学来题署景物的做法已见于唐代,如王维的辋川别业,但都是简单的环境状写和方位、功能的标定。到两宋时则代之以诗的意趣,即景题的'诗化'。"①园林集景辞约意显,深化了园林意境,潜隐着文人的园林意趣与精神追求。

宋代园林集景在传统三字品题之外,也受到了潇湘八景的影响而形成四字题名的园林集景,其中西湖十景最为典范。宋代诗人王洧《湖山十景》七言绝句十首,是现存最早的西湖十景诗作。此诗题咏苏堤春晓、三潭印月、曲院风荷、南屏晚钟、柳浪闻莺、两峰插云、雷峰夕照、花港观鱼、断桥残雪十景,诗风工丽。西湖十景以两两相对的四字组景形式描绘出西湖四时变化的多种风姿。萧驰指出:"从王维到苏轼以及宋代私家园林的题咏,均未使用'景'这个比较含混的词。当对象是地点时,他们称之为'游止''处''可游者',而当对象是心、目相接者,则称之为'境',或者'咏''题''吟'。"②宋代虽已出现了诸多园林集景,但其组景集称多未以"景"总名,而是以"若干咏""若干题"的形式出现。

金元时期的园林集景题咏主要在两条路径上演进:一条即是传统三字题名的园林集景范式;另一条则为四字题名,仿潇湘八景范式。金代赵秉文在磁州城西北隅构建遂初园,园有八景之胜,分别为遂初园、归愚庄、闲闲堂、翠真亭、仁香亭、琴筑轩、悠然台、味真庵。赵秉文作《遂初园八咏》,绘《遂初园图》。八景题名写景者少,写心者多,如"遂初""归愚""闲闲""味真"等题名隐含着赵秉文的退隐心志。赵秉文借景观品题反省人生,如咏闲闲堂:

> 天运如转毂,日月如循环。人生天地内,顷刻安得闲。所贵心

---

① 周维权:《中国古典园林史》第3版,清华大学出版社,2008年,第233—234页。
② 萧驰:《诗与它的山河:中古山水美感的生长》,生活·读书·新知三联书店,2018年,第311—312页。

无事，心安身自安。低头拾红叶，仰面看青山。朝听新泉响，暮送飞鸟还。清晨了人事，过午掩柴关。高非出天外，低不堕尘寰。花落鸟声寂，我处动静间。①

诗以"闲闲"之题展示其闲适的园居生活，在诗末又以"我处动静间"之语消解其脱尘避世之意，透露其于出世与入世之间的不平心绪。

元代李宅作《山园八咏》分咏山园八景：草台春意、竹径秋声、冰壶避暑、雪峤寻春、石坛夜月、花嶂夕阳、翠屏薇露、土铫茶烟。前两字点明园林的空间景观，后两字描绘园林的四时风光，八个景观两两相对，春意对秋声，避暑对寻春，夜月对夕阳，薇露对茶烟，呈现出园林景观的时空特色和风情画面，是潇湘八景题名之嗣响。元代文人胡助与之唱和，作《和桂坡李宅仁甫山园八咏并小引》："仆归自京师，僵卧空山，人事殆绝，李宅仁甫寄示《山园八咏》，句清景胜，乐意超然，高蹈之风，盖可仰也。辄次严韵以谢，殊愧不工，胡助再拜。"

　　草台春意：灵雨从东来，积润渍苔石。池塘梦初觉，春草连竹色。台上书带长，台阴土花碧。乾坤总生意，幽人固当识。

　　竹径秋声：一径入修竹，清风在其间。主人时得句，击节画琅玕。翩翩清凤尾，肃肃群仙环。商声忽吹散，日暮碧云寒。……②

诗咏即景而发，属就题命意之作，从草台、竹径两个空间景观入手，捕捉春、秋两时序中的景观特色，春景生意盎然，秋景清旷悠远，自然隽永，如入画图，多个景观小品构成园林总体的景境。

（四）明清园林集景的兴盛

明代园林在景观营造方面卓有成就。园林不仅是一个栖居身心的私人空间，也是展示交流的文化场域。在明代闲赏风气的影响下，园林成为文人生活经营的一个重要组成部分，以此"建立一套新的生活美学——一种

---

① 薛瑞兆、郭明志编纂：《全金诗》，南开大学出版社，1995年，第414页。
② 胡助：《纯白斋类稿》卷二，中华书局，1985年，第16页。

优'雅'的生活文化，且以此自我标榜，以此对抗世'俗'的世界，进而试图以此新的生活美学来参与社会文化的竞争，借此以确认其社会地位，并证实其存在的优越性"①。园林集景随景观建设而蓬勃发展，题景吟咏亦多述古用典，向古雅化上取径。明代园林集景除三字品题外，四字品题已较多见，如范凤翼在故里通州（今江苏南通）筑退园山房，八景：钟山王气、江浦风帆、云裹帝城、天阙晴岚、灵应晓钟、龙潭月色、冶城浮屠、秦淮画舫②。明代佘翔卜筑薛荔园，有三洲十景之胜：烟墩孤树、海寺疏钟、白水渔歌、沧州樵隐、六桥夜月、三江雪浪、榕阴连陌、涧水流花、平畴三塔、芳树孤台③。

明代园林集景常以典故、集句的形式，使园林景观得以穿越古今，通古人之心曲，道古意而抒今情。沈德潜言："古人之言，包含无尽，后人读之，随其性情浅深高下，各有会心。"④明代书画家刘珏辞官归隐后筑寄傲园，成笼鹅阁、斜月廊、四婵娟室、螺龛、玉局斋、啸台、扶桑亭、众香楼、绣铗堂、旃檀室十景之胜，仿卢鸿《草堂图》，作《寄傲园小景十幅》《寄傲园小景十幅仿卢鸿一草堂图诗自题十首》。如笼鹅阁景题取王羲之爱鹅之意："谁知轩后阁，宛在水之渍。牖外树交合，阶前萍即分。鸟窥书影静，鱼伺墨波勤。岂有山阴帖，人言此右军。"⑤借用古典题名显示出景观的空间环境，又营造了园林典雅的文化气韵。

文徵明祖父文洪退隐于苏州筑归得园，文洪作《归得园二十八咏》分咏其胜，二十八景为归来堂、今是亭、晨光楼、三荒径、菊存坡、自酌轩、寄傲窗、容膝窝、日涉园、常关门、流憩坳、出云岫、知还巢、盘桓处、息交

---

① 王鸿泰：《闲情雅致——明清间文人的生活经营与品赏文化》，载《故宫学术季刊》（台北）2004年第1期。

② 范凤翼：《范勋卿诗集》，见《四库禁毁书丛刊·集部》第112册，北京出版社，2005年，第228页。

③ 佘翔：《薛荔园诗集》卷一，见《文渊阁四库全书》第1288册，台湾商务印书馆，1982年，第4页。

④ 沈德潜：《唐诗别裁集》，中华书局，1979年，凡例第1页。

⑤ 李日华：《六研斋笔记》卷一，清乾隆修补本。

斋、情话馆、琴书室、西畴舍、巾车冈、棹舟溪、窈窕壑、崎岖丘、欣欣林、涓涓泉、植杖坪、舒啸岭、清流阁、乐天居。园中二十八景皆用三字题名，集陶渊明《归去来兮辞》诗句而成，如"归来堂"用"归去来兮"，"今是亭"用"觉今是而昨非"，"三荒径""菊存坡"用"三径就荒，松菊犹存"之语，化陶渊明文辞以表对其风神的无限追慕。

明代祁彪佳寓山园有两种题名系统，一是沿嵩山草堂与辋川二十景题名之制，一是袭潇湘八景四字品题之轨，体现了园林集景题名的两种范式。祁彪佳归乡后在绍兴卜筑寓山园，自造四十九景，有水明廊、读易居、呼虹幌、让鸥池、踏香堤、浮影台、听止桥、沁月泉、溪山草阁、茶坞、冷云石、友石榭、太古亭、小斜川、松径、樱桃林、选胜亭、虎角庵、袖海、瓶隐、孤峰玉女台、芙蓉渡、回波屿、妙赏亭、小峇椎、志归斋、天瓢、笛亭、醋漱廊、烂柯山房、约室、铁芝峰、寓山草堂、通霞台、静者轩、远阁、柳陌、幽圃、抱瓮小憩、丰庄、梅坡、海翁梁、试莺馆、归云寄、即花舍、宛转环、远山堂、四负堂、八求楼。题景或为二言、三言、四言、五言，但皆以具象景观为中心冠以描绘之语，注重园林的空间、地理、功能与体验，也表现出园主隐逸的精神意趣，成为寓山园隐逸色彩与心灵内化的外在表征，如远山堂、四负堂、八求楼等。台湾学者曹淑娟指出："寓山作为整体空间的焦点，也成为彪佳意志与行动的中心，极虑穷思，形诸梦寐，园林景观的擘画，亭台池阁的命名，文字题咏的撰作，同时结合着寓山的特殊地貌与彪佳的主体意志。"[①]祁彪佳寓山题名提供了景观地理与经验的描绘，颇具意义阐释的宽广性。八景品题中融注了自我的生命意识与人生思考，以表个人游息于寓山园的精神寄寓。

颇有意味的是，祁彪佳友人蒋安然、柳集玄为其拟寓山十六景，分为内、外八景。内八景为：远阁新晴、通台夕照、清泉沁月、峭石冷云、小径松涛、虚堂竹雨、平畴麦浪、曲沼荷香；外八景为：柯寺钟声、镜湖帆影、长堤杨柳、古岸芙蓉、隔浦菱歌、孤村渔火、三山霁雪、百雉朝霞。寓山

---

① 曹淑娟：《孤光自照——晚明文士的言说与实践》，天津教育出版社，2012年，第440页。

十六景题名，以内、外八景组成，其命名两相对照，沿承潇湘八景与西湖十景之制，如夕照、沁月、钟声、荷香、新晴等意象则袭用西湖十景之夕照、映月、晚钟、晴岚等。祁彪佳崇祯十年（1637）九月二十一日日记中有记载："与二友（蒋安然、柳集玄）繇（同由）平水抵云门道旁，共登钩台。……二友拟寓山十六景，各赋蝶恋花诗余一阕。"祁彪佳《寓山十六景词小引》中亦云："友人仿西湖南浦之制，更次第为一十六景。"①此十六景题名呈现的是游者眼中的寓山，是友人对寓山景观及祁彪佳隐逸的解读与诠释，也融会了题名者自我的精神意趣，使园林景观更具品赏性与文人雅趣。

清代园林集景随着私家园林与皇家园林建设的发展而达至鼎盛。园林集景命名品题延承草堂、辋川模式和潇湘八景模式，在命名方式、意象择选、景观描绘、诗咏图绘等方面皆达至集大成，与实际的园林景观相互映衬，开创了园林集景的繁盛局面。

皇家园林宏博的园林景观为组景集称提供了可资品玩的广阔空间。帝王的品题、题咏彰显了皇家园林的政治文化及帝王品位，避暑山庄七十二景、圆明园四十景、静寄山庄十六景都成为映现儒家思想与政治统治的重要媒介。皇家园林规模宏大，形成小型园林组构的大型园林群落，其间容纳了诸多园林集景，园林集景套小园八景的景观品题，开创了别有洞天的多重意境。如圆明园四十景之四宜书屋所称为安澜园景，而安澜园亦有菲经馆、四宜书屋、涵秋堂、无边风月之阁、远秀山房、染霞楼、绿帷舫、飞睇亭、烟月清真楼、采芳洲十景。多重景观品题深化了整个圆明园的意境。承德避暑山庄七十二景即是康熙帝四字品题三十六景与乾隆帝三字品题三十六景组合而成。如康熙帝题：烟波致爽、芝径云堤、无暑清凉、延薰山馆、水芳岩秀……如乾隆帝题：丽正门、勤政殿、松鹤斋、如意湖、青雀舫……无论何种题名皆展示出园林意境，亦寓含着深刻的政治意味。

清代出现了数量可观的私家园林，园主及游园者精心营构园林景观，有意形成园林集景。苏州惠荫园有渔舫、琴台、房山、小林屋、藤崖、荷

---

① 转引自曹淑娟：《流变中的书写：祁彪佳与寓山园林论述》，里仁书局，2006年，第105页。

垞、云窦、棕亭景观，其诗意化八景品题为柳荫系舫、松荫眠琴、屏山听瀑、林屋探奇、藤崖仺月、荷岸观鱼、石窦收云、棕亭霁雪。如眠琴意象取自《诗品》"眠琴绿荫"之意，体现了传统文人的审美观照与生命诗学。清初尤侗父在姑苏构筑亦园，后经尤侗修葺成亦园十景：南园春晓、草阁凉风、蓻溪秋月、寒村积雪、绮陌黄花、水亭菡萏、平畴禾黍、西山夕照、层城烟火、沧浪古道。亦园虽面积不大，但一亭一轩、一阁一堂皆融注了尤侗的园林情怀，其《亦园十景竹枝词》自叙云："而所谓亦园者，不过十亩之间，一丘一壑……今乃侈然以十景自名，是适供大方之家胡卢绝倒而已！"[①]方寸之间寄寓了园主广阔的心灵世界。

　　园林集景的形成演进与人们的山水园林认知及园林建设密不可分。园林集景以景象简约而意义深厚的语言阐释，显示出园林景观、空间、园居生活与园主情志。造园、题景的过程即是一个艺术展现与情志寄托的过程，八景题名组景描绘与摄取园林空间，更是文人精神场域的表现与构建。园林虽在历史长河中几多变迁，胜景难存，但园林集景借由文学、图绘得以广为流传，永存园林风神。

---

① 潘超、丘良任、孙忠铨等编：《中华竹枝词全编》第3册，北京出版社，2007年，第235页。

第二章　清代园林集景的文学书写

园林集景品题、题咏赋予园林丰富的意义和人文色彩。唐代卢鸿草堂十景与王维辋川二十景在景观择选萃聚、诗意题咏及以图言志方面建构了园林集景的最初文化范型,影响深远。园林集景品题以四时流转与空间指涉共构的审美范式,诠释园林的情思意趣,是园林意义的生成、诠释和丰富。园林集景题咏以一景咏一诗的组诗系列将文心翰墨融注于园林物象。研究园林集景的书写范式及品题、题咏的风格,以期深入诠释园林集景的表现形式及意象内涵。

一、卢鸿草堂与辋川别业: 园林集景的文学范型

唐代卢鸿草堂十景及王维辋川二十景以品题集景的方式呈现出园林物象与文人心境。其以三字格为主的题名、景观的空间向度、点景成趣及人文精神的映现形成了园林景观的题景萃聚。卢鸿草堂与辋川别业借由《草堂十志图》《辋川图》的图绘、诗咏,奠定了八景文化诗画共生的发展面向,也建构了园林集景的文化范型。草堂十景与辋川二十景以组景集称容纳园林的空间呈现、人物的园林活动及潜隐的心志情趣,作为一种颇具象征意义的文化符号而具有典范意义,深刻影响后世园林集景的发展。

（一）题名萃聚：园林集景的物象与心境

唐代山林隐逸之风盛行，士人纷纷构筑园林别业。一些文人隐士于嵩山、终南山、庐山、衡山等山林修筑别业，在此隐居读书、修身悟道或假此以求仕途，嵩山草堂与终南辋川即是此类文人园林代表。卢鸿草堂十景与王维辋川二十景以景观的组合集称，诗意呈现山林别业的景观物象与园主的隐逸心境，成为后世园林集景品题之典范。

卢鸿草堂十景源于其所绘《草堂图》，又名《草堂十志图》。卢鸿图绘草堂十景并作骚体诗十首歌咏之，所咏景观为草堂、倒景台、樾馆、枕烟廷、云锦淙、期仙磴、涤烦矶、幂翠庭、洞元室、金碧潭十景。卢鸿嵩山草堂十景的题名、题画、题咏开创了园林集景的书写范式。卢鸿（？—740），又名鸿一（鸿乙），字浩然，祖籍范阳，后徙洛阳，隐于嵩山。开元六年（718），卢鸿在朝廷多次征诏下，至东都洛阳谒见玄宗，授谏议大夫不拜，玄宗遂许其归嵩山隐居。《新唐书·隐逸传》记载："将行，赐隐居服，官营草堂，恩礼殊渥。鸿到山中，广学庐，聚徒至五百人。"[1]卢鸿草堂据嵩山之胜，又有官方营建，因而草堂颇具规模并不枯苦简薄，"盖开元间官府就嵩洛佳处，用公库钱营饰以赐之，又于其中聚学徒五百人，非独居长往之比也"[2]。卢鸿侄子卢象《家叔征君东溪草堂二首》有句云："开山十余里，青壁森相倚。欲识尧时天，东溪白云是。雷声转幽壑，云气杳流水。涧影生龙蛇，岩端翳树梓。"[3]描绘卢鸿草堂气象宏大、烟云茂树、幽壑流水、青壁翳然的整体风貌。

辋川别业位于今陕西蓝田辋谷内辋川，初唐宋之问营建，约天宝二年（743）时王维始营辋川别业。二十景出于王维《辋川集》，集中收录王维与裴迪同题共咏辋川别业二十景诗歌，诗意展现了辋川别业的园林风貌与园林体验。王维《辋川集》自序云："余别业在辋川山谷，其游止有孟城坳、

---

① 欧阳修、宋祁撰：《新唐书》，中华书局，1975年，第5604页。

② 戴表元：《剡源集》，见《丛书集成初编》第2054册，商务印书馆，1935年，第272—273页。

③ 卢象：《家叔征君东溪草堂二首》，见彭定求等编：《全唐诗》，中华书局，1999年，第1218页。

华子冈、文杏馆、斤竹岭、鹿柴、木兰柴、茱萸沜、宫槐陌、临湖亭、南垞、
欹湖、柳浪、栾家濑、金屑泉、白石滩、北垞、竹里馆、辛夷坞、漆园、椒园
等，与裴迪闲暇，各赋绝句云尔。"①王维与卢鸿侄子卢象相熟，据《王维年
谱》所载，开元十四年下半年，王维曾辞官短暂隐居于嵩山，写有《与卢员
外象过崔处士兴宗林亭》《与卢象集朱家》《归嵩山作》等诗。王维因与卢
象往来，或亦曾拜访嵩山草堂，与卢象之叔卢鸿有所接触。辋川二十景题
咏、图绘与卢鸿草堂风格颇近，很有可能受到卢鸿草堂之影响。

辋川别业二十景承卢鸿草堂十景余绪，拓展了园林景观的体认、聚合，
开创了后世园林题名萃聚的八景范式，具有如下特征：

第一，三字格为主的景观题名序列。草堂十景与辋川二十景皆以三字
为主，间杂以二字题名，是描绘空间特征的中心语与景观特征定语的结合。
卢鸿草堂与辋川别业虽未总以草堂十景、辋川二十景之称，却以《草堂十
志图》及《辋川集》的统合园林景观，开启后世园林集景之先河。草堂十景
题名选取堂、台、馆、淙、磴、矶、廷、室、潭等园林建筑景观，冠以倒景、
枕烟等定语修饰。除草堂、樾馆二景是二字题名外，其他八景皆为三字格
题名。诗咏形制统一，骚体赋前以诗序言明景观位置、构筑因由及景观风
貌。《辋川集》每一诗咏皆标明景观题名，以坞、冈、馆、滩等空间特质为中
心语，冠以斤竹、茱萸、华子、临湖、欹等标明方位、特征等空间形态的定
语。王维、裴迪皆作五言诗咏分题各景。

园林景观题名传达出景观外在表征与内在意涵，明人张岱就曾指出：
"造园亭之难，难于结构，更难于命名。盖命名俗则不佳，文又不妙。名
园诸景，自辋川之外，无与并美。"②草堂十景与辋川二十景题名看似写意
洒脱，却是一种匠心营造。《草堂十志图》每首小序句首解释题景命名的缘
由，显见卢鸿对题名的重视及意义赋予，如：

> 倒景台者，盖太室南麓，天门右崖，杰峰如台，气凌倒景。
>
> 枕烟廷（庭）者，盖特峰秀起，意若枕烟。秘庭凝虚，窅若仙

---

① 王维著，赵殿成笺注：《王右丞集笺注》，上海古籍出版社，2007年，第241页。
② 张岱：《琅嬛文集》，栾保群点校，浙江古籍出版社，2013年，第104页。

会，即扬雄所谓爱静神游之庭是也。

　　金碧潭者，盖水洁石鲜，光涵金碧，岩蓝林茑，有助芳阴。①

　　《草堂十志图》题名从空间、风貌等角度绘出草堂神貌，形成摄取景象精髓的一种心灵体验与文字凝结。

　　第二，景观题名的空间向度。草堂十景与辋川二十景的组合萃集，显示出景观的空间认知及园林意境的体验，展现出园林别业的空间向度。二者基本以一个游览观赏的空间视角展开，形成步移景换的空间体验，由此展开园林别业的整体画卷。

　　卢鸿草堂十景从草堂这一园林核心建筑展开，辋川二十景则以孟城坳出发由山景转至水系。草堂有倒景台、枕烟廷之高峦云峰，也有涤烦矶、云锦淙、金碧潭之山溪水泉，还有樾馆、幂翠庭之草木景观。辋川有孟城坳、华子冈、文杏馆、斤竹岭等以高冈、谷岭为代表的终南景象，亦有欹湖、栾家濑、金屑泉、白石滩、临湖亭等由湖、泉、滩构成的辋川水系，还有木兰、茱萸、宫槐、椒园等草木气象，景观兼顾各种地形风貌，形成山景、水景的相衬聚合，营造出错落有致、花木扶疏的园林意境与高洁雅逸、天趣高出的精神气象。草堂十景、辋川二十景景观的序列集合超越了某一景观的空间局限，呈现出整体的园林图画。

　　第三，点景成趣的景观题名。草堂与辋川充分利用自然之貌，就势造景，随性而成，融于嵩山、辋川的天然风光之中。景观题名捕捉自然意境，稍加改造润饰、品题点化，则显逸趣神韵。各个景观不只是环境空间与文人园居的背景，而具有独立存在的审美价值与人文意义。

　　草堂与辋川格局宏大，园主无意在总体上进行大规模的营建，转而精心打造每一处微小景观，不烦事人工，却点景成趣，体现出自然与文人情趣的心会冲融。如草堂一景充分利用山岩、溪阜地势而借景成趣，"因自然""昭简易"，"山为宅兮草为堂，芝兰兮药房"，略资以人力而绝少修饰，颇得林野之趣。王维辋川别业二十景巧妙结合山景与水景、动景与静景，

① 卢鸿：《嵩山十志十首》，见彭定求等编：《全唐诗》，中华书局，1999年，第1224—1226页。

融于终南秀色之中，虽少加文饰却至简自然、生意灵动，以点景造境的序列组合呈现出辋川意境。如文杏馆取文杏为梁之意，白石滩取白石遍布之意，木兰柴取木兰丰茂之意，景题中洋溢着山林花木的野趣之乐。

第四，景观题名的人文意象。园林景观的题名组景是空间向度的展示、景观风貌的再现，更是生命格调与精神境界的流露。景观题名萃聚经由个人体认而重构园林景象，形塑出颇具人文意涵的审美文化情境。王思任《名园咏序》云："善园者以名，善名者以意"，景观题名萃聚以文字阐释园林意义，展现园主性情，对园林加以精神再构。

与那些栖心云水、志在青云的隐士不同，卢鸿是一位"真隐"名士。卢鸿草堂之枕烟廷、云锦淙、期仙磴、涤烦矶、幂翠庭、洞元室等命名颇具地闲心远、山高水长之道风仙蕴，显示出高士仙风。如倒景台一景以道家仙人所居"倒景"之语形容山峰高凌、杰峰如台。周密《云烟过眼录》提及李公麟所画《草堂图》时录有李参元居子之语："十志者，草堂，修身蓄德之府也；樾馆，延宾阅礼之用也；元室，谈道众妙之宗也；翠庭，棲闲谷神之致也；期仙，灵湛傲睨之适也；涤烦，澡性洁己之谓也；锦淙，沃志日新其德也；碧潭，端形镜清其色也；倒景，熙熙春台之乐也；枕烟，渺渺仙山之兴也。十者，盖天地之成数；志者，即记述之总名。"①草堂十景映现出园主对山林隐居空间的精心营构，透出一方烟岚环合、萧散简远、餐霞倒景的人间仙境，展现了卢鸿翳然林水、澄怀修道的生命境界。

辋川别业的山光树影、云容水色、木翠花香、飞鸟往还统摄于二十景中，形成园林景观与园主精神互涵共生的园林境界。与仙风道韵的草堂十景相比，辋川二十景呈现的是错落有致、山青云卷、水色摇曳的园林画图，这是王维对自然的澄明观照与内在自我的禅悟冲融相汇的理想图景。诚如李浩先生指出的："隐者的思维方式、生活情趣、审美理想、人格追求却弥漫于山林上，渗透到别业中，并不断强化着士人园林的主题。"②

园林集景品题不是景观的简单命名与叠加，也不是对园景的分割与断

① 周密：《云烟过眼录》，《丛书集成初编》1553册，商务印书馆，1939年，第46页。
② 李浩：《唐代园林别业考论》（修订版），西北大学出版社，1996年，第107页。

裂，而是通过分景集称对景观的一种有序化、意义化、整体化的呈现，与文化建构密切相关。草堂十景与辋川二十景涵融了对山水自然的空间体认与园林声色形貌的人文感知，是园林物境的展示，更是隐者心象的体现。

（二）题咏与图绘：园林集景的阐发向度

草堂十景与辋川二十景的文化范型意义不仅在于景观的萃聚题名，还在于对园林集景的诗意题咏与图绘。卢鸿与王维将园林十景、二十景咏之于诗，图之于画，形成自题、自咏、自画的多元阐释与意义表达，使园林别业突破了时空界限，引导后世园林集景在题咏与图绘两个方面的阐发向度，引发广泛的传播与影响。

草堂十景与辋川二十景以一景咏一诗的组诗形式，描绘景观形貌，阐发园林情境，抒发山林之乐，引导园林集景在诗意题咏面向上展开。卢鸿题草堂十志，每首诗前有小序，诗咏以骚体诗的形式阐释园林景观，彰显园主的林泉隐居之志。如：

> 涤烦矶者，盖穷谷峻崖，发地盘石，飞流攒激，积漱成渠。澡性涤烦，迥有幽致。可为智者说，难为俗人言。
>
> 词曰：灵矶盘礴兮溜奔错漱，泠风兮镇冥壑。研苔滋兮泉珠洁，一饮一憩兮气想灭。磷涟清淬兮涤烦矶，灵仙境兮仁智归。中有琴兮徽以玉，峨峨汤汤兮弹此曲，寄声知音兮同所欲。①

小序阐明峻崖飞流的水石风貌及澡性涤烦的观览感受，述明题名因由，还特别强调"可为智者说，难为俗人言"的园林体验。卢鸿在小序中以"及靡者居之，则妄为剪饰，失天理矣""及机士登焉，则寥阒悦恍，愁怀情累矣""及荡者鄙其隘阒，苟事宏湎，乖其宾矣""及世人登焉，则魂散神越，目极心伤矣""及邪者居之，则假容窃次，妄作虚诞，竟以盗言""及喧者游之，则酣谑永日，汩清薄厚"之语显示迥异世俗的园林感悟，以靡者、机士、荡

---

① 彭定求等编：《全唐诗》，中华书局，1999年，第1226页。

者、世人、邪者、喧者勾画出俗世面目，从而衬托出自我在景观营造上的高洁之志与隐逸情怀。

骚体诗围绕灵矶盘礴、研苔泉珠、磷涟清淬的意象展开，将涤烦矶意象描绘得幽澹绝尘却又触拨心弦，在泉石激韵中襟怀为之宽逸，心灵为之震荡，世俗尘烦消弭殆尽，隐者与山林达至道心契合、知音相遇。景观品题突显出一位志定嵩山之隐者的高逸，正如《旧唐书》所记载唐玄宗对卢鸿之赞誉："嵩山隐士卢鸿一，抗迹幽远，凝情篆素；隐居以求其志，行义以达其道；云卧林壑，多历年载。"①

王维《辋川集》承草堂十志范式，以分景题咏的组诗系列开启后世园林集景同题共咏的模式。清人薛时雨言："园林题咏，艺苑首著辋川。惟时摩诘以上第显仕，萧然为物外游，品目林壑，寄心道真，亦可见古人之怀矣。"②王维与裴迪各以五言绝句阐释辋川的山色云水，《旧唐书》记载："得宋之问蓝田别墅，在辋口，辋水周于舍下，别涨竹洲花坞与道友裴迪浮舟往来，弹琴赋诗，啸咏终日，尝聚其田园，所为诗号《辋川集》。"③王维《山中与裴秀才迪书》有"多思曩昔，携手赋诗"之语，可见二人即景吟诗、同题共咏的创作情形。师长泰指出："在园林的空间处理上，采用山水画视点运动的鸟瞰画法，通过 20 个景点的空间关系，构成为景观系列流程。……这种以 20 景点组合为系列景观表现园林主题的构园法，也正是《辋川集》以五绝形式分章联咏景观的基础。"④辋川二十景为文人诗咏提供了意象与吟咏主题。如白石滩一景积聚水边白石而成景，在品题诗咏中独具魅力。王维有："清浅白石滩，绿蒲向堪把。家住水东西，浣纱明月下。"裴迪有："跂石复临水，弄波情未极。日下川上寒，浮云淡无色。"⑤

① 刘昫等撰：《旧唐书》，中华书局，1975年，第5120页。
② 胡恩燮等撰，胡光国辑：《白下愚园集》，见《南京愚园文献十一种》，南京出版社，2015年，第71页。
③ 刘昫等撰：《旧唐书》，中华书局，1975年，第5049页。
④ 师长泰：《王维辋川别业的园林特征》，见梁瑜霞、师长泰主编：《王维研究》第5辑，江苏大学出版社，2011年，第294页。
⑤ 王维著，赵殿成笺注：《王右丞集笺注》，上海古籍出版社，2007年，第248页。

王维笔下的辋川明月映照、绿蒲白滩、清流荡漾，浣纱少女使这一纯粹自然之景充溢了动感与生机，"静穆的观照和飞跃的生命构成艺术的两元，也是构成'禅'的心灵状态"①。同一景观对裴迪来说有着不同的空间感受，跂石、临水、日下、浮云的意境营造了另一番清寒景致。王、裴相较而言，裴迪更偏重于客观意象之描绘，缺乏王维题咏的灵动。同题共咏辋川二十景构筑了禅意韵味与淡远隐逸的园林情境，拓展了空间的审美意趣。在诗咏的文字境界中，草堂与辋川的山林意趣、卢鸿与王维的隐士情结得到进一步阐发，彰显出隐士之志与林泉之乐。

草堂十景与辋川二十景还分别被写入画图之中，真切细腻地传递出园林景致。绘画、文学与园林三者互相融合，"中国古代的园林与绘画，尤其是山水画，可以说是一对姊妹艺术，两者在许多方面都彼此相通"②。园林建构的实景空间与文学、绘画构筑了纸上空间，形成外在表现与内在意义的互涵共存。《草堂十志图》与《辋川图》以平远山水摄取最具代表性的景观，成为文人山水园林画之经典。《宣和画谱》称卢鸿："颇喜写山水平远之趣，非泉石膏肓，烟霞痼疾，得之心，应之手，未足以造此。画《草堂十志图》世传以比王维《辋川》。草堂盖是所赐，一丘一壑，自己足了此生，今见之笔，乃其志也。"③台湾学者庄申认为："王维创作《辋川图》的动机是卢鸿式的。"④《草堂十志图》与《辋川图》画风相近，一脉相承。

台北故宫博物院所藏卢鸿《草堂十志图》分别为《草堂》《倒景台》《樾馆》《枕烟廷》《云锦淙》《期仙磴》《涤烦矶》《幂翠庭》《洞元室》《金碧潭》十幅。每幅左图右书，画幅左边绘草堂景观，右边则以不同书体题写草堂十志诗，开创了一景一画、一画一诗的图文共生的八景图绘模式。如第一幅《草堂》，茅草构筑的草堂有高士盘坐其中，堂前围栏环绕，栏外松柏苍翠、泉石相间，体现了山为宅、草为堂、芝兰为药的构园理想与乐志山林

① 宗白华：《美学散步》（彩图本），上海人民出版社，2015年，第84页。
② 高居翰、黄晓、刘珊珊编：《不朽的林泉》，生活·读书·新知三联书店，2012年，第63页。
③ 俞剑华标点注译：《宣和画谱》卷一〇，人民美术出版社，1964年，第168页。
④ 庄申：《中国画史研究续编》，正中书局，1972年，第118页。

的隐士风范。十幅画作以十个相对独立的景观单元，将草堂空间加以重新编码，构筑起澄明心灵、离尘绝俗的隐者栖居的空间。清人金农《论画杂诗》评卢鸿《草堂十志图》："草堂一所君王赐，隐服还山送老资。十志居然千古事，自书自画自题诗。"①卢鸿传世画卷虽仅有此卷，却在画史上名传千古，其"自书自画自题诗"的草堂十志形式，为草堂增添了丰富的内涵，也成为园林集景书写的典范。

王维在画史上被宗为"南宗之祖"，其创作的《辋川图》与诗咏二十景相辅相成。王维绘《辋川图》的记载最早见于中唐时人朱景玄《唐朝名画录》："（王维）复画《辋川图》，山谷郁郁盘盘；云水飞动，意出尘外，怪生笔端。"②《辋川图》标注二十处辋川盛景，点明景观名称，明确时空认知，描画辋川别业之山脉、河流及亭轩建筑，将山水景观的图像描绘与舆地标识相结合，使辋川二十景各景观具有独立的画面意义，各个画面单元聚合形塑了整个辋川风光，形成整体的意义表达。人们在《辋川图》的重绘与观览中，想象和重塑着王维辋川别业，如明代刘嵩诗所云："王维别业孟城隅，亦有亭馆临攲湖。当时胜迹逐云往，至今传得《辋川图》。"③凭借历代对《辋川图》的描绘与诗咏，辋川的景观魅力与文化精神得以流传，令后世不胜神往。

借由景观题咏与图绘，草堂十景与辋川二十景在文人中传演，观者在图绘诗咏中体悟园林，追慕隐士风雅。园林集景的诗咏与图绘两相映照，构成多元的表现空间，更契合景观文化的视觉感受和人文体验，以对园林景观的形象展示与文字想象的重新编码突显出隐逸的文化表征。草堂与辋川的分景题咏、同题共咏与分景图绘奠定了园林集景诗画共生的发展面向，得到后世文人推崇，开启集景阐释的新境界。

---

① 金农：《谕画杂诗》，见金农：《冬心题画记》，阎安校注，西泠印社出版社，2008年，第220页。

② 朱景玄：《唐朝名画录》，温肇桐注，四川美术出版社，1985年，第16页。

③ 刘嵩：《题屏岫幽居图为万硕赋》，见《文渊阁四库全书》第1227册，台湾商务印书馆，1982年，第320页。

（三）草堂与辋川：园林集景的文化影响

卢鸿草堂十景与辋川二十景容纳了园林的空间呈现、人物的园林活动及园林景观的组景集称、意义表现，作为一种颇具象征内涵的文化符号而具有典范意义。王毅先生指出："在中国古典园林中，众多景观间的组合艺术比某一局部景观的塑造占有更重要的地位，所以造园艺术通常又被称为'构园'。……那么从盛唐时期王维的'辋川别业'则可看出这种组织艺术在士人园林中的成熟。"①草堂与辋川在景观题名萃聚、诗意和图绘阐发面向上建构了园林集景的文化范型。

卢鸿草堂十景与辋川二十景开创了萃聚景观展现园林空间、阐发园林意义的新格局。每一个景观题名是对景观空间意义的精炼，对园林的文字再造与展现，质朴简约却意境幽远、意趣天成。李浩先生指出："标题能强化园林的人文精神，对景观具有画龙点睛的作用，亦能极大地开拓园林的意境，使人领悟到象外之象，咀嚼到味外之味，旨外之旨。"②其以对园林景观点的勾画，由点及面，从而以单个景观的组景集称形塑出整个园林空间。草堂与辋川以有限的景观序列涵括无限的景观意象，突破了空间、点景的限制而具有超越性，以对代表性景观聚合的空间感知去呈现整个园林风貌与文人的园林情缘。

后世园林集景题名多仿草堂与辋川之制。如南宋丞相魏杞罢相后于鄞县碧溪构园亭碧溪庵以居，有十八景之胜，既有碧溪庵、喜老堂、默然庵等以建筑为中心的景观描绘，亦有如驻屐、醉宜等展现观赏燕息之乐的景观题名。明万历时鸿胪姚元白于金陵筑市隐园，颇有疏野之趣，市隐园十八景有玉林、茶泉、中林堂、思元室、春雨畦、观生处、容与台、海月楼、鹅群阁、鸥波、洗砚矶、柳浪堤、秋影亭、浮玉桥、芙蓉馆、鹤径、萃止居、偕眠庵，展现出"大隐隐于市"的园林栖居生活。文人纷纷题咏十八景，如王

① 王毅：《中国园林文化史》，上海人民出版社，2004年，第109页。
② 李浩：《论唐代园林别业与文学的关系》，载《陕西师范大学学报（哲学社会科学版）》1996年第2期。

世贞作《追补姚元白市隐园十八咏》、冯惟敏《双调新水令·题市隐园十八景》、许毂《市隐园十八咏》等。清代安徽盐商程梦星在扬州构筑筱园，十景为：今有堂、修到亭、初月泬、南坡、来雨阁、畅馀轩、饭松庵、红药栏、藕糜、桂坪。其景观题名依园林形貌而又颇有人文意趣，如修到亭，名即取自谢枋得"几生修得到梅花"之意。谢枋得，字君直，号叠山，南宋灭亡后谢枋得不应元朝出仕之召，隐居于武夷山中，天地寂寥，但梅花傲然独立，显示出隐士气节。程梦星以此诗句之意命名园亭，颇有意趣。亭名虽未显示出"梅花"二字，但其修到背后梅花的隐喻颇为深至，意境深远，"诛茅面高皋，种树南山阳。先春挺孤芳，一一凌雪霜。因之结夙契，竟体凝寒香"①。孤芳凌雪的梅花，与修到的诗句韵意颇为契合，园景与园名相得益彰，显示出程梦星的卓然不群以及园林情怀与隐逸志向。

值得注意的是，宋元时期受潇湘八景四字题名的影响，出现了四字园林景题，以新的风格形式为草堂与辋川题名格局注入新的活力。如元代曹文晦于天台筑新山别馆以读书隐居，作《新山别馆十景》诗十首，十景为：桃源春晓、赤城栖霞、双涧观澜、华顶归云、螺溪钓艇、清溪落雁、南山秋色、琼台夜月、石梁雪瀑、寒岩夕照。此种范式在清代园林集景题名中较为普遍，如著名的圆明园四十景、避暑山庄三十六景皆以潇湘八景四字题名为模式而展开。辋川与草堂模式、宋代潇湘八景模式共同作用，形成了后世园林集景两种题名路径。

草堂与辋川诗咏、图绘在后代的歌咏、摹写中得以穿越历史时空而具有永恒的魅力。如韩愈题咏刘给事三堂之作即仿辋川之风，以五言绝句分题新亭、竹林、月台、渚亭等虢州刺史宅园二十一景。蒋之翘评韩愈此诗为："退之《三堂二十一咏》，盖亦步摩诘《辋川杂诗》而未逮者。"②纪昀《批苏诗》："五绝分章模山范水，如画家有尺幅小景，其格创自《辋川》。而后辗转相摩，渐成窠臼。"③强调了辋川题咏对山水园林的影响。清代王永命作

---

① 程梦星：《今有堂诗集》，见《四库全书存目丛书补编》第42册，齐鲁书社，1997年，第48页。
② 韩愈著，钱仲联集释：《韩昌黎诗系年集释》，上海古籍出版社，1998年，第898页。
③ 陈伯海：《唐诗汇编》，浙江教育出版社，1995年，第343页。

《澹园十八歌仿卢嵩山体》，效卢鸿骚体诗题咏澹园乐檀斋、双梧石、曲流等十八景，可见嵩山十志之影响。《草堂十志图》与《辋川图》虽真迹有待确考，但对两图的摹临自五代以来就颇为流行。如卢鸿《草堂十志图》"当时号山林胜绝"，形成"后人追想胜概而浪为之者"①的摹写盛况。"卢鸿为唐代高品，其画亦如之，故后世慕其画，更慕其人。今观其画，则脱然无纤尘，诵其诗，则萧然忘世味。即此可以知其人，知其人则可以知其心矣。"②草堂、辋川及其映现的隐逸情怀为后人所追羡。后世文人在对草堂与辋川的观览、重绘、临摹之中，进行一种精神重游，进入到隐逸文化的园林情境中，形成文人的文化追忆和想象。

　　后代园林集景绘画也承继发扬草堂与辋川模式，以诗画共生的形式塑造园林集景。宋代李公麟熟谙草堂与辋川，其摹写的《草堂十志图》《辋川图》成为画史上的重要摹本。李公麟还在桐城构筑龙眠山庄，画《龙眠山庄图》，标注有璎珞岩、栖云室、泠泠谷等景观，命意高远，天然古逸。苏辙所作李公麟山庄题咏二十首即是拟仿辋川二十首而作。

　　明清以降，文人仿效草堂、辋川的园林集景题咏延绵不绝。如明代刘珏辞官归隐后卜筑寄傲园，有笼鹅阁、斜月廊、四婵娟室、螺龛、玉局斋、啸台、扶桑亭、众香楼、绣铗堂、旃檀室十景，"仿卢鸿一《草堂图》，厘为十景图，图系以诗，所与唱和者，徐武功、沈恫轩、沈白石而已"③。刘珏作《寄傲园小景十幅仿卢鸿一草堂图诗自题十首》。再如，杨龙友为卓左车祇园绘《祇园图十六景》，清人陈田评曰："昔卢鸿乙《草堂图》、李公麟《龙眠山庄图》流传世间皆称神品。鸿乙自有《嵩山十志》楚辞，而《山庄图题咏》，具苏黄门集。五言绝句，颇类摩诘辋川诗。伯时独以画名，意当时必有首倡，但无传耳。无量居士于此十六景，已有诗中画，而龙友磅礴气韵，生动着意，微茫灭没间，有鸿乙之苍秀，伯时之幽邃，为十六景传神写照，

① 董逌：《广川画跋》，见于安澜编：《画品丛书》，上海人民美术出版社，1982年，第299页。
② 柯九思：《丹邱生集》，见李修生主编：《全元文》第51册，凤凰出版社，2004年，第384页。
③ 钱谦益：《列朝诗集小传》乙集，上海古籍出版社，1983年，第204页。

无复遗恨。如置身辋口椒园、鹿柴,居然王裴唱和,胜情信可传也。"① 可见后世园林集景题咏图绘对草堂、辋川之推崇。此外,沈士充《郊园十二景册》、沈周《东庄二十四景图》、文徵明《拙政园三十一景图》、邹一桂《问源草庐十六景》、冯金伯《幻园八景诗画册》、居廉《邱园八景图》等诸多八景图绘皆受草堂与辋川之影响。《草堂十志图》与《辋川图》作为文人园林集景画之典范在画法、风格等方面影响了后世山水园林绘画的创作。

卢鸿《草堂十志图》与王维《辋川图》奠定了宋代潇湘八景书写传播的两个面向。潇湘八景在诗意与图绘的双重诠释下,成为一种文化意象而不断得到演绎。正如周裕锴指出的:"所谓'潇湘八景'现象,其实包含两个向度,一个是绘画的向度,即一切以'潇湘八景'为题材的绘画作品。另一个是诗歌的向度,即一切题咏《潇湘八景图》之题画诗,以及以'潇湘八景'命名的写景诗。"② 诗意描写与图绘表现成为八景文化发展的重要两翼。

卢鸿草堂、辋川别业聚合园林景象塑造出诗意情境的整体图画,融入文人的精神风貌与栖居理想,具有文化意义与精神象征,其在景观布局、景观意象、图绘与题咏等方面影响后世。草堂十景与辋川二十景所表现的隐者眼中之景、心中之境,早已超越园林景观本身的意义,成为文士隐逸的理想精神家园,作为一种文化范型而影响深远。

二、清代园林集景的品题范式

中国古典园林是人们法象自然山水的一种艺术化创造与理想性建构。园林集景择选萃聚园林景观形成数字化集称的品题,其以简约的语言序列将园林景观转换为文字书写,形成四时流转与空间指涉共构的审美范式。

---

① 陈田:《明诗纪事》辛签卷一九,上海古籍出版社,1993年,第3275页。

② 周裕锴:《典范与传统:惠洪与中日禅林的"潇湘八景"书写》,载《四川大学学报(哲学社会科学版)》2004年第1期。

园林集景品题用文字建构起一个个既独立存在又融于整个空间意境的园林画境，在题咏图绘中诠释园林的情思意趣。园林集景品题以慧眼诗心观照园林景致，印刻有园林栖居者和游园者的审美感受与人生寄寓，赋予园林丰富的意义和人文色彩。

（一）园林集景品题的语意构成

园林景观题名赋予园林人文色彩和艺术魅力。园林集景数量不限于八，而习以八总称此类园林集景品题。清代陈梦雷在《素园八景（丁卯季夏）》小序中有言："园纵广二亩许，中为云思草堂，前后景且八，亦释氏芥子须弥之说也。随地可园，随地可堂，即随地可景，皆吾素也。景不止八，俗纪胜者，多以八，亦从而八之云尔。"① 园林集景品题提炼诗化语言，对园林代表性的景观加以审美观照和意义重塑。实体的园林空间转换成语言经验所构筑的审美认知与文化架构。园林集景品题的意义超越了单个园林景题的叠加，其所形成的空间化、序列化的审美观照扩展了园林的空间经验，增强了园林的审美文化价值。经由集景萃聚和诗意品题，园林风景转化为一个个互妙相生的景观单元和审美意境，这看似是一个园林解构的过程，实则以一以贯之的气势情韵对园林进行意义的丰富与重构，提升了传统风景的文化内涵。在语言的想象与阐释中，园林景观转换为可供园主和游园者卧游、凝视、想象的画意空间和寄寓其中的栖居之地。

园林集景品题以语言符号借景造景、点景题名，将具象的园林空间转化为意义化的园林情境，更增悠远之致。八景品题利用远借、邻借、仰借、俯借、点景、框景、隔景、对景等园林造景艺术方式，也运用比喻、通感、借代、对称等语言修辞手法，使景观与园林内外风景映衬生辉，展现出园林的物候生态、空间体验、视觉观感、心理认知、情感寄寓和哲思妙悟等多层面的审美观照。"组景序列的简洁诗意命题就景观的感知体验和景观本

---

① 陈梦雷：《松鹤山房诗集》卷八，见《清代诗文集汇编》编委会编：《清代诗文集汇编》第179册，上海古籍出版社，2010年，第175页。

体要素方面提供了关键记录，成为溯源其场所精神的重要线索。短短几个字，揭示了大量的信息：不仅揭示了地点、环境、季节、天气、声音、气味等客观物质方面的存在，更重要的是对当时的景观感知方式如感官体验、视点的记录（如眺望）、欣赏的动态时间过程、感知的焦点、想象以及心理活动和对自然的欣赏方式等方面的反映。"①壶中天地虽受空间之限，但经由数量化的品题，为园林营造出诸多颇有意趣的景观意境，产生超越空间的镜像之美，延伸了园林空间的深广度，扩展了园林的意义。

就语言形式而言，园林集景主要以三字格、四字格居多，这主要受两个品题源流的影响。三字格品题往往以三字为主，间杂以二字品题，以亭台轩榭等园林建筑为中心语，冠以修饰定语，意简言略，相比于四字题名"显得比较平直朴实，但包含的意义比较单一，诗性色彩较淡"②。此园林景题模式可溯源自唐代辋川二十景和卢鸿草堂十景。如清末陈作霖在南京卜筑可园，成养和轩、凝晖廊、瑞华馆、寒香坞、丛碧径、望蒋墩、延清亭、蔬圃之可园八景。可园八景以轩、廊、馆、坞、径、墩、亭、圃八个园林景观作为中心语，冠以养和、凝晖、瑞华、寒香等景观特征。如凝晖廊一景，表现"室外回廊静，园居为奉亲。晴晖凝小院，花草总长春"③的景致，题名勾勒出晴晖凝照、花草长春的自然景象，春晖之意又突显出孝亲之旨，展现出园林情境及怡情养性的园林旨趣。

四字格品题一般两字一组，两字描写景观名称、位置空间，两字描绘景观风貌，两字一组形成并列、偏正、动宾、主谓、述补等结构方式。四字品题尤重音韵相协、平仄相间、对称相谐，此模式主要受宋代以来潇湘八景品题范式的影响。如晚清光绪年间孙宝瑄在上海构筑忘山庐，有八景之目：短垣修竹、曲院丛蕉、菜圃锄云、竹窗洗砚、远楼斜日、急雨寒渠、水阁听棋、高斋诵佛。每景两字一组点明景观空间和特色，形成八个园林情

---

① 李开然、央·瓦斯查：《组景序列所表现的现象学景观：中国传统景观感知体验模式的现代性》，载《中国园林》2009年第5期。
② 张廷银：《地方志中"八景"的文化意义及史料价值》，载《文献》2003年第4期。
③ 陈作霖：《可园诗存》卷一六，清宣统元年刻增修本。

境。苏州惠荫园初名洽隐园,王凯泰《惠荫园八景序》曰:

> 蹑窟探根,得景有八,列如左:渔舫,曰"柳阴系舫";琴
> 台,曰"松荫眠琴";一房山,曰"屏山听瀑";小林屋,曰"林
> 屋探奇";藤崖,曰"藤崖仱月";荷垞,曰"荷岸观鱼";云
> 窦,曰"石窦收云";棕亭,曰"棕亭霁雪"。①

惠荫园八景将二、三字的景题转化为更为诗意的、情景化的描绘,提供了最佳的取景角度和欣赏视角,营造出清逸幽婉的诗画意境。

园林匾额、景观的题咏是一个捕捉与凝固的过程,曹林娣先生指出:"建筑品题往往牢固地把握住景象特征,将游移的景观意境凝固起来。"②八景摄取、集萃散漫的园林,将空间视觉的园林景观转换为诗情画意的文字书写,形成文字与景致的互文关系,两者相互生发,相互阐释,赋予园林多重意义指涉和审美观照。德国学者卡西尔曾说:"在言语的领域中,正是言语的一般符号功能赋予物质的信号以生气并'使它们讲起话来'。没有这个赋予生气的原则,人类世界就一定会是又聋又哑。"③就语意层面而言,园林集景品题通过两种有代表性的品题范式,借助于语言符号体系,使景观更具象外之情、景外之致。它以话语实践的方式构筑起园林审美化、理想化的存在,并借助文字的流传而实现园林景观的永恒。

(二)园林集景品题的时空共构

园林是一个有形的、有限的空间,八景品题注重园林景观的空间表述,亦关注时间中园林意境的呈现,是一种"时景"的体现。清代汤贻芬论画,有"时景"专论,他提出:

> 春夏秋冬,早暮昼夜,时之不同者也;风雨雪月,烟雾云霞,
> 景之不同者也。景则由时而现,时则因景可知。故下笔贵于立景,

---

① 陈从周、蒋启霆选编:《园综》,赵厚均校订、注释,同济大学出版社,2011年,第240页。
② 曹林娣:《中国园林文化》,中国建筑工业出版社,2005年,第290页。
③ 卡西尔:《人论》,甘阳译,西苑出版社,2003年,第63页。

论画先欲知时。①

日本学者内山精也指出潇湘八景的结构方式："前半两个字主要规定场所和地点，后半两个字主要规定季节与时间段。"②园林集景品题多突出体现春夏秋冬、晨曦暮霭、雨雪晴晦的四时、气候之变，将园林景致融入时间的流动与空间的展示之中。园林物色的感召最能激发文人情思，《文心雕龙·物色》曰："春秋代序，阴阳惨舒，物色之动，心亦摇焉。……岁有其物，物有其容；情以物迁，辞以情发。一叶且或迎意，虫声有足引心。况清风与明月同夜，白日与春林共朝哉！春夏秋冬四季之相，昼夜晨昏四时之美。"③园林集景品题以物境展现自然本性，与天人合一、人与物化的文人隐逸理想相契合，体现了合四时之序的审美观照与自然和谐统一的构园思想，也隐含着文人对生命意象的体悟。

宋代郭熙《林泉高致·山水训》言及山水画的四时表现云："真山水之云气四时不同，春融怡，夏蓊郁，秋疏薄，冬黯淡。……真山水之烟岚四时不同……山春夏看如此，秋冬看又如此，所谓四时之景不同也。山朝看如此，暮看又如此，阴晴看又如此，所谓朝暮之变态不同也。"④阴阳晴晦、雨雪寒暑、晨昏朝夕中，承载了自然与人文的造化之秀。园林集景的系列化品题，尤重表现园林景观在时序变化中的意境，彰显了园林的自然感知及审美体悟。章学诚批判方志中言必及八景的现象，因而有意在编纂《永清县志·序列》时一概将其削去，"命名庸陋，构意勉强，无所取材。故志中一切削去，不留题咏，所以严史体也。且如风月天所自有，春秋时之必然，而强叶景物，附会支离，何所不至。即如一室之内，晓霞夕照，旭日清风，东西南北，触类可名，亦复何取？而今之好为题咏，喜竞时名。日异月新，

---

① 汤贻汾：《画筌析览·论时景》，见《续修四库全书》第1083册，上海古籍出版社，2002年，第9页。

② 内山精也：《传媒与真相：苏轼及其周围士大夫的文学》，朱刚等译，上海古籍出版社，2013年，第452页。

③ 黄叔琳注，李详补注，杨明照校注：《增订文心雕龙校注》，中华书局，2000年，第566页。

④ 郭熙：《林泉高致》，见卢辅圣主编：《中国书画全书》第1册，上海书画出版社，1993年，第498页。

遂狂罔觉，亦可已矣"①。批判矛头指向了题名中所出现的四时变化，恰可从反面说明八景品题以四时称景的一个突出特征。地方八景如是，园林集景亦然。

西湖十景之美在于其展示出西湖淡妆浓抹总相宜的四时之韵。南宋《梦粱录》提及西湖十景时指出："春则花柳争妍，夏则荷榴竞放，秋则桂子飘香，冬则梅花破玉，瑞雪飞瑶。四时之景不同，而赏心乐事者亦与之无穷矣。"②又如，王钧、王德溥在浙江钱塘友庄庵的基础上构筑养素园，"中具十景之目，见于前人题咏甚夥"③。养素园十景为：绕屋梅花、倚楼临水、远树柔蓝、乾溪雨涨、夏木垂阴、疏雨梧桐、三秋丹桂、古寺鸣钟、秋深红叶、远山雪霁。此十景颇饶四时之趣：春时之远树柔蓝、乾溪雨涨，夏时之夏木垂阴、疏雨梧桐，秋之三秋丹桂、秋深红叶，冬之远山雪霁；既有远景之远山雪霁、远树柔蓝、古寺鸣钟，也有绕屋梅花、夏木垂阴之园景，构成了四时不同的山水画意。再如，尤侗亦园十景：南园春晓、草阁凉风、菂溪秋月、寒村积雪、绮陌黄花、水亭菡萏、平畴禾黍、西山夕照、层城烟火、沧浪古道。注重勾勒出园林四季的美景，营造出"轩楹高爽，窗户虚邻，纳千顷之汪洋，收四时之烂漫"④的园林意境。园林集景品题凝聚园林景观的物象精华，将有限的园林空间置于时间坐标中，在多景观的系列品题中呈现出不同时间流变下的园林景致，展现出园林在空间上的拟仿自然和时间上的生生不息，既具有融通天地之宏思，又体现了主观感觉和意识存在的审美特性。

园林集景品题点明景观的空间存在，也指涉景观的时间向度，具有时间与空间的共构意义。可以说，时间提供了某一景观最佳观赏、体验的视域，呈现出园林景观最具魅力的景象。景观呈现的不只是视觉的体验，还有人们对时序、空间多种感受的调动。园林中亭轩草木景致在时间与空间

---

① 章学诚著，叶瑛校注：《文史通义校注》，中华书局，1985年，第737页。
② 吴自牧：《梦粱录》卷一二，浙江人民出版社，1980年，第106页。
③ 王钧：《养素园诗》卷一，见武林掌故丛编，清光绪丁氏竹书堂刊本。
④ 计成著，陈植注释：《园冶注释》，中国建筑工业出版社，1988年，第51页。

两个坐标的共构中形成了园林组景的格调与意境。园林集景品题作为一系列景观的聚合，不仅突破某一单一景题对某一景致的瞬间捕捉，而且更具有时间的流变性和变幻之美，以一个意义共同体的形式实现园林意境及内涵的传达。时空共构的园林集景品题更富体验性与情感性，其以审美主体对自然物候的感知为内在基础，以视觉表象营造出时空体验的场域，提供了园林景观价值的一个参照系和意义认知的空间，借此大大丰富、增强了园林意境。园林集景虽然是时空景象，却可以小化大，超越有限的特定时空而永存。

（三）园林集景品题的山水画境

园林集景品题择选亭台轩榭、草木池泉等景观精粹，将园林分解为一个个可自独立的园林空间，构成一个个园林画境。陈从周说："中国美学，首重意境，同一意境可以不同形式之艺术手法出之。诗有诗境，词有词境，曲有曲境，画有画境，音乐有音乐境，而造园之高明者，运文学绘画音乐诸境，能以山水花木，池馆亭台组合出之，人临其境，有诗有画，各臻其妙。"[①]园林经由景观的组景品题展开一幅幅融注多重艺术的园林画卷。集景品题增强了园林画面感，使之更具可游可观性，亦可通过集景品题对园林进行想象和卧游。

园林集景品题是画境的呈现，是主观认知与时空客体结合的心灵镜像，诠释着园林的情思意趣。园林集景品题在八、十、十二、十六等景观品题的聚合及意义累加中，赋予景观以空间的秩序和存在的意义。挪威建筑理论家舒尔兹认为："人之对空间感兴趣，其根源在于存在。它是由于人抓住了在环境中生活的关系，要为充满事件和行为的世界提出意义或秩序的要求而产生的。"[②]园林景观以一个个诗意画境的形式呈现，产生步移景换的视觉效果与阅读体验，最终统合于整体的园林意境之中，完成园林的游观体

---

① 陈从周：《园林清议》，江苏文艺出版社，2005年，第77页。
② 诺伯格·舒尔兹：《存在·空间·建筑》，尹培桐译，中国建筑工业出版社，1990年，第1页。

验、审美感知及意义投射。学者指出："园的气氛，就是将物类放入一个个精心选择的画面中，将画意贯穿融入，使物具备诗情画意，为园的神话催生。"①园林集景品题是一个意象化、符号化的过程，是对景观意义的摄取与召唤。

园林集景注重各景观品题的层次感、空间感、色彩感，以此呈现出如画之境。园林各景观的声响之变、色彩之丽、听觉之灵、嗅觉之美，不是一个平面的再现，而是一个立体的、感受性的存在，既有单个园林的特有景致，又有整体的园林意境。如苏州姜埰有园名艺圃，有南村、鹤柴、红鹅馆、乳鱼亭、香草居、朝爽堂、浴鸥池、渡香桥、响月廊、垂云峰、六松轩、绣佛阁十二景之胜。园中馆曰红鹅，轩曰六松，阁曰绣佛，廊曰响月，亭曰乳鱼亭，斋、堂、轩、楼、阁、池、馆、亭、台等各擅其胜、各臻其妙。从十二景品题亦可感知园中或迤逦深蔚，或高明敞达的空间层次感。廊中有半亭，可赏池中之月名"响月廊"，"修廊非一曲，窈窕随清樾。扫地坐焚香，心迹两幽绝。篍篍风萧萧，无人见明月"②。视觉的月亮意象转化为听觉感受，月亮何以能听，只要心迹通灵则可以用心感受月色下优美宁静的园林，通感的运用传递出景观带来的多重诗意感受。艺圃经由十二景系列品题在视觉、听觉、触觉等多重审美维度上触发、展开，如金陵朴园有通觉晨钟、晚香梅萼、画舫书声、清流映月、古洞纳凉、层楼远眺、平台望雪、一叶垂钓、接桂秋香、钟山雪声十景，以钟声、书声、晚香、秋香、映月、远眺、纳凉、望雪的听觉、嗅觉、视觉、感觉等立体化感触展现出多元的园林图景。

园林集景品题颇类绘图作画，既要有一景一题的局部考虑，又要有总体的通达观照。清人沈宗骞有云：

> 凡作一图，若不先立主见，漫为填补，东添西凑，使一局物色，各不相顾，最是大病。先要将疏密虚实，大意早定。洒然落墨，彼此相生而相应，浓淡相间而相成，拆开则逐物有致，合拢则

① 王铁华：《主人的居处："看"视域的古典园林文化研究》，中央美术学院2011年博士学位论文。
② 王士禛著，惠栋、金荣注：《渔洋精华录集注》，齐鲁书社，1992年，第991页。

通体联络。自顶及踵，其烟岚云树，村落平原，曲折可通，总有一
气贯注之势。①

园林是文人安置自我的生活与栖居空间。园居者以闲适之心更能体味
景观与自然的融合变化，而园林集景多以时空结合的方式组构画面。八景
品题作为塑造视觉空间的手段，拓展了景观的空间表现。宗白华认为中国
传统绘画"提神太虚，从世外鸟瞰的立场观照全整的律动的大自然，他的
空间立场是在时间中徘徊移动，游目周览，集合数层与多方的视点谱成一
幅超象虚灵的诗情画境"②。园林物象在特定的空间与时间之中展现，形成动
态的时空画境。

"江山登临之美，泉石赏玩之胜，世间佳境也，观者必曰如画。"③"如画"
是人们对美的审美认知，园林集景品题即以诗意语言引导人们进入一个又
一个画境之中，并以集景形式呈现出园林的整体风貌。八景品题不但以画
意诠释园林，还直接以一景一画的画图形式塑造画境。园林集景图多以册
页呈现，亦见单幅、长卷的形式。展开画图，园林画境一景接一景地依次
呈现，传达出园林的意识经验。如乾隆时期宫廷画师沈源、唐岱依圆明园
景题绘《圆明园四十景图》册页，张若霭绘《圆明园四十景图咏》册页，这
些画图一景绘一图，形象地展示出正大光明、勤政亲贤、九州清晏、镂月开
云、碧桐书院、天然图画、慈云普护、上下天光、杏花春馆、茹古涵今、长
春仙馆、万方安和、武陵春色、山高水长、鸿慈永祜、汇芳书院、日天琳宇、
淡泊宁静、映水兰香、濂溪乐处、鱼跃鸢飞、北远山村、坦坦荡荡、月地云
居、水木明瑟、多稼如云、西峰秀色、四宜书屋、方壶胜境、澡身浴德、平
湖秋月、蓬岛瑶台、接秀山房、别有洞天、夹镜鸣琴、涵虚朗鉴、廓然大公、
坐石临流、曲院风荷、洞天深处四十种景致，展现出圆明园万园之园的恢
宏气象。又如，清代包松溪购得扬州洪氏的小盘洲，改造修筑成棣园，园
中十六景：絮半称寿、枫林夕照、沁春汇景、玲珑拜石、曲沼观鱼、梅馆讨

---

① 沈宗骞述，齐振林著：《芥舟学画编》，史怡公标点注释，人民美术出版社，1959年，第51页。
② 宗白华：《美学散步》（彩图本），上海人民出版社，2015年，第156页。
③ 洪迈：《容斋随笔》，崇文书局，2007年，第146页。

春、鹤轩饲雏、方壶娱景、洛卉依廊、汇书秉烛、竹趣携锄、桂堂延月、沧浪意钓、翠馆听禽、眠琴品诗、平台眺雪。焦山画僧几谷、扬州画家王素皆绘有《棣园十六景图》，包松溪《棣园十六景图记》云："于是相与循陟高下，俯仰阴阳，十步换影，四时异候，更析为分景之图十有六。"①特别点明了分景品题所突显的四时、阴阳的变幻之美，可以使园林"尽离合之美，穷纤屑之工"。再如，清雍正时汪澹庵在如皋辟文园以作课子读书堂，有十景之胜：课子读书堂、念竹廊、紫云白雪仙槎、韵石山房、一枝庵、小山泉阁、浴月楼、读梅书屋、碧梧深处、归帆亭。绿净园为汪氏孙汪为霖于乾隆年间所筑，有竹香斋、药栏、古香书屋、一篑亭四景。道光时，汪为霖养子汪承镛延请季标（字学耘）绘有《文园十景图》《绿净园四景图》，一景绘一图，将绘画的艺术语言与诗意语言相结合，多维化地表现水木清幽的园林意境。复如石涛为郑肇新仪征园林白沙翠竹江村绘《白沙翠竹江村图》，以一景一图并附题诗的形式，展示出白沙翠竹江村叠石为胜的园林景观，使人恍若置身园中。

中国古代园林与绘画相通，园林在建造之时就多从画境取景构图，"形成'以画入园，因画成景'的传统"②。园林也成为画家创作的题材与表达心境的重要载体。园林集景图绘以分景品题展现出园林景观佳处，又和谐统一地营建出园林总体意境。高居翰等人在《不朽的林泉》中指出："景致是园林的核心，中国古人不但热衷于将自然山水概括为八景、十景，也喜欢将人工园林总结为十二景、二十景。册页的形式与这种'集称文化'景观具有某种同构关系，因此特别受到画家的钟爱。"③园林分景图绘将每一景物情境作为具体观看的对象，使其更具有独立形式与意义，通过册页、画图的连续观看与凝视，连接一次次观赏体验，形成整体的意象传达。

---

① 顾一平：《扬州名园记》，广陵书社，2011年，第48页。
② 周维权：《园林·风景·建筑》，百花文艺出版社，2006年，第177页。
③ 高居翰、黄晓、刘珊珊编：《不朽的林泉》，生活·读书·新知三联书店，2012年，第21页。

（四）园林集景品题的诗意文心

园林集景品题具有意象性，意、象结合是主体思想、情志对外界物象的融注。语言是八景品题的载体，其丰富的表象意义使品题颇具意义表征。八景品题选择框定景观，以数量化、序列化、诗意化的标题对园林景观加以确认、定型，将空间景观转化为诗化意境，是一种创造性的转化过程。

园林集景的诗意文字中融注了对园林空间的慧眼诗心、自我际遇的感怀及对园林文化的认同。周维权指出："中国艺术讲究触类旁通，诗文与绘画往往互为表里，所谓'诗中有画，画中有诗'。园林景观之体现绘画意趣，同时也涵涌着诗的情调——诗情画意。这景情意，三者的交融形成了中国园林特有的艺术魅力。"[①]诗情的融入拓展了园林的空间视野，丰富了园林的文化内涵。金学智亦云："没有题名序列的园林，在精神的领域里只具有散文的结构，而有了规整性优秀题名序列的园林则具有了诗的结构。"[②]在文字品题中使山水园林情致化，引发读者想象和体验，以产生身入化境浓酣忘我的趣味，拓展景观空间的认知场。文人以诗眼、诗情去观照景物，以语言符号构建景观画意及象征意义，将景观引申至可以表述园主诗情、理想的文化层面。

园林集景品题不仅有诗心、诗情，亦颇受诗之章法结构、语言、诗品的影响，以诗之形式进行点题、描写、作结。四字格品题多由两个词组组成，重音常落在二、四两个音节，体现出音乐感、对称性、节奏性。如广州杏林庄八景是竹亭烟雨、通津晓道、蕉林夜雨、荷池赏夏、板桥风柳、隔岸钟声、桂径通潮、梅窗咏雪，每一景致分别由两个词组构成，重音在二、四两个音节，读之抑扬顿挫、起伏曲折，既顺口悦耳，又声情显现，有《诗经》四言之风。张廷银先生指出："这是中国古代四言诗句独特审美意义的再现，八景用这样的四字来命名，也是它在文化根源上向传统审美旨趣回归

---

① 周维权：《园林·风景·建筑》，百花文艺出版社，2006年，第177页。
② 金学智：《中国园林美学》，北京出版社，2005年，第178页。

的具体表现。"①八景品题与律诗关联密切，尤其是四字品题的平仄、押韵、对仗皆受到律诗发展的影响，连续的景观品题产生贯珠般的韵律之美，令人神清意爽。美国学者姜斐德在研究潇湘八景题名时，认为若把每四字题名组织成诗，即可看出："这一系列标题反映了诗人的赋诗技巧：八句、三步结构、隐喻的意象、统一的情调、结构的对仗以及前后呼应的词语。"②

园林集景喜以诗词点景，深化景观意境，丰富园林兴象。诗词歌赋往往触动文人灵感，激发其对景观的想象认知，林泉意境尤能与文人心灵契合，目接而神遇。园林借用诗景、诗境，穿越历史回忆与再现历史情境，"在其中既获得潜藏在心灵深处的归属感，同时也是对传统的唤醒和更新"③。园林集景品题以对诗词的理解与诠释赋予景观诗性情感与生命体验，将有限的壶中天地扩展至无限的园林诗境，进入广阔的人文天地与生命境域之中。王毅指出："以具有文学性的语汇来提示和装点园林景观，在园林环境中营造出文雅的氛围，各种园林景观和空间在具有文思之美理念的设计下，成就出超越其拙朴形态的绮华隽雅。"④如承德避暑山庄三十六景之万壑松风，撷取李白"一溪初入千花明，万壑度尽松风声"之句。又如，圆明园四十景之鱼跃鸢飞撷取《诗经》"鸢飞戾天，鱼跃于渊"之意。复如，狮子林十二景之卧云室，意取李白《赠孟浩然》"红颜弃轩冕，白首卧松云"句。诗词典故的应用将文化的积淀与当下的园林存在相契合，延拓景观的指涉功能与意义诠释，产生蕴藉深厚的意味和与生命共通、天地共存的哲思。

园林集景品题以诗品点景，提升园林的审美境界。品目源于人物品藻，魏晋时期喜对人物进行月旦品评，逐渐扩展开来，形成诗品、画品、书品等多种艺术品鉴，园林集景品题亦是此种物色品评的发展。司空图《二十四诗品》以二字品目，并附有四言诗，以园境喻诗境，深刻影响着园林集景品题。金学智指出："《二十四诗品》的'系诗'有一个重要特点，它们似乎是

---

① 张廷银：《西北方志中的八景诗述论》，载《宁夏社会科学》2005年第5期。

② 姜斐德：《宋代诗画中的政治隐情》，中华书局，2009年，第57页。

③ 庄岳、王其亨：《中国园林创作的解释学传统》，天津大学出版社，2015年，第20页。

④ 王毅：《翳然林水：栖心中国园林之境》，北京大学出版社，2006年，第159页。

直接以诗来描写园林情景的，或者说，是取园境以喻诗境。因此，它们更多地适用于园林，其中有些和古典园林的造园思想、隐逸情调、诗画意境、文化趣味、景观特色、艺术手法等是相通相融的。[①]如苏州惠荫园八景之一的眠琴绿荫，出自"典雅"一品"系诗"："典雅：玉壶买春，赏雨茆屋。坐中佳士，左右修竹。白云初晴，幽鸟相逐。眠琴绿荫，上有飞瀑。落花无言，人淡如菊。"[②]可见诗品对园林品鉴的风格影响。园林本身是衡量诗文的审美范畴，而园林品题亦借诗品语言，以诗性牵连起园林景观及所寄寓的人生意义。

陈梦雷流放盛京之时，于康熙三十五年（1696）购得辽水河畔许氏别业，悉心经营遂成白云别墅二十四景之胜，作《白云别墅记》《白云别墅二十四景诗》以记其胜。白云别墅二十四景品题两两相对、对仗工整，颇具典范性：

杏林晓日——菊岸晚风	雨后课耕——晴秋观获
鸟道杖藜——渔矶垂钓	暑雨趣耘——夕阳归牧
野艇渔灯——远冈樵唱	春壁花丛——秋崖锦叶
冰镜窥鱼——绣陌射雉	云岫探泉——虹梁观瀑
古洞鹿踪——绿阴莺语	沙渚浴凫——河干宿鹭
月夜松涛——霜天清磬	列嶂明霞——群峰霁雪

每一景观前两字主要介绍空间场所，后两字主要描绘时象、物境，每两个景观又相互对照。如鸟道杖藜与渔矶垂钓一组，鸟道与渔矶形成空间映照，杖藜与垂钓则以园中之我的生活情态阐释景观。刘勰《文心雕龙·丽辞》强调："造化赋形，支体必双，神理为用，事不孤立。夫心生文辞，运载百虑；高下相须，自然成对。"[③]文士行文之原则潜移默化于园林集景品题之中。在两相对照的园林情境中展现出杏林、菊岸、古洞、沙渚等园林空间存在及春壁、暑雨、晴秋、霁雪四时之美，有晓日、晚风等晨昏之变，亦有

---

① 金学智：《苏园品韵录》，上海三联书店，2010年，第204页。
② 郁沅编：《二十四诗品导读》，北京大学出版社，2012年，第33页。
③ 黄叔琳注，李详补注，杨明照校注：《增订文心雕龙校注》，中华书局，2000年，第466页。

霜天、明霞等气候物象。品题以诗意语言再现园林各个景致，而且营造出生机盎然的景象，有鹿踪、莺语、浴凫、宿鹭的动物之趣，亦有花丛、锦叶之草木葱茏，更重要的是园林主人的园居情态，如雨后课耕、晴秋观获、鸟道杖藜、渔矶垂钓、暑雨趣耘、夕阳归牧、野艇渔灯、远冈樵唱。白云别墅二十四景以清新明快的园林格调，展现出二十四个园林画境，充溢着诗意与文心。如秋崖锦叶诗咏："万树离披五彩张，偶凭枝叶作辉光。岂贪晚景芳菲艳，自是千秋丽藻长。岩壑有时藏锦绣，风霜历后见文章。贞心尚有乔松干，寒岁参天色更苍。(得一道人曰：自家写照，却是至理，掷地作金石声)。"①在东北"土厚水深、峭拔雄伟"之中构建起清逸之境，以承载精神寄托，景观被赋予了深厚的文化思维和文化语境。

园林集景以单个景观的描述聚合成整个园林体系，表面的空间分割实则扩大、丰富了园林的整体情境，在物境审美观照的基础上作出整体认知与意境传达。园林集景品题为欣赏者提供了一个开放的阐释空间，如王其亨先生在研究文学语言与园林的关系时指出："不同的欣赏者根据自己的体验、经验和各自的文化背景，建构属于自己的语境空间，从而延拓由作者设定的有限语境，为作品意义的实现提供更为广阔的时间和空间。"②园林集景通过画意择选与诗意诠释，在语言、绘画多重艺术形式中被符号化、诗意化，进而展现出审美的、想象的多重文化所赋予的园林诗境，建构起多维的时空体系，呈现出理想的栖居环境与生活愿景。园林集景品题是园林意义的生成、诠释和丰富，它一方面将我们引入当下的园林情境和此时此刻的感受之中；另一方面也向历史、未来延展，既是往昔历史记忆和经验的积淀，也是对文人理想生活情境的向往，诗意地栖居。

---

① 陈梦雷：《松鹤山房诗集》卷四，见《清代诗文集汇编》编委会编：《清代诗文集汇编》第179册，上海古籍出版社，2010年，第103页。
② 庄岳、王其亨：《中国园林创作的解释学传统》，天津大学出版社，2015年，第135页。

三、清代园林集景题咏的文学表现

经由艺术提炼、诗意品题的园林集景，为诗咏提供了丰富的吟咏素材，有助于文人诗情之激发。文人将园林集景各景观视为园林题咏系列组诗之诗题，以文心翰墨进一步阐发景观的观览角度、空间意象、风貌特征和个人体验，使景观意象更为饱满与生动，为园林集景赋予深厚丰富的文学内涵，提高了园林集景的传播影响。就艺术构思与表现手法而言，可分为"题外属词"与"就题命意"两种题咏形式。园林集景题咏彰显景象意趣，传达园林意境，作为文人炫才逞艺的工具，也成为文人园林交际的重要媒介与主题。探究清代园林集景的艺术表现与文化意义可深入推进清代园林文学与文化之研究。

（一）园林集景与诗词题咏

中国古典园林模拟自然山川之美又融入浓厚的人文气息而成为文人题咏的重要主题，正所谓"情知天也眷诗人，借与林园别样春"①。唐代王勃《越州秋日宴山亭序》有云："是以东山可望，林泉生谢客之文；南国多才，江山助屈平之气。"②对悠游园林的文人而言，园林间的一景一物、一情一境可激发文人的才思诗情，以助风雅之人的吟咏佳兴。

园林集景文化从最初形成之时即仰赖于文学品题和诗词书写，其在南北朝之所以得到萌发也与诗歌题咏密不可分。沈约《八咏诗》分咏登玄畅楼所望八处景象，开启后世"八咏"之先河。唐代卢鸿《草堂十志图》、王维《辋川集》以一景一诗的组诗形式分咏草堂十景和辋川二十景，奠定了园林集景题咏范式，随之出现诸多题咏园林集景的组诗。"唐人在对自然审美的活动中创作了大量景观组诗，其'总分'标题形态、独特的组景方式、

① 史弥宁：《友林乙稿》（宋刻本），见四川大学古籍所编：《宋集珍本丛刊》第108册，线装书局，2004年，第37页。
② 王勃著，蒋清翊注：《王子安集注》卷六，上海古籍出版社，1995年，第198页。

多样化的题名格式及'诗画相生'的创作方式，开辟了景观审美的新境界，为后代八景诗创作奠定了基础。"①宋代以降，伴随着园林分区造景的成熟及潇湘八景之影响，园林集景题咏进一步得到发展，"宋代因园林景区的形成，使其题咏也因景区的兼具个别性与整体性而适于用组诗表达，使组诗在园林赋咏中成为常见的作品形式"②。此后，园林集景题咏延绵不辍，题咏作品层出不穷，尤其是发展至清代，伴随着造园之风的兴盛和景观艺术的成熟，以及传统八景文化的发展而达至兴盛，形成园林景观品题、题咏的书写体系，成为中国古代诗歌艺术的一个重要面向。

园林集景题咏多为"某园八景""题某园十景"等题目，直接以"景"为诗题，如金农《养素园十景》、孔贞暄《北园十景》、沈初《题桂宇舅氏旦园十景》；或"某园八咏""某园十咏"等以"咏"为题，如斌良《澹园八咏》、多容安《来薰园十咏》、汪灼《不疏园十二咏》等，其内容往往阐发园林景观序列，展现园林风貌，抒写园林体验。园林集景题咏往往依园林景题而形成系列组诗，虽不乏因某一景物而引发的瞬间触动、情感迸发所产生的自然感兴，但就整体性质而言，是一种即景命题赋诗之作。清初文人王永命作《澹园十八歌仿卢嵩山体》题咏乐檀斋、双梧石、曲流、稚峦、翠岩庐、陆舫、雅琴洞、夹峰台、漪水阁、似桃轩、绿烟亭、君子林、回塘、长廊石几、杏苑、梨花深处、晚吟楼、忘机墅。其《客山澹园赠诗引》有云："澹园筑自十年前，日与毗陵邹子吟啸其中。疏逸磅礴，大有寝处，丘泽闲意，爰是缘意得名，依名作赋共撰十八景诗。即无景亦诗焉，意不在景，意在即诗。此澹园倡和之所由集也。"③"缘意得名，依名作赋"正可说明园林集景题咏命题赋诗的性质，题咏系集景景题之生发阐释。

园林集景与诗词题咏互为依存，两相促进。一方面，园林集景景观技艺的匠心营构，营造了八景题咏的氛围与情境。一些园林在景观营构时，

---

① 李正春：《论唐代景观组诗对宋代八景诗定型化的影响》，载《苏州大学学报（哲学社会科学版）》2015年第6期。

② 侯迺慧：《宋代园林及其生活文化》，三民书局，2010年，第511页。

③ 王永命：《有怀堂笔》卷二，见《四库未收书辑刊》第5辑30册，北京出版社，2000年，第314页。

格外重视每一园林情境的展现，从而在整体园林建设或修葺的蓝图中，就以一个个精细园景的聚合呈现为主导，将园林整体环境分为八、十、十二等若干部分，营建精致的园林画面，进而再聚合各景观形成具有空间意涵的数字序列，从而组合成整体的园林意境。每一个园林景观因在构筑时已先行进行了构思布局，因而景观本身极具意境，易使文人诗情跃动，依景兴发题咏、分题记胜。

另一方面，园林景观题咏促进了园林集景之聚景成形。有些园林构园时并无鲜明的聚景成序的设计，而是在园林建成后借由文人想象和文字表述萃聚各园林景观，以诗意题咏形塑出一个个园林意境，从而构建起园林集景。文人品题、题咏成为园林物象的聚合导引力量，重构空间的景象秩序，于此融入园主园居心态、审美观照等颇具深蕴的文化因素，使园林集景的意义得到彰显。一些园林集景最初得名有赖于园林景观题咏组诗，尤其是宋代潇湘八景形成之前，并未明确标示某园八景、十景，却依凭园林组景题咏成就了园林集景之名。如辋川二十景得名于唐代王维《辋川集》题咏；宋代丞相魏杞碧溪庵有十八景之胜，十八景之名源于张汉卿所题《梦庵十八咏》。即使是宋代以后虽常以八景、十景题名园林，但一些园林集景仍因系列园林景观题咏组诗而成名，如清代济南运署后园——也可园，以十景称著：春雨山房、好风凉月轩、漱泉亭、集翠亭、洒然亭、曲池、平台、苹香室、射堂、鹤梦轩。其十景之名最初源于国朝盐运使阿林保《也可园十咏》。文人景观题咏组诗自觉地提炼聚合园林景观，确立园林集景吟咏的对象与诗题，促进了园林组景形成，以诗歌题咏的形式为园林景观定景。

园林集景题咏主要以系列景观组诗的形式呈现，形成园林景观的总题与分咏模式。"'总分'标题是八景诗体式最显著的特征，有着丰富的人文底蕴。'总题'与'分题'之间存在着严密的逻辑关系，每一首'分题'都从属于组诗的'母题'，在主题上诠释着'母题'的内涵。"①园林集景题咏一景

---

① 李正春：《论唐代景观组诗对宋代八景诗定型化的影响》，载《苏州大学学报（哲学社会科学版）》2015年第6期。

咏一诗，每一景观分别以一首诗歌来题咏，以系列组诗形成对园林集景、十景、十二景等诸景观的题咏之作。此类诗歌是八景题咏之主流，数量颇多，如高熊征《紫阳别墅十二咏》以十二首诗分咏乐育堂、南宫舫、五云深处、别有天、寻诗径、看潮台、巢翠亭、螺泉、鹦鹉石、笔架峰、垂钓矶、簪花阁。再如陈梦雷作《素园八景》一诗咏一景，分咏曲水浴凫、瀑泉跃鲤、红药迎风、朱樱醉日、韭畦春露、菊圃秋云、夜月荷香、夕阳榆荫。袁枚《随园二十四咏》以二十四诗分咏仓山云舍、书仓、金石藏、小眠斋、绿晓阁、柳谷、群玉山头、竹请客、因树为屋、双湖、柏亭、奇礓石、回波闸、澄碧泉、小栖霞、南台、水精域、渡鹤桥、泛杭、香界、盘之中、嶙山红雪、蔚蓝天、凉室，诗中颇可见其造园理念与园居生活。此外，陈鹏年《题周雨文文园八景》、吴俊《涉园六咏》、胡恩燮《愚园三十六咏》等诸多题咏皆以系列组诗形式一诗咏一景。

除此之外，还有一类园林集景题咏则是一首诗中涵容八景景观。如清代进士郑元锡在咸丰元年（1851）于台湾建北郭园，历时三年而成，作《北郭园新成八景答诸君作》：

> 笑余买山太多事，新筑小园喜得也。回环曲折路区分，编排一一增名字。小楼听雨足登临，晓亭春望堪游憩。莲池泛舟荷作裳，石桥垂钓香投饵。深院读书一片声，曲槛看花三月媚。小山丛竹列筼筜，陌田观稼占禾穗。周遭八景系以诗，题笺满壁群公赐。……此是平生安乐窝，他时当入《淡厅志》。①

八景诗描绘文人筑园造景、定景题名的欣喜，尤其是中间八句嵌入小楼听雨、晓亭春望、莲池泛舟、石桥垂钓、深院读书、曲槛看花、小山丛竹、陌田观稼八景景名，八句而成八景，简洁明快，将八景景观涵摄入一诗之中。

园林集景题咏每一"分题"具有重要的存在价值，是各个景观的表征，具有相对独立的景观意义，每一景题的阐发又融汇组构成整体园林意境。每首诗题组合的顺序往往依据景观的空间布局、心理感知或是游园顺序、

---

① 郑鹏云、曾逢辰：《新竹县志初稿》，成文出版社，1984年，第250页。

观图顺序而展开，以景观的空间呈现为关联。学者指出，各诗题的顺序或以空间意义上的顺序，或依绘画长卷中各景由右向左展开的顺序，或按景观的重要或优美而排序。① 但无论何种顺序，皆是以空间对人的视觉冲击为核心。尤其是题咏组诗中第一首诗咏，往往在景观表现之时，亦在题咏中述及景观位置与营造修筑之初衷。如方浚颐《息抱园十咏为晋壬作》题咏吴唐林之息抱园。此园筑于杭州西溪横山，原为明末江元祚园林。息抱园有横山草堂、听秋声榭、竹坪、闻木樨香室、茶寮、归云巢、树萱居、女荆花馆、齐眉庑、眺山楼十景。首题横山草堂一景："家住白云溪，梦想芙蓉湖。为张秦髯画，峰岚近可呼。城东园在西，废址修一隅。浣花缅高躅，鼓勇诗坛趋。"② 诗咏描绘了景观碧涧迁流的空间所在，山水交融，园亭可观。诗作表达了园主废址上新构草堂的创园欣喜和诗情萌发。

园林集景题咏主要以空间呈现为序，相对于传统组诗而言，缺少每首诗之间传承递进之关联，各首诗咏间的联系较为松散。但各个景观的分咏题诗都统合于园林集景这一"总题"之下，聚合形成整体的园林情境，体现出传统文化对景观感知的影响及景观组诗对园林的再塑。

（二）园林集景题咏的风格表现

园林集景题咏依景名而题，景观题名的意义阐释就显得尤为重要。每一诗题即是园林景观的凝练与意境的传达，因之每首诗歌景题就成为诗咏的意义中心。尤其是园主自作之园林集景题咏，更喜在诗中阐发园林景观命名之深意，诠释景题的风格表现、意义内涵。清代安徽盐商程梦星在扬州构筑筱园，有今有堂、修到亭、初月沜、南坡、来雨阁、畅馀轩、饭松庵、红药栏、藕廔、桂坪十景。程梦星作《筱园十咏》每诗分咏一景，每诗前皆

---

① 李开然、央·瓦斯查：《组景序列所表现的现象学景观：中国传统景观感知体验模式的现代性》，载《中国园林》2009年第5期。

② 方浚颐：《二知轩诗续钞》卷一三，见《清代诗文集汇编》编委会编：《清代诗文集汇编》第660册，上海古籍出版社，2010年，第779—780页。

有简明小序，说明景观情貌，点明景观品题之旨意。如首题《今有堂》诗：

　　谢康乐《山家》诗云："中为天地物，今成鄙夫有。"何古非今，即今成有，遂以名堂。

　　林野有清旷，天意闲荒僻。偶然落吾手，榛莽倏已辟。长啸惬幽怀，于焉乐晨夕。①

集景题咏首题园林主景，今有堂是筱园的主体建筑，程梦星颇喜"今有"之名，并以此命名其诗文集为《今有堂集》。景名取谢灵运诗融于山水之乐的豪气，借由小序和诗咏，展现了初筑筱园开荒辟园的欣喜，描绘了林野清旷的园林环境及长啸惬怀的园居体验。

园林集景题咏就其艺术构思与表现手法而言，可用"题外属词"与"就题命意"来分述园林集景题咏的内容表现。"题外属词"与"就题命意"语出明代吴逸一《唐诗正声》："王诗多于题外属词，裴就题命意，伎俩自别。"②吴逸一此语是针对《辋川集》王维与裴迪所咏辋川二十景而言，意在阐明王、裴二人诗作风格之判然。

王维《辋川集》录其与裴迪各以五言绝句分咏辋川二十景之诗歌题咏。王维与裴迪常泛舟往来，"多思曩昔，携手赋诗"可见二人于辋川即景吟诗、同题共咏的创作情形。辋川二十咏以组诗形式摹绘辋川景观幽澹绝尘的空间形貌，展现了人与境遇的会心灵动。《广川画跋》卷六《书〈辋川图〉后》指出："《辋川集》总田园所为诗分序先后，可以意得其处。"③《辋川集》对后世园林集景题名、题咏影响颇大，后世模山范水的分题赋咏之作多因袭辋川之制。

《辋川集》中王维、裴迪从不同角度与体验来分咏别业景观，如华子冈一景，二人分咏。王维："飞鸟去不穷，连山复秋色。上下华子冈，惆怅情

---

① 程梦星：《今有堂集·畅馀集》，见《四库全书存目丛书补编》第42册，齐鲁书社，1997年，第47页。

② 陈伯海主编：《唐诗汇评》，浙江教育出版社，1995年，第358页。

③ 董逌：《广川画跋》卷六，见卢辅圣主编：《中国书画全书》第1册，上海书画出版社，1993年，第839页。

何极。"裴迪："落日松风起，还家草露晞。云光侵履迹，山翠拂人衣。"①

王维华子冈诗咏从浩阔的空间意境入手，并不拘泥于华子冈一景的具体风貌，而以虚笔造境，展现出飞鸟、秋色等心灵境象过滤的别业风光，营造出瞬息无常、诸法寂灭的佛理禅趣，体现静心禅悟之明澈意境。相对于王维之诗，裴迪题咏则摄取落日还家时华子冈松风、草露、云光等物象，勾勒出落日松风中的归家图景。王维题咏虽从景观出发，却腾挪于华子冈物象内外，偏重虚笔描绘，余味深远，属"题外属词"。而裴迪之作则盘旋于景观之内，侧重实景描绘，景观鲜明，境界直露，属"就题命意"。明人唐汝洵《唐诗解》亦曾言："摩诘辋川诗并偶然托兴，初不着题模拟。"②正如学者指出："'实'即园林景观本身的实景，而诗歌所描写的'不着题模拟'的'虚'境，则往往是诗人酿造意境之所在。"③王、裴二人虽依同样的园林景观命题赋诗，却一虚一实，意境不同。

面对园林系列景观，文人或偏重于依题而吟，或侧重于景题所寓，后世园林集景题咏正可从"就题命意"与"题外属词"两种风格路径上加以探寻。

"就题命意"的园林集景题咏主要依园林集景景题及景观意象而展开，诗咏紧扣每一景观所形成的诗题，阐发景题的因缘，勾勒景观空间方位、特征及游观体验，读之使人如临园林胜境。如清代钱维城《题万树园八景》，以八首五言诗分题避暑山庄万树园之万树园、桐雨斋、半园、意中亭、桃花堰、凤尾泉、藕花居、秋水池：

> 万树园：入山何必深，平地有深处。谁云十丈尘，早隔万株树。
>
> 桐雨斋：明河清且微，梧桐夜来雨。素琴张高斋，秋怀澹如许。
>
> 半　园：万事何求全，名园止得半。清池圆若镜，分与闲鸥玩。
>
> 意中亭：幽想出象外，方亭界圈中。乾坤容一个，双鬓与天风。

---

① 王维著，赵殿成笺注：《王右丞集笺注》，上海古籍出版社，2007年，第241页。

② 唐汝洵：《唐诗解》卷二二，见《四库全书存目存书》集部369，齐鲁书社，1997年，第895页。

③ 师长泰：《王维辋川别业的园林特征》，见梁瑜霞、师长泰主编：《王维研究》第5辑，江苏大学出版社，2011年，第298页。

桃花堰：隔堰闻犬吠，何人外间来。白云溪正远，桃花开未开。

凤尾泉：知是甘如醴，青鸾曾扫尾。一勺沁诗脾，茶烟过竹里。

藕花居：何须涉江去，帘外见美人。采采将有赠，棹歌隔通津。

秋水池：海若何必矜，河伯何必喜。吾心自然定，秋水一鉴耳。①

题咏以"早隔万株树""梧桐夜来雨""名园止得半""秋水一鉴耳"之语解析景题命名和景观表现，诗句依景观品题为诗题展开，诗境平易浅淡，缺少蕴藉之致，具有明显的御用文人"就题命意"的特色。

"题外属词"的园林集景题咏虽亦是依照景名而赋诗的命题之作，但在意境上深邃幽远，咏者心境亦投射其中。如清代著名戏曲家、乾隆三大家之一的蒋世铨晚年在南昌构筑藏园，取"善刀而藏"之意，园中有小鸥波草堂、含颖楼、定龛、养宦、两当轩、四出方丈、邀鱼步、藕船等藏园二十四景。蒋士铨《藏园二十四咏》分咏二十四景，每一题咏描绘园景，但更多取意于景观的命名因缘及物象所引发的心灵感悟。举小鸥波草堂、两当轩二景题咏如下：

小鸥波草堂：白鸥如病翁，照影一池水。我是忘机人，四十知所止。何必莲花庄，梁鸿堪老矣。

两当轩：笑彼两当衫，似我一桁屋。朝曦东牗来，夕月西窗宿。居之实能容，戏扪空洞腹。②

小鸥波草堂一诗并未过多落墨于草堂实景，仅以"白鸥如病翁，照影一池水"来点明草堂的空间环境及形貌，却以"白鸥""忘机人"等意象来诠释草堂意境及浑化忘机的园居生存姿态。两当轩命名以"两当"服饰喻建筑之形制，据《辞源》所引汉代刘熙《释名·释衣服》："裲裆（两当），其一当胸，其一当背也。"③诗咏以"朝曦东牗来，夕月西窗宿"描绘了两当轩其一当日、其一当月的景观，也展现了诗人于林泉中吟咏性情的心迹。诗咏清

---

① 钱维城：《钱文敏集·茶山诗钞》卷九，清乾隆四十一年眉寿堂刻本。

② 蒋士铨著，邵海清校，李梦生笺：《忠雅堂集校笺》，上海古籍出版社，1993年，第1491—1492页。

③ 《辞源》，商务印书馆，1979年，第294页。

新恬淡，涵泳性情，颇合蒋士铨论诗强调"文章本性情，不在面目同"①的诗文主张。《藏园二十四咏》摄取景观最具情韵的形貌，勾画出清雅怡神的园林风景，诗歌也具有超越一时一景的总体观照，体现出诗人晚年参透世事、淡泊平和之心境。

园林集景题咏"题外属词"重视虚写，并不囿于景观本身，而是偏重于捕捉某一景观物象的风韵之致及个人的抒情体验，虽然不一定能让人想象勾勒出具体的景观格局及形貌，但取景构图自如开合，颇具形神意趣之美，其营造的意境却表现出一种象外之意，重在表现意境与心志，具有超越的空间经验。"就题命意"则更关注园林景观的布局、风貌，诗咏契合景观的具体形貌，易于产生具体的园林空间感知，如入林泉之中。园林景题的实写和虚写有时并未有明晰的分隔，往往虚中含实，实中孕虚，不过是偏重略有不同。

（三）园林集景题咏的文化意义

园林集景题咏作为一种文学表现的方式成为传统园林文化的一个重要面向，其在园林文化、文人诗才、文化交流诸方面都产生了重要影响。

第一，园林集景题咏是彰显景象意趣、传达园林意境的重要载体。园林集景点景造境，在文字书写中将园林重塑为一个个精致的园林小景，而集景题咏依景赋诗，全面展现园林物象和咏者的园林品位。学者在研究景观叙事时指出："景观只有成为媒介反映的对象时，才能真正受到广泛的关注。而且正是由于媒介叙事、媒介对于景观的再现与解读，景观存在的意义才能更清晰地显现，人们才能对自己身处的环境产生更为深切的感受。从这个意义上来说，景观是通过媒介符号被再生产出来的。"②园林集景景观用文字书写加以再生产。

---

① 蒋士铨著，邵海清校，李梦生笺：《忠雅堂集校笺》，上海古籍出版社，1993年，第986页。
② 赖骞宇：《景观与符号叙事》，见邓颖玲：《叙事学研究：理论、阐释、跨媒介》，北京大学出版社，2013年，第244页。

园林集景题咏为精心营造的园林作了丰富的注脚和说明，将造园的宗旨理念及园居生活状态融入其中，丰富了园林景观的意义，宣扬园林情境，扩大园林声名。集景题咏因以组诗形式题咏景观，遂既可深入园林每一匠心营造之处细加品味，又能组景成趣，综观全园景貌。正如李浩先生指出的："组诗的篇幅延长，容量增大，既可俯瞰园林全景，也可分镜头逐一摄取园内各个景点，甚至对于一些园林小品的细部进行放大处理，纤毫毕现，移形换步，多方位多视角，使读者能够卧游山水佳境。"①

清代位于江苏仪征的名园白沙翠竹江村因竹而胜，康熙时富商郑肇新（号东邑）购得员氏别业旧址，开拓重葺。据清人洪嘉植《读书白沙翠竹江村记》："扬子县有白沙云，故今亦名白沙。城之东十里曰新城。江村在新城东二、三里许，故汪氏之东庄，今为郑子东邑别业。有竹数千个，曰白沙翠竹江村云。"②园有耕烟阁、香叶草堂、见山楼、华黍斋、小山秋、东溪白云亭、濑岩、芙蓉沜、篠簜径、度鹤桥、因是庵、寸草亭、乳桐岭十三景。白沙翠竹江村十三景名流题咏甚多，石涛为郑肇新作《白沙翠竹江村图》，图写十三景并为各景赋题，题咏如其山水画法，语淡而多姿，景象灵动而多变。如：

耕烟阁：迢递好江村，上我耕烟阁。黄犊柳荫眠，藕花浮约略。不尽鸟飞来，风断歌声错。

香叶草堂：观望著山堂，大风响云汉。双双挺立间，徘徊明月畔。秦封亦浮荣，婆娑影光灿。

见山楼：远案晴如黛，空江天际横。淡烟拖未了，群鹭点苍明。若不乘招隐，身轻那得轻。

华黍斋：怪石堆古壁，止水投文鱼。抱琴闲不弹，烟焚静有余。达人自高淡，妙悟迥如如。

…………③

---

① 李浩：《唐代园林别业考论》（修订版），西北大学出版社，1996年，第84页。

② 洪嘉植：《大莭堂集》，见《四库禁毁书丛刊补编》第85册，北京出版社，2005年，第353页。

③ 汪鋆：《清湘老人题记》，见卢辅圣主编：《中国书画全书》第8册，上海书画出版社，1993年，第594页。

江南文人游于江村,诗咏吟啸,程梦星作《江村十三咏》,成达可有《白沙翠竹江村(十三咏)诗为真州郑东邑赋》,先著、洪鉽、洪嘉植等人都曾作《白沙翠竹江村十三咏》。诗作一景一诗,以十三首景观题诗构成园林意境。在诸多江村十三景题咏中,江村各景观意象得以在不同观赏视角与个人感悟中展现,白沙翠竹江村之声名借题咏而愈彰。

同单一的景观题咏相比,集景题咏的系列组诗形成园林景观的序列化、整体化诠释,每一园林景观不仅仅是一个具象空间,也在景观的聚合中实现空间的扩展与时间的流动。"分题赋咏的组诗形式也可将山水的空间形态转换变为时间形态的转换,即以单首诗歌而论是某一地域空间景象的展现,当以组诗的形态连为一体时,同时也就在空间变换与延展的同时,赋予了时间的延展,表达出某一时间变化的过程。"[1]在园林八咏、十咏、二十四咏等系列题咏之中,读者随着步移景换的空间变幻,进入一个又一个园林情境之中,园林的游览体验得到了强化。

园林集景题咏亦可与园记相互印证。如马曰璐《小玲珑山馆图记》所载透风透月两明轩,"有轩二,一曰透风披襟,纳凉处也;一曰透月把酒,顾影处也"。马曰璐题《街南书屋十二咏》之"透风透月两明轩"云:"好风来无时,明月亦东上。延玩夜将阑,披襟坐闲敞。"[2]厉鹗《题秋玉佩兮街南书屋十二首》之"透风透月两明轩"云:"前后风直入,东西月横陈。主既如谢谘,客合思许询。"[3]园记与十二景题咏从不同角度对此景致加以阐释,互为补充,赋予人们丰富的园林体验。

园林集景题咏不只是景观的呈现,更是一种人文意境的导引。借由诗咏,每一景观转化为深具想象力与美学感召力的文学经验。景题所隐喻的园林意义得到进一步阐发,对园林集景的流传影响具有不可或缺的重要地位。许多古代园林早已泯灭,但留存于文字之中的园林集景题咏因其对园林景观的精细描绘与系统呈现,仍可使人们略窥古代园林营造布局、景观

---

① 杨国荣:《唐代组诗研究》,福建师范大学2012年博士学位论文。
② 马曰璐:《南斋词》卷一,见《丛书集成初编》,中华书局,1985年。
③ 厉鹗:《樊榭山房集》,董兆雄注,陈九思标校,上海古籍出版社,1992年,第421页。

风貌，重塑古代园林的风景图画，彰显古典园林的魄力。

第二，园林集景题咏成为文人唱和吟咏、炫才逞艺的主题与工具。清代《道光济南府志》卷七二"山水"条强调了八景对文人登临、题咏抒怀的影响："惟各邑志俱有八景十景十二景二十四景之说，虽多附会，然旧说相传，骚人墨客以至樵夫牧竖犹乐道之，所谓无益经典而有助文章者，可为登临选胜之资。"① 园林景观可达百景之多，八景题咏一诗咏一景，连句成章，形成景观题咏组诗。依景而"八咏"，成为文人展现诗才、表现诗情的一个绝佳实践场域。欧阳修《残腊》一诗曰："自嗟空有东阳瘦，览物惭无八咏才。"② "八咏才"指沈约登玄畅楼依所望景观而作"八咏"之诗，览物而八咏已成为文人诗才境界的一种指称。园林集景作为绝佳的诗咏素材，文人于畅怀林泉中揣摩体会，在八景题咏中磨炼诗才、精进诗艺。

八景题咏作为重要的诗题，常常成为文人同题共赋、唱和吟咏的主题。一些用原韵酬和唱答的八景诗咏既要表现景观特点，还要考虑诗题韵脚。同题共赋园林集景，是对审美欣赏的考验，更是对文人诗韵才情的考验。如程梦星作《筱园十咏》，陈鹏年有《筱园十咏次韵和程午桥编修》，如初月沜一景：

程梦星咏：蟾影纤如钩，下照白石淙。向夕池上酌，一泻倾春缸。鸥群久相狎，来往时一双。

陈鹏年依原韵和诗：初蟾乱池影，金波映流淙。水月两澄澈，劝君倒春缸。鸥鸟镜中眠，莲际成一双。③

二诗形象地描绘出初月沜"凿池半规如初月"的形貌和水月澄明、群鸥相戏之景，不但诗韵相同，意境亦颇相契。

有些园林集景题咏和诗众多，遂结集刊印。如清人王颖锐在梁溪之西管社山，筑草庐葬父。独山周王遵称十六景：古木围庐、清泉鸣窦、风阁松涛、雪篱梅影，芦帘山雨、竹窗池月、石坞归云、柴门落叶、柳汀渔火、野

---

① 王赠芳修，成瓘纂：《道光济南府志》卷七二，清道光二十年刻本。
② 欧阳修著，李之亮笺注：《欧阳修集编年笺注》，巴蜀书社，2007年，第590页。
③ 陈鹏年：《陈鹏年集》，李鸿渊校点，岳麓书社，2013年，第464页。

寺渔火、寒沙落雁、夕照归帆、群峰积雪、村树笼烟、莲塘秋涨、芦花风色。每景分题一诗。邹一桂作图，王颖锐和诗十六首。和者有龚士朴、王灏、秦仪、王若泗、释实璞、刘执玉、秦金门等人，结成《问源草庐十六景题咏》一卷，有清乾隆三十九年刻本。再如乾隆年间王钧、王德溥父子合辑《养素园诗》四卷，以杭州养素园十景题咏为中心，卷一至卷三为《十景旧作》《十景新作》《十景后作》，辑得沈德潜、陈维崧、蒋士铨、洪昇、金农、杭世骏等四十余人题咏养素园十景之作。文人以园林集景为题赋诗吟咏，大展诗才，颇有同题共竞之意。萧驰在研究王维与裴迪同咏辋川二十景题诗时认为："两位诗人对同一景观的美感，其实又只与个人此时此地的经验相关……美景只为此一存有者与整体存有界同现共流之中对意义的领会和开显而已，原则上不可重复。"①同题共咏因个人对景观的欣赏视角、感悟不同，因而对景观或幽情寓情，寄托心怀，或演绎景题，各出机杼，以多元视角呈现园林景观。文人亦可于园林集景的创作中相互交流，切磋问学。

文人喜以集句的形式炫才逞艺题咏园林集景。集句作为一种辞格，是由集古人成语或诗句而成的一种特殊引用形式。《文体明辨序说》谓集句者"必博学强识，融会贯通，如出一手，然后为工。若牵合傅会，意不相贯，则不足以语此矣"②。柴杰《粤东藩署东园十咏祝宋况梅先生寿》十景景观皆集唐人诗句而成，每诗八句分引八位诗人之作而成，自然化成，不露痕迹。如咏来青轩：

> 万象皆春色（杜甫），先从木德来（白行简）。良辰倾四美
> （王勃），星分应三台（李白）。竹覆青城合（杜甫），花含宿润
> 开（李乂）。凭轩聊一望（薛稷），佳气霭楼台（罗邺）。③

再如，清人刘彬华《岭南群雅》中收有《寄赏园八咏集选句为龙山温安

① 萧驰：《设景与借景：从祁彪佳寓山园的题名说起》，见《诗与它的山河：中古山水美感的生长》，生活·读书·新知三联书店，2018年，第281页。
② 徐师曾：《文体明辨序说》，人民文学出版社，1962年，第111页。
③ 潘衍桐：《两浙輶轩续录》卷一四，见《续修四库全书》第1685册，上海古籍出版社，2002年，第351页。

波赋》组诗，集萧统《文选》句一诗咏一景，分咏退一步斋、潇碧山房、支
颐观奕、枕石、濯泉、绿天池馆、双清阁、可中亭、柳丝轩、澄观台、秀野桥
风貌。如退一步斋之咏：

> 规行无旷迹，高步超常伦。守一不足矜，聊可莹心神。卜室倚
> 北阜，连榻设华茵。徙倚引芳柯，竹柏得其真。勇退不敢进，望庐
> 思其人。①

"规行无旷迹"语出陆机《长安有狭邪行》；"高步超常伦"语出江淹
《杂体诗三十首·嵇中散志》；"守一不足矜"语出陆机《长安有狭邪行》；
"聊可莹心神"语出左思《招隐诗》；"卜室倚北阜"语出谢灵运《田南树园
激流植援》；"连榻设华茵"语出谢灵运《魏太子》；"徙倚引芳柯"出自谢混
《游西池诗》；"竹柏得其真"出自左思《招隐诗》；"勇退不敢进"出自谢瞻
《于安城答灵运》；"望庐思其人"语出潘岳《悼亡诗》。组诗皆以集句而成
系列景观题咏，题咏者择选诗句时需要考虑切题、谐韵、情思等诸多方面，
又要与每一园林景观相契合，形成完整的园林意境。单首诗歌集句已见文
人的诗学修养，景观组诗更能显出题咏者之笥腹宏富和博雅涵养，带有炫
才弄博的游戏之味。园林集景激发文人的诗情吟性，从而同题共竞，切磋
问学，大展诗才，突显出园林空间的文雅特性。

第三，园林集景题咏成为文人园林交际的重要媒介。传统文人园林是
一个兼具私密性与开放性的二重空间，园中多因寿赏节庆、出游送行、消
寒纳暑等主题而展开雅集聚会，而吟咏园林景观是游赏雅集的重要内容。
文人对景题诗，助诗思之萌发，得林泉之意趣，满足文人游园赏景的怡情
雅兴、才情展示和交游诉求。

园林集景不仅是园主个人吟啸歌咏的素材，也可引客携觞、啸歌往来、
组景联吟。园林集景题咏作为文人雅集的重要吟咏对象，成为宾朋畅叙的
引题，文人借此可标榜自我的文化声望，圆融人际关系。园林集景题咏在
文化社交中扮演着重要角色。一些园林主人积极参与八景题咏，阐发园林

---

① 刘彬华：《岭南群雅》，清嘉庆十八年玉壶山房刻本。

景观的意境并以八景广为征题。园林主人或邀友朋前来游园赏景，使他们对各个景题有亲临的兴发触动而即景赋诗；抑或园林主人自创或延请名流作园林集景题咏，以此在士林中广为征集题咏。

园主借由园林集景在园林中构建起一个游艺风雅、开展文学活动的文化场域，提供了交游的主题。扬州东园又称贺园，系雍正末年贺君召（字吴村，山西临汾人）构建，清乾隆九年（1744）落成。李斗《扬州画舫录》记载："丙寅间，以园之醉烟亭、凝翠轩、梓潼殿、驾鹤楼、杏轩、春雨亭、云山阁、品外第一泉、目瞷台、偶寄山房、子云亭、嘉莲亭十二景，征画士袁耀绘图，以游人题壁诗词及园中匾联，汇之成帙，题曰《东园题咏》。"①东园修廊曲槛、门临流水成为游赏胜地，也是文人交游宴集之所。文坛名士厉鹗，小玲珑山馆主人马曰琯、马曰璐兄弟，筱园主人程梦星，南园主人汪玉枢等皆有题咏之作，兴酣落笔成一时之盛，正所谓"昔人园亭，每藉名辈诗文，遂以不朽"。

在园林集景题咏的征题、应和与传播中，文人结交友朋、交流诗艺，也希冀借此获得一种文化身份的认同。园林集景契合文人题咏之兴，又使园林和园林主人之声名广为传播。清康熙二十三年，王士禛以少詹事兼翰林侍讲学士奉命祭告南海之神后辞官归乡，其子王启涑（字清远）为其整修园亭，有绿萝书屋、啸台、春草池、石丈山、竹径、大椿轩、小华子冈、石帆亭、三峰、双松书坞、樵唱轩、小善卷、半偈阁十三景。王士禛作《西城别墅记》，并以其子王启涑所作题咏广征诗坛，清初名流士子朱彝尊、宋荦、查慎行、赵执信、陈鹏年、吴雯、陈恭尹、惠周惕、阎咏、尤珍诸人纷纷响应渔洋山人之征作西城别墅十三景题咏，和者逾百家。如钱澄之《和王清远西城别墅诗十三首》中咏"双松书坞""小华子冈""小善卷""春草池"：

双松书坞：我欲聆松风，城西读书处。苍苍烟雾深，疑化双龙去。其树不得见，其人安可遇。

小华子冈：会心不在远，取意不在多。纡回数步地，冈势萦坡

陀。高咏忆摩诘，辋川今如何。

　　小善卷：唐尧昔在上，乃有遗世客。清风延至今，灵境闭咫尺。石扇何年开，此中杳难测。

　　春草池：东风昨夜至，时鸟为我鸣。离情共春草，日绕池塘生。梦短思苦多，同心况弟兄。①

　　王启沄刻《新城王氏西城别墅十三咏》一卷以记胜。王士禛以西城别墅为中心，构建起一个风雅交流的文化网络，继续扩展其声名影响。此外，在其大力汲引下，其子王启沄诗名亦广传士林，因西城别墅而名。张贞为王启沄《西城别墅诗》作序云："今之诗文冠一世，而海内操觚之士尊之无异辞者，莫如王少司马阮亭先生。先生有才子曰清远，能世其学。……夏日偶过其读书斋，出新诗一帙属序，乃清远自咏园居者。闲澹高古，视平日更进一格。旋游其别墅，幽邃纡余，无穹阁杰屋之观，有荒山野水之思。然后知清远因心造境，即境会心，而诗之境地故自不殊也。"②参与征和文人士子附庸风雅，亦借清初诗坛盟主王士禛的名望以求得文化身份的认同之感。

　　园林集景是中国古典园林的重要面向，集景题咏以系列组诗的形式诠释各个园林景观，对园林风物加以涵咏玩味和审美观照，使景观题名、园林物象与文人心灵图谱之间建立起更为密切的对应关系，从而呈现出立体的、多元的园林意境。园林集景题咏是文人交际的重要主题与交流媒介。文人常常对一组园林集景展开同题共赋，以切磋交流、炫才逞艺。文人也借由组景联吟开启园林交游酬唱，以此标榜文化声望，圆融人际关系。园林集景题咏以独具特色的景观组诗宣扬了园林声名、园主声望，推动了园林交游和文学文化圈的形成。

---

① 方中发：《白鹿山房诗集》卷二，黄山书社，2020年。
② 张贞：《杞田集》卷一，清康熙春岑阁刻本。

第三章　清代园林集景图的诗画境界

园林集景图与园林景观、园林题咏形成互相阐释的文本空间，构成了造园—写景—品题的多元艺术展示，对园林集景的形成、流传有重要的影响作用。从清代《西湖十景图》创作繁荣的个案来看，在帝王的倡扬之下，宫廷文人积极以图绘表现西湖美景，这些图绘中融入帝王品味及政治意涵，突出强化风景所具有的权力表征与圣境意义。乾隆御览画图、题画题诗，传达出"以境证画"的审美诉求与"画里江山"的统治蓝图。西湖十景图与御制题画诗作为一种表象共同体，形成诗意与图绘的互文表述，西湖十景的意义不断丰富，既是山水胜迹，更是江山圣迹。

一、清代园林集景图的风格与画意

园林集景在品题诗咏和图绘表现中展开，其以图画语言的形象生动、气韵流转再塑园林景观，营造出一个个画意空间，展示出园林的意象风神。园林集景与集景图绘互助推波，以图文并茂、诗画合璧的艺术展现使园林在景观空间、诗意品题及画意呈现中进行多元展示与立体呈现，促进园林的审美表现与文化传播。

（一）八景图的历史情境

古人重视以图绘表现江山胜迹。八景萃选江山胜迹，择选品题某一区域的风景，而风景之最具直观性和形象性的展现非画图莫属，因此八景从其初具范型之始就与图绘密不可分。文人以图文对照、诗画共生的形式诠说八景，形成了八景文化发展的两种重要表现形态，丰富了八景的内涵意义。

诸多区域八景在演进中都离不开画图的展示和宣扬，对八景文化产生深广影响的潇湘八景即有赖于其图绘描写。沈括《梦溪笔谈》记载："度支员外郎宋迪工画，尤善为平远山水，其得意者有平沙雁落、远浦帆归、山市晴岚、江天暮雪、洞庭秋月、潇湘夜雨、烟寺晚钟、渔村落照，谓之八景。好事者多传之。"宋迪将潇湘风景绘为八幅山水画图，以平远山水的画法展现出意境悠远的潇湘风貌和宁静闲适的文人情趣，八幅图绘与诗意标题共同奠定了八景文化的基础。台湾学者石守谦研究宋迪对潇湘八景发展贡献时指出："宋迪的首创之处实在于将潇湘风景归纳为八景，并赋予其如诗的标题，成为八幅一套且具标题的山水画。在此之中，又以八景标题之命定最值得注意，那也是与宋迪同时的文士沈括（1031—1095）对之加以纪录的根本理由……经过了这些选择框定之后，潇湘风景便转化成八个可被观赏的意境，并以八个标题来命名、确认。"①八景转化为八个可被观赏的画意情境，推动了八景沿画图与诗咏两个方向上演进。潇湘八景图经由宋代王洪、牧溪、玉涧等人的演绎而流播广远，成为东亚文化圈中一个共同主题。"'八景图'画题与其说是宋迪为潇湘实景所触动，毋宁说是他博览了历代潇湘诗文而谙熟潇湘风情神韵，由此衍生出潇湘八景的意象所致。"②潇湘八景图为文人提供了一个观赏视角与寄托媒介，其不仅是一种风景再现，更

---

① 石守谦：《移动的桃花源：东亚世界中的山水画》，生活·读书·新知三联书店，2015年，第68—69页。
② 冉毅：《宋迪其人及潇湘八景图之诗画创意》，载《文学评论》2011年第2期。

是一种人文心象。

文人可在八景画图的引领下进入风景情境中而吟咏赋歌。北宋苏轼有《虔州八境图八首》，其作诗之时并未亲历虔州八景，而是观览《虔州八境图》而赋。十七年后苏轼南迁再至虔州，得以遍览八景，将八境图与真实的虔州八景相对照。关中八景在画图与诗歌题咏中演进流传。明成化时有《长安十景图》问世，焦竑编撰的《国朝献征录》中有关于《长安十景图》的记载："太仆少卿白公讳思明，字睿之，年二十一即以明尚书占天顺壬午乡魁，成化丙戌登进士第，食俸工部。奉檄为秦王妃管葬事。王因馈以衣服及饮食物，辄辞不受，王爱其贤，命工绘《长安十景图》，亲为诗文以称异之。"① 关中八景流传最广、深入人心的景观印象亦源于清康熙十九年朱集义图画并诗咏的华岳仙掌、太白积雪、骊山晚照、雁塔晨钟、草堂烟雾、灞柳风雪、曲江流饮、咸阳古渡。此八景被刻为石碑，碑首题"关中八景"四字，下分十六格，每景诗画各为一格。再如，明代王绂绘《北京八景图》以八个单幅纸本墨笔分绘金台夕照、太液晴波、琼岛春云、玉泉垂虹、居庸叠翠、蓟门烟树、卢沟晓月、西山霁雪，画面气象各异，别有神韵，展现出都城胜景。诗画融合的八景更具历史情境和空间体验。

八景图绘主要描绘、展现某一地域的舆地胜景，颇具历史感，英国学者认为："景观绘画（像所有文献资料一样）必须予以概念化思考并谨慎地加以阐释，但景观绘画已被用作历史景观地理研究的文献证据。"② 随着八景文化发展及明清城市文化、游观赏览的盛行，明清地方志中出现了大量八景图，"逐渐形成高度概念化、格式化的景观地图"③，可作为展现地方文化的重要资源，具有旅游指南的性质。清代西湖十景图、扬州瘦西湖二十四景图具有广泛的民间影响，有力地宣扬了杭州、扬州的城市文化。另一方面，

---

① 焦竑：《国朝献征录》，明万历四十四年徐象樬曼山馆刻本。

② 阿兰·R.H.贝克：《地理学与历史学：跨越楚河汉界》，阙维民译，商务印书馆，2008年，第126页。

③ 潘晟：《地图的作者及其阅读——以宋明为核心的知识史考察》，江苏人民出版社，2013年，第105页。

八景图在地理风貌中融入观者、画者的人文情感、历史观念而带有深广的文人印迹。如明代郭存仁所绘绢本《金陵八景图》，绘有钟阜祥云、石城瑞雪、龙江夜雨、凤台秋月、白鹭晴波、乌衣晚照、秦淮渔笛、天印樵歌，每幅图中皆有题诗，画图描绘了金陵的钟灵毓秀与四时风光，还在胜景图中寄寓故土情怀、地方意识与金陵的王者气象。八景图成为历史情境与人文心象的映现，推动地方文化的同时也展现了文人情怀。

（二）园林集景图的发展兴盛

中国古典园林模拟自然山水，其与山水画有着彼此相通的艺术特性，追求艺术地再现自然。园林与绘画之关系自古至今论者极多，如明代造园大师计成《园冶》云："顿开尘外想，拟入画中行"①，强调园林入画。明代画家董其昌《兔柴记》云："余林居二纪，不能买山乞湖，幸有草堂辋川，诸粉本着置几案，日夕游于枕烟廷、涤烦矶、竹里馆、茱萸沜中，盖公之园可画，而余家之画可园。"②突显出园林与绘画互补之关系。周维权先生指出："这种关系历经长久的发展而形成'以画入园，因画成景'的传统。"③高居翰先生亦云："中国古代的园林与绘画，尤其是山水画，可以说是一对姊妹艺术，两者在许多方面都彼此相通。对于画家而言，庭院不仅经常成为他们画作的背景，同时也是很好的绘画题材。而如果说绘画是对真实的庭院作一种二维的描绘，那么，庭院无疑就是画中世界与画中理想的立体呈现，它处于艺术理想与现实生活之间的过渡地带。"④园林是古代文人画士乐于表现的绘画题材，而园林集景分绘园林景观，在布景、造景的画境中显见画者气韵，仰观俯察、远眺近赏的空间呈现也颇能显示画者技法，因此受到文人画士的青睐。

---

① 计成著，陈植注释：《园冶注释》，中国建筑工业出版社，1988年，第243页。
② 董其昌：《容台集》，邵海清点校，西泠印社出版社，2012年，第279页。
③ 周维权：《中国古典园林史》第2版，清华大学出版社，1999年，第17页。
④ 高居翰、黄晓、刘珊珊编：《不朽的林泉》，生活·读书·新知三联书店，2012年，第63页。

唐代园林集景已写入画图之中，如卢鸿将嵩山草堂十处胜景绘成《草堂十志图》，图画中峰峦浑厚，山林苍劲，颇得平远之趣。卢鸿自题骚体诗十首，开创了园林集景题名组景、题咏、图绘之先河，得到了后代广泛的摹写、传播，宋代李公麟、林彦祥、燕文贵，明代谢时臣、董其昌，清人王原祁等皆有摹本。王维《辋川图》绘辋川二十胜景，与辋川二十首诗咏相映照，描绘辋川山林掩映、云水澄明的园林景象，也是王维心境的体现，正可谓园中有画，画中有园，"至其卜筑辋川，亦在图画中，是其胸次所存，无适而不潇洒，移志之于画，过人宜矣"①。北宋画家李公麟晚年构筑龙眠山庄，绘《龙眠山庄图》，承《辋川图》之风，图写了建德馆至垂云沜等山庄景致十六处。苏辙作《题李公麟山庄图并叙》："伯时作《龙眠山庄图》，由建德馆至垂云沜，著录者十六处，自西而东凡数里，岩崿隐见，泉源相属，山行者路穷于此。道南溪山，清深秀峙，可游者有四：曰胜金岩、宝华岩、陈彭漈、鹊源。以其不可绪见也，故特著于后。子瞻既为之记，又属辙赋小诗，凡二十章，以继摩诘辋川之作云。"②苏辙分咏林泉之胜，并著入胜金岩、宝华岩、陈彭漈、鹊源四景，有意效仿辋川二十景的意象。

明清时期园林集景画图随园林集景之兴盛而蓬勃发展。明代画坛声名颇著的文徵明为王献臣绘《拙政园三十一景图》，此集景图以册页形式呈现，描绘园中梦隐楼、若墅堂、繁香坞、倚玉轩等三十一处景致，画意古雅清幽。每景各题诗一首，以多种书体题写在各景图的对页上，摹写园林风貌，阐发园林意境。文徵明还作有《拙政园记》详细叙写园林各景观方位，形成园记、园图、园林题咏的共同诠释，使拙政园景深入人心。明代沈士充《乐郊园十二景图》图写了王时敏乐郊园中雪斋、秾阁、霞外、就花亭、浣香榭、藻野堂、晴绮楼、竹坞、扫花庵、凉心堂、聚景阁、田舍十二景，图绘出远离尘俗、烟云迷蒙的乐郊园图景，也为观者提供了一条游赏路线。晚明宋懋晋绘《寄畅园五十景图》，描绘无锡寄畅园知鱼槛、栖玄堂、卧云堂、桃花洞、箕踞室等分胜景观，"采用同一视角，从一个较高的位置俯瞰，

---

① 俞剑华标点注译：《宣和画谱》卷一〇，人民美术出版社，1964年，第169页。
② 陈宏天、高秀芳点校：《苏辙集》第1册，中华书局，1996年，第312页。

图 3-1　仇英《辋川十景图》（局部）

各页主景被置于画面中心，好像画家手持镜头在园林上空同一高度处水平移动，为每个部位各拍一张"①，传递了具有史料价值的园林信息。此外，沈周《东庄二十四景图》、刘珏《寄傲园小景十幅仿卢鸿一草堂图》、杨龙友《祳园十六景图》、仇英《辋川十景图》（局部图，见图 3-1）等都以集景画图再现园林意境。

　　清廷热衷于八景文化，帝王不但大兴园林建设，而且重视对园林集景的命名、题咏，倡导用传统绘画形式表现园林。宫廷画家积极迎合圣意，创作了多种园林集景图，以此获得圣心恩宠。如清代张宗苍《避暑山庄三十六景图咏》，以三十六幅水墨画分绘山庄三十六景，右上为乾隆御笔行书五言诗。方琮绘《避暑山庄三十六景图》，上有于敏中手书康熙三十六景诗。钱维城绘《御制避暑山庄旧题三十六景诗》《御制避暑山庄再题三十六景诗》，意大利传教士马国贤作铜版画《避暑山庄三十六景图》。乾隆时宫廷画师唐岱、沈源绢本彩绘《圆明园四十景图》（局部图，见图 3-2），张若霭作《圆明园四十景图诗》，张若澄绘《静宜园二十八景图》，董邦达作《盘山十六景图》。这些宫廷画家所绘画图，描绘了清代皇家园林的鼎盛。王

① 高居翰、黄晓、刘珊珊编：《不朽的林泉》，生活·读书·新知三联书店，2012年，第204页。

图 3-2　唐岱、沈源绢本彩绘《圆明园四十景图》(局部)

其亨在研究皇家园林图咏时指出："园林图咏以图文互见的方式再现园林景致，使康熙、乾隆诗文中阐述的园林创作和审美意向，可以结合优美的画面而形象展现，进而深刻表现园林意境。"[①]皇家园林集景图画与御制题咏相互映照，展现出王朝盛景。

　　清代的文人画士也借园林集景图描写园林胜景，如陈銮作有《闲园十景图》，图绘苏州提刑按察使署衙园中十处胜景；邹一桂作《问源草庐十六景图》，呈现梁溪王颖锐之问源草庐的古木围庐、清泉鸣窦、风阁松涛等景观；包祥高延请画师绘《怡园十二景图》，以文人笔法描绘林泉胜景及翛然林水之乐。

① 王其亨：《中国建筑史论集》，辽宁美术出版社，2014年，第236页。

（三）园林集景图的风格画意

园林集景图的空间布局、艺术手法影响着园林的信息传递与意义表达，正如学者所云："园的气氛，就是将物类放入一个个精心选择的画面中，将画意贯穿融入，使物具备诗情画意，为园的神话催生"。园林集景图以丹青再塑园林画境，将园林物类置入画面之中。图画空间布局的开朗幽隐、色彩线条的明暗流转、欣赏视角的远近高低形成不同的风格画意。园林各个物象的分景、借景、对景、框景等造园技法在八景画图中相互交叠又各自独立，使观者在有限的园林空间中感知无限的山水境界。

相对而言，园林集景图的风格一类重在写意，以写意的园林画风展示出园林各个景观集成，将园林集景置于山水画的文人情趣之中，在山林掩映、水汽氤氲的园亭中映射文人心境及林泉幽思。园林集景图描绘园林各景观之风神，重在表现园林所形成的隐逸情境，具有深厚的抒情底蕴，如《乐郊园十二景图》；另一类园林集景图绘则重在写实，精心设计园林布局构图与园林物象，以直观形象的画图将观者带入园林的视觉体验之中，如《避暑山庄三十六景图》《圆明园四十景图》等作。阅读者、观赏者通过对园林集景图绘画意的理解与感受，突破了画图的局限，将自我的感情融入园林景观中，或表达政治诉求，或彰显个人的意志与情思。

园林集景图与景题、诗咏之关系密切，一种情况为因图而集景定型，园林集景图的取景写意促成了园林集景之定型。潇湘八景即因宋代宋迪所绘八幅潇湘风景图，并辅以诗意标题而成，奠定了景观集成之范式。清初浙江嘉兴倦圃有二十景之胜：丛筱径、积翠池、浮岚、范湖草堂、静春庵、圆谷、采山楼、狷溪、金陀别馆、听雨斋、橘田、芳树亭、溪山真意轩、容与桥、漱研泉、潜山、锦淙洞、留真馆、澄怀阁、春水宅。此二十景得名于周月如所绘《倦圃图》。朱彝尊《倦圃图记》云："先生之门人周君月如，工绘事，为先生图之，为景二十。于是三人各系以诗，先生复命予记其事。予尝览前代园亭山水之胜，往往藉人以传，又必图绘之工，而后传之可久。……是倦圃之所有山泉鱼鸟蔬果花药之乐，先生且不得而私，而予与周君，翻得借圃之图以传，为可乐也。"①此外，倦圃园主曹溶门人周之恒绘有《倦圃二十景》，曹溶《倦圃图二十咏》、朱彝尊《题倦圃图二十首》等作有歌咏倦圃二十景图。

静园八景之名亦取自于《静园八景图》。静园为清末龚镇湘（号静庵）在家乡湖南构筑的园林，其外甥张憩云绘《静园八景图》，分绘：云母晴岚、石润泉声、止水柳钓、竹屋延凉、双冈松韵、寺钟迎月、梅移诗讯、圭峰积雪。龚镇湘延请张百熙、易顺鼎、李祥霖等友人题咏静园八景，辑成《静园八景图题咏集》一卷，其《静园八景图题咏集自记》云："八景图予成，静园属外甥张子憩云所作也。……予四十后别号静盦，以静名园，见此园本吾自有也。而园中八景即于此时出焉。"②园林集景图在绘制之时，萃选景观而成诗意画境，图绘的过程即是园林集景形成的过程。

另一种情况则为园林集景图在八景品题、诗咏的氛围中孕育生成。如清代画家居廉所绘《邱园八景图册》，就是观览邱园风景，汲取诸多文人邱园八咏的诗意阐释而绘成的。邱园是光绪年间邱诰桐筑于广东顺德龙山的园林，八景为：紫藤花馆、碧漪池、流春桥、涵碧亭、淡白径、壁花轩、浣风台、绛雪亭。园中具堂榭花竹之胜，烟水泉石之美，"亦既其胜处，编为八景，率以地名为纲，迨如玉山所称白云海绛雪亭诸胜欤"③。邱园成文人雅集之中心，赖学海、潘飞声、杨永洐、居廉等人纷纷题咏《邱园八景》，邱诰桐辑三十六人诗咏成《邱园八咏》，并邀居廉绘图记胜。

园林集景图常以长卷、册页、单幅的形式出现，尤以册页、长卷居多。随着园林集景册页的连续翻转或是长卷的不断展开，观者可在时空转换中进入园林，既有驻足观赏的空间凝视，又有步移景换的游览体验。园林集景图以解构与整合的形式再塑园林，换言之，图绘八景是一种分离框景与

---

① 朱彝尊：《倦圃图记》，见陈从周、蒋启霆选编：《园综》，赵厚均校订、注释，同济大学出版社，2011年，第54页。

② 龚镇湘：《静园八景图题咏集》，清宣统元年刻本。

③ 潘飞声：《邱园八咏序》，见江阴、吴芹编辑：《近代名人文选》，广益书局，1937年，第69页。

整体融汇的过程。其将整个园林进行有意义的分解，解构成为一个个的风景单元，对园林局部意境的呈现可以形成独立画面或者说是园林小品，实现园林局部风格的品鉴。园林集景图的多个单一画图又浑然一体，可在册页或长卷的流动视角中，在一个个园林画意的转换中形成园林的整体观照，从多层次、多方位展现出或萧淡闲远，或清寂莹润，或开朗宏阔的园林意境，将园林风格、审美情趣、人生观照投射入整体的画意之中。

如乾隆时期声名显著的词臣画家钱维城作《依园八景图》册页，描绘山西阳城吏部侍郎田懋依园八景，由八页水墨分景图而成，分别为：梅径、芍药圃、好风亭、云壑、丛碧台、红叶坡、冬秀轩。每页对开，左诗右图，左侧有乾隆时文华殿大学士于敏中对题诗，右上角写有钱维城题诗，诗咏与画图相互映衬。图画以干笔勾勒树石，云山烟岚则用墨笔烘染，笔墨秀丽，枯润有致，秀骨天成，勾画出闲适、静逸的园林景色。每一册页与八景主题相对应，突出此一景观的特性，如梅径一页，画中梅径蜿蜒而入远山，多枝寒梅掩映于水边芳径旁，枝干旁逸，别有生姿。所绘画意契合诗题"山意方冲寒，苔痕未应破。寂寥美人意，素幐愁寡和。春风二十四，明月劳相过。结子会有期，离离雨中大。沂公咏诗日，正作袁安卧"①。诗画所描绘的梅径一景，简淡清寂、意趣天成。

园林集景图提供了一种聚焦时间与空间的框架，利用虚实结合的手法展示出宽广的空间指向与悠远的时间内涵，契合八景文化时空再现的内涵。元代虞集《欧阳原功待制潇湘八景图跋》有云："画者通四时朝暮阴晴之景于一卷，而山川脉络近若可寻。于是，消息盈虚见于俄顷，倏忽变幻，备于寻尺，慨然遂欲炼制形魄后天，而终以尽反复无穷之世变者。"②八景绘画秉承此种艺术追求，于某一时空情境中通向无穷之变，体现出空间位移与时间转换的多元变化。如焦山画僧几谷、扬州画家王素皆绘有《棣园十六景图》，包松溪辑得《棣园十六景图》二册，其《棣园十六景图自记》云：

---

① 钱维城：《钱文敏集·茶山诗钞》卷三，清乾隆四十一年刻本。
② 虞集：《虞集全集》，天津古籍出版社，2007年，第423页。

　　　　于是有图之作，先为长卷，合写全图之景，有诗有文。而客了
　　游我园者，以为图之景，合之诚为大观，而画者与题者以园之广，
　　堂榭、亭台、池沼之稠错，花卉、鱼鸟之点缀，或未能尽离合之
　　美，穷纤屑之工也。于是相与循陟高下，俯仰阴阳，十步换影，四
　　时异候，更析为分景之图十有六。①

　　园林集景图可表现四时、物候的多重时间节点，也可表现山石、林泉、
远近、广微的多重空间位置，具有时间的延展性与空间的超越性。园林的
深度与广度皆可在意象的择取与图画中实现历史与当下的对话与交流。

　　园林集景图以画家对园林的观察、体悟加以视觉意境塑造，透过画图
去感知园林，并借由画图审度物我之关系。园林集景图不仅是一种空间的
认知与视觉经验的再现，也是一种对风景的意义投射，传达出画者的园林
山水体验，据此演绎风景景观以及人生图景。

（四）园林集景图的园、诗、画共生

　　园林集景图与园林建设、园林题咏互为文本，构成了造园—写景—品
题的多元艺术展示，对于园林集景的形成、流传有重要的影响作用。王其
亨先生在研究园、画、诗三者关系时指出："考察山水画、山水诗及文人山
水园同步发展的历程及社会背景，也可看到，诗、画与园林创作，作为文人
'隐逸'文化艺术体系中不可分割的有机组成，是互为语境的：园林在诗画
浸润中发展，诗画靠山水园林的灵感启迪。"②园林集景与诗、画、园互文共
生，以语言、图画转译园林的审美感受，相互回应、融会贯通。

　　其一，园林集景图提供了"卧游"的文本。园林画与园林皆属有形之
展示，"园与画的关系，在艺术形式上它们同属于'形'的艺术，其关系较
诸诗与画、诗与园更贴近"③。园林画保留了园林风貌，正所谓"丹青之兴比

---

① 顾一平：《扬州名园记》，广陵书社，2011年，第48页。
② 王其亨：《中国建筑史论选集》，辽宁美术出版社，2014年，第225页。
③ 侯迺慧：《诗情与幽境——唐代文人的园林生活》，东大图书股份有限公司，1991年，第550页。

《雅》《颂》之述作，美大业之馨香。宣物莫大于言，存形莫善于画"①。朱彝尊《倦圃图记》有云："前代园亭山水之胜，往往藉人以传，又必图绘之工，而后传之可久。"园林集景撷取园林经典的时空存在，对园林景观有细致描绘，园林的池沼亭榭、山石花木在不同图景中有或突出或隐微的显现，园林风貌得以再现。

园林集景图的画者在挥墨之前将园林丘壑纳入心中，以诗性视界对园林加以多角度观照，展现出一个个开放的欣赏空间。观者可畅游于一个个园林画境之中，从而完成游览历程，感受山林皋壤、水石清淑的园林意境。对亲历园林胜景之人而言，可于读图品赏中重温昔时游观之乐；对未游园林之人而言，可于展卷阅读中饱览山水秀色。正如宗炳《画山水序》所言"卧游"之乐："于是闲居理气，拂觞鸣琴，披图幽对，坐究四荒，不违天励之薮，独应无人之野。峰岫峣嶷，云林森渺，圣贤暎于绝代，万趣融其神思。余夫复何为？"②观者在视觉的盛宴与想象的遨游中徜徉于园林幽境，在卧游体验中栖隐身心、荡漾情思，满足文人栖隐林泉之志。较之传统园林图绘的整体呈现，八景图绘多分景而绘，文人披图幽对之时更易品味园林情境，生发水石之乐。

园林集景图可供时人阅读品鉴，更可穿越时空保存园林风貌，供后人品赏。园林草木易衰、园亭易毁，需要财力、人力的持久投入才能保持良好的园林生态，因而园林最易兴废无定。在历史长河中倾圮湮灭、风流云散的园林风貌可在园记、题咏中寻觅其迹，亦可于园林集景画图体味。清人钱泳为明代文徵明《拙政园三十一景图》所作题跋有云：

> 余尝论园亭之兴废有时，而亦系乎其人，其人传，虽废犹兴也，其人不传，虽兴犹废也。惟翰墨文章，似较园亭为可久，实有不能磨灭者。今读横翁之画，再读其记与诗，恍睹夫当时楼台花木之胜，而三百余年之废兴得失，云散风流者，又历历如在目，可慨也已。今仲青之珍藏是册也，展玩循环而不厌，摩挲历久而弥新。

---

① 俞剑华编著：《中国历代画论大观》第1编，江苏美术出版社，2015年，第28页。
② 俞剑华编著：《中国历代画论大观》第1编，江苏美术出版社，2015年，第45页。

以视诸公之经营构筑，爱咨爱寻者，其相云为何时也。①

钱泳深刻体悟画图之重要，感慨园亭之兴废及翰墨文章留存园亭风貌之功。袁江之侄袁耀所绘《东园十二景图》，描绘醉烟亭、凝翠轩、梓潼殿、驾鹤楼、杏轩、春雨堂、云山阁、品外第一泉、目瞤台、偶寄山房、子云亭、嘉莲亭之扬州贺君召家东园十二景，保留了昔时园林风貌，展现了盐商风雅。

其二，园林集景图提供了题咏的媒介。诗与画有着共通的艺术表现，图咏是诗画结合的产物。钱锺书先生《中国诗与中国画》云："一切艺术，要用材料来作为表现的媒介。材料固有的性质，一方面可资利用，给表现以便宜，而同时也发生障碍，予表现以限制。于是艺术家总想超过这种限制，不受材料的束缚，强使材料去表现它性质所容许表现的境界。譬如画的媒介材料是颜色和线条，可以表现具体的迹象；大画家偏不刻画迹象而用来'写意'。诗的媒介材料是文字，可以抒情达意，大诗人偏不专事'言志'，而要诗兼图画的作用，给读者以色相。"②园林集景绘画成为诗歌的载体，是文人画士感兴吟咏、抒怀言志的媒介。

园林集景图给园林以形象、直观的物象展现，使之转化成一种颇具文艺底蕴的美感意象，更易生发文人题咏。园林集景绘画是画境文心的体现，文人对园林每一景观的理解、体悟都借园林集景图咏而传达出来。清代画家石涛绘有《白沙翠竹江村十三景》，此图是石涛为郑肇新的仪征园林白沙翠竹江村所绘，描绘耕烟阁、香叶草堂、见山楼、华黍斋、小山秋、东溪白云亭、溉岩、芙蓉沜、篍筿径、度鹤桥、因是庵、寸草亭、乳桐岭十三景。此图以一景一图并附题诗的形式，展示出白沙翠竹江村叠石为胜的园林景观，使人恍若置身园中，引发文人题咏。石涛所作题咏如其山水画法，语淡而多姿，景象灵动而多变。江南名士程梦星、成达可、先著等人都曾作江村十三咏。如程梦星作《江村十三咏》题东溪白云亭一景："东亭临水

---

① 苏州市地方志编纂委员会编印：《拙政园志稿》，1986年，第147页。

② 叶圣陶编：《开明书店二十周年纪念文集》，开明书店，1947年，第168页。

际，高柳鸣春禽。鲦鱼来忽去，溪水清且深。白云时孤飞，澹荡托素心。"①

园林集景图形成了一个开放的、可传阅的文本，可以突破时空之限而广为传播。"从广义上讲，图咏应该是一种集诗、书、画为一体的综合性的艺术表现形式，它可以是题诗于画，也可以诗画分离，但无论怎样，这一组诗和画是密切相关的，它们或是对同一对象的描绘，或是对彼此的阐释。"②八景图经由文人图咏，园林意境得以再次诠释生发，园林集景、园林集景图与图咏形成一种互文性文本，图绘与题咏互相交错又彼此依赖，三者相互诠释，从而获得丰富的意义。

清代江苏如皋文园、绿净园的园林风致借由两园图绘与诗咏而流传。道光年间，汪承镛延请如皋山水名家季标绘《文园十景图》《绿净园四景图》，从而形成文园之课子读书堂、念竹廊、紫云白雪仙槎、韵石山居、一枝龛、小山泉阁、浴月楼、读梅书屋、碧梧深处、归帆亭十景以及绿净园之竹香斋、药栏、古香书屋、一簦亭四景。汪承镛以两幅园林集景图广邀名士题咏，承继风雅。汪承镛撰写《两园记》，并将两园图咏辑录合刻成《如皋汪氏文园绿净园图咏》，题记云："余家雉水之上，旧有文园、绿净两园。今将各景绘图，乞名流题咏，或赋长篇，或吟短什，珠玉既富，剞劂斯加，俾为园林生色，亦以志苔岑雅契云。"③园林集景图在图咏的互助媒介中，形成诗画共生的艺术展示，在空间艺术与视觉呈现中形成多方位、多重视听感受的全息的园林图景。

园林集景图咏以语言的阐释、典故的寓意表征表达图绘未尽与隐藏之意，使空间的园林更具超越性。园林集景图中将真实的园林空间转化为线条、色彩的表达，使之在审美经验上可与语言层描绘互相阐释。"园林的意义在不断的理解与解释中成为一个开放性的结构，随着主体及所属时空的

---

① 阮元辑：《淮海英灵集·甲集》卷四，清嘉庆三年小琅嬛仙馆刻本。
② 邬东璠：《说与寻常问景者，诗情画意此称灵——中国古典园林意的"言象系统"初探》，天津大学2005年博士学位论文。
③ 季标绘，汪承镛辑：《如皋汪氏文园绿净园图咏》，民国石印本。

变化而不断变化、派生，而得以流传。"① 园林集景图以诗画共生的构景模式，展现园林景致和文人画者的情思心象，构建诗意的生存境界与精神品味，诉诸江湖栖隐的文化情怀及天人合一的宇宙图景。园林集景图对园林集景的形成、流传有重要的影响作用，促进了园林的审美表现与文化传播。

二、清代西湖十景图的"圣境"展现与空间政治

西湖十景自宋代形成以来，因湖山秀美及文人画士的图画描绘、歌咏演绎，景观意象愈显丰富，逐渐成为一种文化意象而深入人心。台湾学者石守谦指出："'胜景／圣境'则确实存在于世间的某一特殊角落。虽然只是实存的人世美景，但是，由于人们使用各种文化手段赋予了超乎外表形体的意涵，'胜景'就逐渐转化成某种程度的'圣境'，超越了它原本的表面形式，而产生新层次的精神价值。"② 西湖十景即是这样一种具有圣境意义的文化意象。清代西湖十景在景观建设与文字书写方面都得到发展，宫廷文人图绘西湖十景亦出现繁荣盛况，其风格表现颇具时代特色。本节尝试将清代西湖十景图置于空间政治的视域中考察，解析其间所呈现的帝王品味与观览视角，探究政治对景观表现的风格导引以及图绘形塑出的皇权圣意辐射下的西湖"圣境"。

（一）图绘繁荣的政治意涵

西湖风光绮丽，四时多姿，有"地有湖山美，东南第一州"之美誉。宋代出现的西湖十景之说，萃聚西湖美景，传扬西湖文化，形成景观品题、图景绘制相绾结的艺术模式。南宋祝穆《方舆胜览》记载："西湖，在州西，

---

① 庄岳、王其亨：《中国园林创作的解释学传统》，天津大学出版社，2015年，第135页。
② 石守谦：《移动的桃花源：东亚世界中的山水画》，生活·读书·新知三联书店，2015年，第12页。

周回三十里。其涧出诸涧泉，山川秀发，四时画舫遨游，歌鼓之声不绝。好事者尝命十题，有曰：平湖秋月、苏堤春晓、断桥残雪、雷峰落照、南屏晚钟、曲院风荷、花港观鱼、柳浪闻莺、三潭印月、两峰插云。"[1] 清人翟灏在《湖山便览》中指出其与绘画之渊源："此西湖十景见于地志之始。考凡四字景目，例起画家，景皆先画而后命意。"[2] 可见，西湖十景自问世之初，即与绘画缔结了不解之缘。西湖十景经由文人画士笔墨的艺术凝练，形成四字题名与特定的图绘景象，诗意地再现了旖旎的西湖风光。西湖十景图无疑是西湖文化的重要载体，其十景之命名取意及流传影响皆同图绘密切相关。

南宋时，在江南山水的润泽之下，云集杭州的南北画家所作之西湖十景图大多表现出诗意与灵动，充溢着优游的山水意趣。南宋画院三大山水名家刘松年、马远、夏圭皆擅画西湖风光，马远之子马麟以及叶肖岩、陈清波、画僧若芬等人亦绘有西湖十景图。这些图绘状物精细，设色古雅，笔法秀美，无一不是西湖实景山水清丽风貌与神韵的写照。借由西湖十景图的意象传达，得到呈现的不仅是西湖的自然景观，还有典雅闲淡、清润悠远的情趣与意境。此后，对于西湖十景的描绘绵延不辍。元代吴镇绘有《明圣湖十景册》，明代则有戴进《西湖十景》、李流芳《西湖十景册》、蓝瑛《西湖十景图》、齐民《西湖十景图册》等大量作品。西湖十景在文人画士的山水丹青中愈加气韵生动，借由后世文人的诗词题咏与画家图写描绘两种艺术形式的演绎、传播，产生了较前更为广泛的影响。

清代西湖十景图亦蓬勃发展，尤其是康乾时期宫廷文人的创作日臻鼎盛，绘画的政治色彩甚为浓郁。王原祁、董邦达、钱维城、董诰等深得帝王器重的词臣都积极参与西湖十景图的创作。这些文臣凭借图绘求得帝王的青睐，同时其词臣身份地位也影响着画作的风格呈现和意义表征，带有鲜明的应制特征并深具政治意涵。董邦达此类图绘尤多，其作品有《西湖

---

[1] 祝穆：《方舆胜览》卷一，中华书局，2003年，第7页。

[2] 翟灏等辑，王维翰重订：《湖山便览》附《西湖新志》卷一，上海古籍出版社，1998年，第27页。

图》《西湖四十景》册页及两种立轴《西湖十景图》等。其他宫廷文人画作有王原祁《西湖图轴》及两种《西湖十景图卷》，蓝瑛之孙蓝深所绘《西湖十景》，钱维城《西湖三十二景图》《御制西湖十景诗意图》，董诰《西湖十景图册》，等等。这些图绘当时被收藏于淳化轩、乾清宫、懋勤殿、秀清村、延春阁、御书房等宫廷各处，以便皇帝能够时时阅览、赏玩，沉浸于西湖美景之中，卧游于湖光水韵之间。帝王在品鉴之余或于图中御笔题诗，或将图绘携至西湖"以境证画"，极大地肯定了西湖十景图的创作，这也形成对画作艺术风格的导引，以景图互证、诗画共生的形式传递出帝王对江山胜迹所拥有的统治感。

由于西湖十景图或为奉敕而作，或为侍臣主动进献，所以其创作动机并非出于个人对西湖风景的情志抒怀，而是廷臣揣度圣意之图绘表达。它以预设的帝王视角展开，完全是以帝王的美感经验与政治寄寓为中心而创作，政治考量深刻影响了西湖十景景观的再现。无疑，图绘中的文人化审美意趣被有意识地淡化，与之形成鲜明对比的是，皇权视域下画里江山的意义得到突出强化。正如学者所指出："乾隆皇帝显然对于这样一种既具有文人画的外表，又能满足他实用需求的应制图式十分欣赏，这使得从王原祁开始已逐渐走入误区的应制图式，在实用的功能上不断完善，最终演化为可以完全满足乾隆帝需要的经典样式。遗憾的是这种经典样式的确立，实际上却意味着文人画经典人文精神与个性特质的丧失，文人画异化为一种皇家御用的工具。"①可见，廷臣的争相进呈与帝王的阅览御题，共同形塑了西湖十景图所内蕴的皇权圣意。

清代西湖十景图具有鲜明的时代特色与政治意涵，其兴盛是艺术、政治、文化多重影响下的产物，更与帝王的江山统驭密不可分，是清代西湖景观、文化统治、皇权印迹的重要展现。

其一，西湖十景图呈现与重塑了江山一统下西湖十景的景观风物。在经历清初动荡之后，江南逐渐恢复稳定、重焕生机，安定统一的帝国局势

---

① 王双阳、吴敢：《文人趣味与应制图式：清代的西湖十景图》，载《新美术》2015年第7期。

有利于西湖山水景观的维护与建设。西湖因淤塞而形成，依赖于不断疏通整治才能保持其生态平衡。在清廷渐趋稳定的朝政下，西湖历经数次疏浚，改善了整体水貌。康熙帝、乾隆帝的西湖巡游更是带动了西湖十景景观建设，组构出帝王统治下的盛世风景。西湖的水色山岚、人文景观成为文人、词臣艺术创作的现实源泉，西湖十景亦经由画作得以再现与重塑。

其二，西湖十景图承载了文化统治对西湖典范意象的传承与认同。西湖作为杭州的地标景观，是江南各类人士的游居之所、休闲之地，也是文人们山林隐逸的理想胜地。西湖十景经南宋以来数百年的描写诠释、传承演绎，表现形式及美学意蕴不断发展、深化，为清代西湖十景图的创作繁荣奠定了深厚的艺术基础。不同于潇湘八景偏重于悲慨沉抑、幽情隐喻之个人情感的抒怀，西湖十景则是一种湖山佳象、城市升平的映现，更能体现泱泱帝国的繁盛气象。它不仅是一时一地之景观风物，更是历史文化的遗存，已经成为一种具有集体认知的文化意象。因此，清代西湖十景图的图写不仅承续了积淀已久的历史文化意象，而且还满足了帝王文化统治和文化宏图构建的现实需要。

其三，西湖十景图昭显了皇权印迹下西湖十景的景观政治。据《西湖志纂》记载：

> 国朝康熙间，伏遇圣祖仁皇帝五举巡狩之典，宸翰留题。于是湖山胜概日异岁新，肇启明圣之瑞。乾隆十六年春，皇上省方幸浙，驻跸西湖。敕几之暇，探奇揽胜，亲洒奎章，昭回云汉，而西湖名胜益大，著于天壤之间，呈亿万年太平景象。诚自有西湖以来极盛之遭逢也。[①]

康熙帝南巡五次至杭州并御赐西湖十景题名，乾隆帝六次驻跸杭州皆咏西湖十景，帝王的临幸观览，尤其是二帝以钦命创作或是御览、御题的文化实践将西湖十景带入画图之中，逐渐使西湖十景晕染了鲜明的帝王印迹，皇权的介入成为西湖十景图繁荣发展的重要推动力，并将图绘纳入政

---

① 梁诗正、沈德潜：《西湖志纂》卷一，见沈云龙主编：《中国名山胜迹志丛刊》第2辑，文海出版社，1983年，第30页。

治图景之中。

清代西湖十景图在帝王的推动观览与廷臣的应制绘图下形成繁荣景象，图绘成为形塑西湖十景"圣境"意义的重要参与手段，其风格与画意中已然融入了帝王品味与皇权意旨，统治者在画作中悄然实现了对江山统治的政治隐喻。

（二）景观标识的政治表征

西湖作为大清版图的重要组成部分，统治者对其地理信息的关注就显得颇具政治属性。清代西湖十景图在传统西湖风景的描绘中额外增添了许多景观标识，在表现景色意境的同时显示相关景观信息，以传达出真实可感的西湖风光。这些文字通过文字标识和图绘强化空间景观的场所感知，以建立地理坐标的方式诠释统治权力，突出了景观空间的政治内涵。

通常，文人山水园林画重在表现景观的意境，对景观的实际位置、最佳观览地点、游览顺序等大多表现得较为模糊和抽象，相反，标注了景观名称的画作则将文人山水画对景观的想象、精神体验与实地景观巧妙地融合在一起。在山水园林景图中标注景观名称早有渊源。唐代王维所作《辋川图》即以文字标明辋川各个景观。元代吴镇的《嘉禾八景图》也在建筑上方标注景观名称，据他所言，其"间阅图经，得胜景八，亦足以梯潇湘之趣，笔而成之图，拾俚语，倚钱唐潘阆仙《酒泉子》曲子寓题云"[1]。可见，吴镇的创作是参仿舆图而成，"有意借图经之形式以强化胜景真实存在之说服力"[2]。清代王原祁、董邦达两位西湖十景图绘大家皆重视舆图信息，亦借助景观标注的形式展现西湖十景，使画作既有文人图绘的雅韵情致，又具有舆图的地理色彩。他们汲取舆图的实地景观表现手法，通过具体可考的

---

① 吴镇撰，钱棻辑：《梅花道人遗墨》卷下，见《文渊阁四库全书》第1215册，台湾商务印书馆，1986年，第501—502页。

② 石守谦：《移动的桃花源：东亚世界中的山水画》，生活·读书·新知三联书店，2015年，第98页。

物象标注、真实景观的空间显现摹写西湖十景，使观者明确感知每一景观，实现文字与图像的互相说明、互为补充。伴随着画卷的缓缓展开，依循画面文字信息的引导，一个又一个景观次第出现，观览的过程因此变得不再单调，欣赏山水园林图卷的视觉感受转换成一次有直观空间认知的卧游体验。

王原祁《西湖十景图卷》（现藏于辽宁省博物馆），卷末有"日讲官起居注翰林院侍读学士臣王原祁奉敕恭画"款识。画作山脉蜿蜒、走势清晰，画面下方有大量留白之处，突出展示西湖水景。环湖的山水风景以平面铺衍的形式呈现，连接成完整的西湖十景意象。长卷还结合舆图手法，泥金标注有西湖十景等百余处景观。通过明确标识景观，文人山水园林画的视觉意象与地理景观的图绘再现相互融合，使人们在欣赏美景时也提取到明晰的地理空间信息，甚至可据画作游览西湖风物。值得一提的是，此图是奉敕而作，帝王的御览品鉴必然会对图绘风格形成导引和制约。

相对于传统志书中地理舆图的刻板形制，显然宫廷文人所绘西湖十景图更易令观者进入西湖情境中来。然而利弊总是相参，这种绘画方式也带来一个画家无所避免的问题：如何艺术化处理理想的山水构建与实际地景信息指示间的冲突。清代西湖十景图往往是沿承传统文人山水画法，重视山水的远近前后、色彩的深浅变化，描绘山峦起伏与浓岚积翠，大片图景留白也显示出西湖水域的广阔。但就图卷的审美意境而言，加入大量舆图信息的标识虽强化了实景意义，却也使画作在文人山水画变幻与虚实风格上有所削弱。尤其是像王原祁所绘《西湖十景图卷》，景观标注十分密集，整幅画卷的起伏变化就显得分外拘束与缺乏灵动的山水之美，从而导致观赏的视点过度聚焦于各个景观，这在某种程度上弱化了美感体验。

宫廷文人董邦达对此种地理空间与政权版图强化的风格加以延续并进一步演绎。董邦达所绘《西湖图》（现藏于台北故宫博物院）明确标识有西湖十景及其他景观名称。乾隆帝御制题画诗有"明年春月驻翠华，亲印证之究所以"①之句，可知此图作于乾隆十五年。首次南巡前一年，乾隆帝特

---

① 王杰、董诰等：《钦定石渠宝笈续编》，见《续修四库全书》第1072册，上海古籍出版社，2002年，第314页。

命董邦达绘制《西湖图》，以待次年春日南巡杭州时可以亲自印证画中美景。董邦达所绘《西湖四十景》册页（原藏于乾清宫），第一册即为西湖十景，有乾隆帝跋语："董邦达所画西湖诸景，辛未南巡，携之行笥，遇境辄相印证，信能曲尽其胜。"①西湖十景图满足了乾隆帝对西湖十景的神往之情、想象之意，而且他御驾南巡时还携此画册，对应景观以备查考，供实际游观时导览求证之用。徐复观先生有评："邦达籍富春，杭州乃其出入必经之地。其作此图，意在使乾隆先得卧游之乐，故其模山范水，力求逼真；而选胜搜奇，尤贵把其精英，发其神髓。笔墨皆根柢古法，又不为古法所拘；精而不刻，工而不滞，西湖佳胜，跃然纸上，诚山水写真中之合作。"②有赖于明晰的景观标识，图绘形构出真实的空间体验，强化了景观的在世存有。图画因是奉敕命而作，故而满足帝王玩赏品鉴的潜在需求就极为重要，它所要表现的是真实的西湖十景，是帝国疆域上的城市山林，而不仅仅是文人自我关怀的投射与对理想境界的勾勒。

西湖十景相较于潇湘八景而言，本身即具有较为固定的景观位置。日本学者内山精也《宋代八景现象考》指出："十景各自分别同特定的地点有着联系。所以，有关绘画的形象也限定在固定的实景上。在理论上，'西湖十景图'如果脱离固有的实景便不能存在，至少写实的要素比'潇湘八景图'要强，理应成为'形似'所重视的画题。"③清代西湖十景图以细腻的笔致，标注地理形势与景观建筑的详细信息，减少了文人画水汽氤氲的虚幻之感，营造出另一番自然平和的写实意境。补充舆地图绘的地景信息，强化了宫廷画作的功能性考虑，有助于观者尤其是帝王真切把控西湖风景，从而生发出天下胜迹皆是帝国江山蓝图的统治意识，体味自然与人文共构的西湖景象系因政通人和而生的权力之感，滋生出对传统文化的认同与征

① 王杰、董诰等：《钦定石渠宝笈续编》，见《续修四库全书》第1072册，上海古籍出版社，2002年，第314页。

② 徐复观：《论艺术》，九州出版社，2014年，第194页。

③ 内山精也：《传媒与真相：苏轼及其周围士大夫的文学》，朱刚等译，上海古籍出版社，2013年，第459页。

服的情绪。宫廷文人的妙笔丹青，给帝王带来人文陶冶与权力彰显的双重体验。西湖十景图成为一种追慕历史文化和阐释空间政治的媒介。

传统上的西湖十景图给人以意象性的直观感受，观者需要在景观的辨识中感悟图像所赋予的表述意义。而标注了景观名称的清代西湖十景图可省却辨识之劳，使观者借助文字提示直接进入山水园林情境之中，在图像的阅读中去联想与体验山水背后的意境及其文化内涵。西湖景点的标注点明了此空间内的自然景观及历史故事，浮现出历史的记忆。换言之，人们在欣赏图画和体认西湖景观时，对于景观所蕴含的历史及文化追忆也被唤醒。画作满足了帝王的舆情观照与文人文化的双重需求，凸显出带有皇权表征的政治意涵。

（三）景观形塑的皇权"圣境"

图绘作为一种视觉经验的传达，一定程度上决定着观者凝视与观照的角度。清代西湖十景图一个重要的布局特色是将御书碑亭视为西湖十景各景观的文化地标加以突出显现。美国学者 W.J.T. 米切尔指出："风景不仅仅表示或象征权力关系，它是文化权力的工具，也许甚至是权力的手段，不受人的意愿所支配（或者通常这样表现自己）。"[1] 景观的书写描绘是经由画家精心择选与主观视角渗入的，因而画中所呈现的西湖十景景观空间与其内在的意义阐释相互表里。作为一种有意味的意义生产，画家在创作中致力于对景观进行编码与再塑，充分利用其作品构筑出帝王统治的皇权"圣境"。

清代帝王南巡为西湖十景题名题诗，促进了御书碑亭等亭轩楼台的营建，为千古流传的西湖风光增加了新的人文景致，大大提升了西湖十景的观览性，增添了时代特征。据雍正时李卫等编撰的《西湖志》记载，康熙帝第二次驻跸杭州时，为苏堤春晓、双峰插云等全部西湖十景御笔题字，其

---

[1] W.J.T.米切尔编：《风景与权力》，杨丽、万信琼译，译林出版社，2014年，第2页。

后地方官府进行了刻石立碑、建亭造楼的景观营建，将御笔题名展示于西湖景观之中。如《西湖志》记西湖十景之首苏堤春晓云："国朝康熙三十八年恭遇圣祖南巡，御书苏堤春晓为十景之首，爰建亭于望山桥之南，敬悬宸翰并勒贞珉于亭内。雍正二年（1724）奉旨开浚西湖，增培堤岸，补植桃柳。八年，总督臣李卫以亭隘不称观瞻，改建岑楼，构曙霞亭于后。"① 御书碑亭确立了景观的最佳地点与观赏位置，也将皇恩泽被融汇于湖光山色之中，使西湖十景这一历史文化景观烙刻上皇权印迹。

清代西湖十景图创作带有迎合圣意之政治目的，所引发的视觉经验从对纯粹自然美景的呈现转移至对帝王政治统治的展示。清代西湖十景图中，具有皇家象征与人文意义的御书碑亭常常被作为构图不可或缺的主体建筑，在群山环绕与碧波荡漾的水域中，显得尤为突出。作为画作的重点，御书碑亭在西湖十景文化意象的演绎中发挥着主导性作用。

董邦达《西湖十景图》（局部图，见图 3-3），在西湖与群山的前后景中，中景的御书碑亭处于整个画面的中心位置。该图并未虚构景观方位，与李卫《西湖志》等志书中西湖十景图版画方位和景观基本相符，但其特

图 3-3　董邦达《西湖十景图》（局部）

① 李卫等编：《西湖志》卷三，见故宫博物院编：《故宫珍本丛刊》第264册，海南出版社，2001年，第56页。

点在于画家巧妙地在真实表现西湖景观方位的基础上，完全将视觉焦点凝聚于御书碑亭，确立起了它的中心地位。御书碑亭因建在湖山之间，本身即与周边自然生态有明晰的辨识，加之其位于画作中心，当观者观览时即可直映眼帘。如平湖秋月之景以诗意呈现西湖的水月相融，原本并无十分确切的景观位置，但因御书碑亭的建设，具有了较为明晰的空间指向，提供了观赏西湖秋景的最佳角度。《西湖志纂》记载："国朝康熙三十八年，圣祖仁皇帝巡幸西湖建亭。其址前为石台，三面临水，御题平湖秋月匾额，奉悬亭中。旁构水轩曲栏，画槛蝉联，金碧与波光互映。"[1] 董邦达《平湖秋月》图轴，以工笔细绘的风格勾画出建造于草木葱茏之中悬置御书的平湖秋月亭，留白的水域空间更加强了御书碑亭的空间显现。又如其《柳浪闻莺》图轴，画面分为前景、中景、远景三层次：前景大量留白，只有一叶小舟在西湖上恰好经过柳浪闻莺亭；中景以明晰精致之笔勾画出御书碑亭建筑群落；远景则是变幻多端的云气缭绕中的峰峦叠嶂。可见，画家在切实描绘十景景观时，还积极运用景观来引导对画作的欣赏，借对空间构图的精心把握，刻意渲染御书碑亭的重要地位，凸显出画意所蕴含的政治次序，这不但契合了帝王的审美情趣，同时也彰显了图像主题的政治寓意。

　　董邦达之子董诰绘有《西湖十景图册》（现藏于浙江省博物馆），此图设色浅淡，人物较为丰富，建筑物勾画简约疏朗，虽削弱了精细描画建筑的威严之感，但是仍然有意在布局上强调御书碑亭这一景观标志，同样显示了皇家威仪，在笔墨气韵之中将文人画与皇权象征完美结合在一起。如《花港观鱼》图，悬挂御书的花港观鱼亭虽只用粗笔勾勒，却以位于图画中部的视觉冲击昭示出此景观的主题意象。画作在苏堤与亭台上又增添了观景、垂钓、闲谈的人物活动，将静谧的西湖十景置于人文活动之中，使画面更富幽远闲淡的情趣，将帝王权力与民众悠游生活融合为一，共同搬演出盛世和谐之景。

　　清代西湖十景图多用工笔细描勾画御书碑亭，在留白的西湖水域和山

---

[1] 梁诗正、沈德潜：《西湖志纂》卷一，见沈云龙主编：《中国名山胜迹志丛刊》第2辑，文海出版社，1983年，第78页。

麓林木的掩映衬托中，御书碑亭成为视觉感受的中心，其标志意义更显突出。西湖十景图将帝王的西湖印迹及其所引发的景观建设作为图绘的重点，将自然风景转化为有特定空间指涉的政治文化景观，对西湖十景加以景观重构与意义阐释。有学者指出："御碑亭与御书亭中的书迹是两朝皇帝先后南巡西湖所留下的纪念物，立于风景区的御碑亭与御书亭象征着皇帝的权势与恩泽及于此地，因此，御碑亭和御书亭象征着祖孙两人的政治成就，故为御题西湖图中不可忽略的重点。"① 御书碑亭的空间展示改变了传统的西湖十景景象，将以自然取胜的西湖美景凝聚到皇权象征意义鲜明的御书碑亭之上，强化了风景所具有的权力内核与"圣境"意义。西湖十景图的画意展现是一个选择性、建构性的过程，其以景观呈现编织出一个权力意义的政治空间。

清代西湖十景图多由帝王器重的词臣兼画家所绘，因而创作的初衷与观图的预设对象影响了画作的呈现风格。画作并未融入过多对西湖十景的个人体验，所传达的湖山之美与林泉之乐并非文人个体的悠游及领悟，而是更多从观赏者——帝王角度出发，将对西湖山水的描摹置于江山胜迹之中，体现的是拥有江山的帝王之乐及其背后所隐含的政治权力。

西湖十景作为一种文化的"圣境"早已为人所接受，但其在清代又被赋予了鲜明的皇权圣意。清代西湖十景图对西湖人文景观的描绘颇有点染深化意境之妙，其与自然山水互为映照、有机和谐，将明君圣主统治下的西湖胜景表露无余，自然与人文的西湖又转化出一层重要的政治空间。由于清代西湖十景图是奉敕或进呈而作，画作的应制颂圣之意十分鲜明，因而帝王品味和皇权意旨就成为图绘重要的内涵表达。在饱含政治意向的绘画运作之下，景观的文字说明和空间布局具有导向之用，画意构思的政治观照视角契合帝王的观览体悟与皇权统治下的空间景象，强化了帝王南巡对江南统治的政治意蕴，也显示出宫廷文人对帝王统治的积极呼应。总之，清代西湖十景图的繁荣发展、景观信息的标识及御书碑亭的强调皆隐含着

---

① 郑庭筠：《乾隆宫廷制作之西湖图》，台湾"中央大学"2009年硕士学位论文。

皇家权力，具有文化意象的西湖十景敷染上皇家色彩，成为一种兼具文心与皇权圣意的"圣境"。

三、"以境证画"与"画里江山"

清代乾隆帝南巡游赏西湖，亲身体验湖光山色秀美，也积极促成西湖十景图的创作并观图题咏，促进了西湖十景图的繁荣。西湖十景图绘与御制题画诗作为一种表象共同体，形成诗画相融的艺术境界。在图像与文字两种艺术形式的共同诠释下，清代西湖十景的内蕴不断丰富，其作为一统天下之江山圣迹的意义得到强化。借由对西湖十景图御制题画诗的考察，可探析乾隆朝宫廷绘画的审美风格、诗画互动及其所赋予的文化表征。

（一）乾隆题西湖十景图索考

乾隆帝喜山水风景且嗜宸翰留墨，不但观览西湖风光、对景抒怀，也在西湖十景画图上题诗遣兴。御制题画诗成为清代西湖十景图的一个重要特色。乾隆御制题西湖十景图诗可从下表观之：

表 3-1　乾隆御制题西湖十景图

名称	作者	形制	著录	御制题诗
《西湖四十景》四册	清·董邦达	宣德笺本，四册，每幅纵九寸八分，横九寸五分，设色画。第一册绘西湖十景	乾清宫《钦定石渠宝笈续编》	御笔分题行书乾隆十六年《御制题西湖十景》
《西湖十景》十轴	清·董邦达	宣纸本，十轴，均纵三尺八寸五分，横二尺一寸，浅设色画	圆明园·秀清村《钦定石渠宝笈续编》	御笔分题行书乾隆十六年《御制题西湖十景》
《西湖十景》一册	清·董邦达	宣纸本，十幅，纵八寸二分，横八寸二分，水墨画	长春园·淳化轩《钦定石渠宝笈续编》	御笔分题行书乾隆十六年《御制题西湖十景》

名称	作者	形制	著录	御制题诗
《西湖十景图》一册	清·董邦达	宣纸本，十幅，纵九寸，横一尺二寸，水墨界画	长春园·淳化轩《钦定石渠宝笈续编》	嵇璜书 乾隆十六年《御制题西湖十景》
《西湖十景》十轴	清·董邦达	纸本，十幅，皆纵二尺一寸六分，横一尺二寸	延春阁《钦定石渠宝笈三编》	题乾隆十六年、乾隆二十二年《御制题西湖十景》
《西湖图》	清·董邦达	宣纸本，纵一尺二寸六分，横一丈一尺，设色界画	御书房《钦定石渠宝笈续编》	乾隆题画诗"昔传西湖比西子……"
《西湖十景图》十幅	宋·叶肖岩	绢本，十幅，纵七寸六分，横六寸三分，设色山水树石，界画楼阁，对幅洒金笺本	宁寿宫《钦定石渠宝笈续编》	御笔分题行书"西湖景自宋时传……"

这些题画诗根据创作意向盖可分为三类：

第一类是乾隆将南巡时所作御制题西湖十景诗，御笔亲题或是由文臣恭写于西湖十景图上。乾隆十六年第一次南巡所作《御制题西湖十景》诗就被题写于多种西湖十景图之上，此诗描写乾隆亲历西湖后的观感，表达了他对江南的赞赏之情。乾隆南巡再至西湖时皆以此诗为韵而作，形成题西湖十景系列。这些图绘有董邦达《西湖四十景》四册、《西湖十景》十轴、《西湖十景》一册、《西湖十景图》一册、《西湖十景》十轴（乾隆二十二年《题西湖十景叠旧作韵》亦题于此图）。

第二类是乾隆帝观览西湖画图之后心有所寄，有感而发，遂欣然提笔吟咏。此类创作分别题于董邦达《西湖图》、董诰《西湖十景图册》以及传为宋代叶肖岩所绘《西湖十景图》之上，题诗系观图有感、因画而题，更为真切地留下欣赏画图的即时感受，以诗歌题咏的文字语言重新阐释画图，融入帝王对画图的视觉体验，烙刻上"画里江山"的文化统治意涵。

第三类是御制诗意的图绘呈现。宫廷文人将乾隆御制题西湖十景诗以诗意图的形式呈现并写于画图之上，此类画作有钱维城《御制西湖十景诗意图》，上有嵇璜书《御制西湖十景诗》，戴衢亨《御制西湖十景诗意图》。

御制诗意图因诗绘图，将乾隆御制题咏视为创作的源泉，将御制题咏的文本语言转换为形象的图绘语言，将画图观览的视角直接归位于圣意的凝视，具有鲜明的审美导向作用。画家以御制诗意图为画作标目，无形中也提升了图画本身的现实价值和意义。因钱维城等词臣曾在西湖恭迎圣驾，因而他们对西湖真实山水有观览经历，对乾隆帝的西湖观感也有所了悟，故而能将风景与御制题咏所阐发的湖山之美及统治之意都融于画意之中。

（二）"以境证画"的审美诉求

清代西湖十景图与真实的西湖十景相互融合印证，成为御制题画诗的一个重要主题。这种相互印证的视觉体验既有出游前对景观的热切期盼，游览时赏景、观图的互证，也有游览后的画里流连。西湖图绘可以时时唤起乾隆的山水体验，使其可常入画图中卧游、追忆，传递出"以境证画"的审美诉求。

乾隆未至西湖前，对西湖山水欣羡已久，通过历代题咏、志书、图绘等形式对西湖十景了然于心。仅本朝影响较大的即有圣祖康熙帝钦题西湖十景之名，康熙朝王原祁奉敕恭画《西湖十景图》，雍正时李卫等编撰的《西湖志》等文化资源可供御览。乾隆帝从纸上获得了丰富的西湖体认，对西湖十景感触良多，对江南山水及文化心向往之。乾隆南巡前即命宫廷文人董邦达绘《西湖图》，并题诗寄意。董邦达是乾隆朝重要词臣，尤工山水绘画，存世作品以"臣字款"居多。乾隆极为赏识董邦达，将其与董源、董其昌并称"古今三董"。董邦达《西湖图》上绘制了西湖十景及其他西湖景观，以景观信息标识的方式，清晰呈现西湖各个景观，以起到导览之用。乾隆题图诗云：

> 昔传西湖比西子，但闻其名知其美。夷光千古以上人，岂有真容家后世。未见颜色贵耳食，浪以湖山相比拟。湖山有知应不受，须翁何以答吾语。吁嗟吾因感世道，臧否雌黄率如此。岂如即景写西湖，图绘真形匪近似。岁惟二月巡燕晋，留京结撰视承旨。归来

长卷已构成，俨置余杭在棐几。十景东西斗奇列，两峰南北争雄
峙。晴光雨色无不宜，推敲好句难穷是。淀池水富惜无山，田盘山
好诎于水。喜其便近每命游，具美明湖辄退企。北门学士家临安，
少长六一烟霞里。既得其秀忘其筌，呼吸湖山传神髓。此图岂得五
合妙，绝妙真教拔萃矣。明年春月驻翠华，亲印证之究所以。①

乾隆对巡游西湖迫切期待，希冀一睹西湖风姿，在画图中先于西湖卧
游一番。"十景东西斗奇列，两峰南北争雄峙。晴光雨色无不宜，推敲好句
难穷是"的观图之感表现其得见画图的欣喜。御题诗将苏轼"欲把西湖比
西子，淡妆浓抹总相宜"之句融入诗中，也将宋代以来的西湖题咏转换为
一种文化记忆植入画图，"岂如即景写西湖，图绘真形匪近似。……既得其
秀忘其筌，呼吸湖山传神髓。此图岂得五合妙，绝妙真教拔萃矣"。西湖图
呈现了山水物境之美，带来了实景的视觉体验，"俨置余杭在棐几"一句既
是对西湖图绘绝妙逼真的赞赏，也传递出将西湖纳入画图所蕴含的对画里
江山之掌控。西湖如此美妙，更激发了南巡游湖之意，"明年春月驻翠华，亲
印证之究所以"，希冀明年春月携此图在湖光之美与画里江山间得到相互
印证。

"以境证画"是乾隆观图与御制题西湖十景图一个重要的品鉴、诗咏的
维度。董邦达《西湖四十景》册页鲜明体现了此种观图体验。据《钦定石
渠宝笈续编》著录：此册页共四十幅设色图，每幅纵九寸八分，横九寸五
分。上题乾隆十六年所作《御制题西湖十景》诗。第十幅《断桥残雪》题
有："董邦达所画西湖诸景，辛未南巡，携之行笥，遇境辄相印证，信能曲
尽其胜。因以十景汇为一册，各题绝句志之。"第四册末幅《紫阳洞》题写：
"学士董邦达曾为西湖各景图以献，兹临明圣游览畅观，信足娱志，以境证
画，允擅传神。"②从这些题跋可以看出，此画册作于乾隆南巡前，以供其游

① 王杰、董诰等编：《钦定石渠宝笈续编》，见《续修四库全书》第1072册，上海古籍出版
社，2002年，第291页。

② 王杰、董诰等编：《钦定石渠宝笈续编》，见《续修四库全书》第1072册，上海古籍出版
社，2002年，第314—319页。

湖前对西湖景观有全面了解。游赏西湖时，乾隆将画图所绘之景与亲历游览所观两相对比，在画图所表现的"曲尽其胜""允擅传神"的观览体验中获得美感，强调了"以境证画"的审美诉求。

乾隆帝南巡西湖时携带画图，游览时将西湖画境与实景观感相印证，此亦可从志书记载中得以窥见。《西湖志纂》记载乾隆帝于游赏西湖后，欣然在画册上题诗，如："圣驾巡幸湖山，回銮舟中题董邦达西湖画册"①，"圣驾南巡，驻跸西湖，因地稍僻左，未蒙临幸，回銮舟中补题西湖画册"②，"乾隆十六年春，驾幸云林，翠华暂驻，回銮舟中补题西湖画册"③，"国朝乾隆十六年三月初四日，圣驾巡幸南山，路经烟霞，驻跸观览，回銮舟中补题西湖画册"④。乾隆帝游兴十足，不仅在湖光中亲身体验，也在画图中题咏抒怀，游赏前在图中先行建立起西湖十景的印象框架，畅游后又将观感融于画图之中，使之成为诗画表意的立体图景。

乾隆帝不仅将国朝画家所绘与西湖实景相印证，而且还携带历朝作品，作"实境"与"画图"的游历，游走于绘画空间与现实空间之间。据《钦定石渠宝笈》记载，有多幅西湖绘画留有乾隆皇帝题咏。其中宋代李嵩《西湖图》上，有"丁丑二月题于西湖行宫"款识的御笔行书，此年恰是乾隆第二次南巡之时，诗云：

> 境即图中图更披，湖山印证契神姿。六年寤寐遐不谓，一勺清
>
> 泠宛若斯。每惬崇情将妙理，宁开急馆与繁丝。秘珍近远如何答，
>
> 塔是雷峰好在时。⑤

① 梁诗正、沈德潜：《西湖志纂》卷一，见沈云龙主编：《中国名山胜迹志丛刊》第2辑，文海出版社，1983年，第99页。

② 梁诗正、沈德潜：《西湖志纂》卷一，见沈云龙主编：《中国名山胜迹志丛刊》第2辑，文海出版社，1983年，第123页。

③ 梁诗正、沈德潜：《西湖志纂》卷一，见沈云龙主编：《中国名山胜迹志丛刊》第2辑，文海出版社，1983年，第130页。

④ 梁诗正、沈德潜：《西湖志纂》卷四，见沈云龙主编：《中国名山胜迹志丛刊》第2辑，文海出版社，1983年，第300页。

⑤ 王杰、董诰等编：《钦定石渠宝笈续编》，见《续修四库全书》第1073册，上海古籍出版社，2002年，第524页。

乾隆帝既在西湖实景中观览，也在西湖图画中享受"境即图中""湖山印证"之乐。明代宋旭《西湖图》上有乾隆御笔题诗。诗作于"乙酉春闰"，正是乾隆第四次南巡之时，诗云："日日西湖图里游，何须展卷证风流。石门恍似相传语，异地还当藉此不？"①"西湖图里游""何须展卷证风流"之语从一正一反两个层面流露出将"实境"与"画图"互文阐释之欣赏维度与审美观照。

"以境证画"是乾隆欣赏山水园林画图的审美诉求，这是自然景物的审美经验与绘画图像的相互转化。杨万里《诚斋诗话》提出"以真为画""以画为真"的观点，洪迈《容斋随笔》亦有阐发："江山登临之美，泉石赏玩之胜，世间佳境也，观者必曰如画，故有'江山如画'，'天开图画即江山'，'身在画图中'之语"②。绘画艺术与真实自然之间的比附，给帝王带来画里江山的印证之感，使其在山水的陶冶中也可寄寓统治的情怀。

（三）"画里江山"的政治意涵

西湖十景图构建起乾隆与西湖十景互动的一个文化场域，乾隆未游西湖前，赏图游观心向往之；游览之时，对境观图，在画图中导览印证；游观之后，对图把玩，不减吟咏之兴。借由西湖十景诗意与图绘的阐释与描绘，乾隆帝之于西湖的观感与体悟得到发扬，这在诗画相融的境界中彰显出西湖风景之美与帝王西湖之行的文化实践。明代董其昌提出："大都诗以山川为境，山川亦以诗为境。名山遇赋客，何异士遇知己。一入品题，情貌都尽。后之游者，不待按诸《图经》，询诸樵牧，望而可举其名矣。"③西湖十景在乾隆与廷臣的诗画互动之中，得以重新诠释，其"画里江山"的文化表征也得到强化。御制题画诗开启了一个笔墨空间，将画作引向西湖山水，

---

① 王杰、董诰等编：《钦定石渠宝笈续编》，见《续修四库全书》第1073册，上海古籍出版社，2002年，第175页。

② 洪迈：《容斋随笔》，崇文书局，2007年，第146页。

③ 董其昌：《画禅室随笔》卷三，华东师范大学出版社，2012年，第115页。

也引向了皇权统治之下的江山图景，进一步呈现出帝王品味与风景观念，成为文化表述的媒介。

乾隆御制题西湖十景图将想象、观览、流连西湖的感受与西湖十景画图融合，鲜明地刻印上御览印迹。西湖十景图收藏于清宫各处，也使身处京城、远离西湖的帝王可随时进入西湖情境之中，饱览西湖美景。题咏西湖画图是对西湖十景系列图艺术世界的沉醉，对西湖游兴的延续，也是借题咏对画图意义的诠释，在观看的视觉经验中被赋予了江山统治的权力印迹。

西湖十景是宋代形成的景观与文化意象，在观赏宋代画图时更易在历史之中构建起西湖十景的文化记忆，跨越时空而形成视域融合的阐释维度。乾隆在观览宋代叶肖岩《西湖十景图》之《花港观鱼》时，将题画诗书置于与该图同样尺幅之册页上，重新装裱，左诗右图。款识有字样，即乾隆三十八年，御笔行书分题。如：

苏堤春晓：西湖景自宋时传，第一堤称玉局仙。似恨先兹白少傅，绿杨只剩步沙篇。

柳浪闻莺：莺声巧胜管声巧，柳浪清如湖浪清。尺幅饶他即真者，栗留今呲解长鸣。

平湖秋月：故知月到秋来好，秋月平湖曾未凭。却是画图披觌面，蓄情句日此翻胜。①

诗作描绘西湖十景，表达观图之感。因题画诗作于乾隆第四次南巡之后，乾隆帝对西湖十景早已有多次观览体验，再观叶肖岩《西湖十景图》又会得到怎样的体验？从御制题咏来看，诗作偏向于史迹的描述，如"西湖景自宋时传""迹传南宋旧名垂"等诗句将宋代历史时空中的西湖十景与现实西湖十景相比较，试图在历史画图与当下江山胜迹中寻求一种获得感。西湖十景作为一种文化凝结意象有其历史传承性，而在清代又显现出魄力与生机。乾隆借由题画诗传达出以历史来审视当下的人文情怀，得到一种画里江山传古今的江山胜迹之感。

───────────────

① 王杰、董诰等编：《钦定石渠宝笈续编》，见《续修四库全书》第1073册，上海古籍出版社，2002年，第83页。

如果说在更早以前的西湖十景画图中易激发起历史咏怀之思，那么在清朝的画作中则更体现出盛世江山之感。

董邦达多幅西湖十景图中，皆书写有乾隆御制题诗。据《钦定石渠宝笈》记载，藏于圆明园秀清村董邦达《西湖十景》十轴的图绘上，每轴都有乾隆御笔亲题1751年南巡时所作《御制题西湖十景》与画境相对。另一幅《西湖十景》十轴原藏于延春阁，题有乾隆十六年、乾隆二十二年两次南巡时所作《御制题西湖十景》诗，还有钱汝诚、蒋溥、汪由敦、裘日修、观保、于敏中、金德瑛、王际华分题西湖十景的恭和之作。董邦达"将西湖的风景和文人的自由情思很好地结合起来"①，以妙笔点染西湖山水，乾隆帝及廷臣以御诗点活画面。"董氏父子身居朝廷要职，画技深得乾隆赞赏，所作的御制西湖十景画是乾隆西湖十景诗的催化剂，对十景的深入人心起到了十分重要的作用。"②在诗画互动中，帝王与臣子形成良好的文艺互动范式，也树立起帝王的文艺形象，营造了宫廷的文艺气息。

董诰所绘《西湖十景图册》为纸本设色，十幅，设色浅淡，建筑物勾画简约，意境幽远。每幅之上有董诰所书乾隆《御制西湖十景诗》，此十景诗不见载于御制诗集中，其诗云：

苏堤春晓：映带长堤忆大苏，溟蒙烟景总模糊。春光春色原难剖，岂必勾留独此湖。

柳浪闻莺：几株垂柳数声莺，唤水游人且缓行。空有长条认系马，暂时相赏亦多情。

花港观鱼：相逢解语定名花，缓步寻香曲港斜。遣兴方凭鱼乐园，鱼歌又起水之涯。

曲院风荷：客来春日未开荷，花事难探趣亦多。闻道明湖香千里，临风如听采莲歌。

双峰插云：南北高峰对峙青，岚光相接入冥冥。何时凭眺危巅

---

① 邱雯：《董邦达与〈西湖十景〉图》，载《新美术》2015年第3期。

② 陈亚娜：《董邦达、董诰父子与西湖十景图》，见政协富阳市委员会编：《丹青传相业清·董邦达、董诰书画精品集》，西泠印社出版社，2013年，第31页。

上，一览江湖在户庭。

雷峰夕照：浮屠高矗与云齐，问景偏宜日色西。千叠湖波漾金碧，六桥掩映是苏堤。

三潭印月：千潭一月岂须三，色色空空象总含。圆凝中边无去住，镜光花影好同参。

平湖秋月：对月奚论春与秋，湖光清浸露华浮。西冷桥畔多芳草，尚照当年旧画楼。

南屏晚钟：湖上清波江上峰，晚风浸浸月溶溶。诸天寂处飘花雨，何处鲸音送晚钟。

断桥残雪：白傅堤头旧断桥，梅英带雪入春娇。雅宜觅句骑驴背，却泛平湖荡画桡。①

清代西湖十景图淡化西湖之于文人的个体色彩，强化西湖十景对于帝王的意义，在绘画主题诠释与图像表征方面，将帝王的西湖品鉴融于画图之中。清代西湖十景图所传达的意象契合观者之诗意情思，正所谓“使览者得之，真若寓目于其处也。而足以助骚客词人之吟思，则有不可形容者”②。西湖十景画图的创作因由或出发点即是得到帝王的认同与赞许。画图预先设定的观览对象是帝王，这一观赏者的预设带来创作态度的转变。宫廷画家揣摩圣意创作山水画，重视对自然实景的描绘，而淡化了自己的生命领悟，消解了个人情趣与意味。画家作为观者对山水的审美，让位于画图欣赏者对山水审美的领悟与需求。也就是说，画家的胸中意趣隐含而不显，突显的是观览者的情感与文化诉求。山水画令人有寓目亲临之感，从而引发诗人吟思，获得诗意之感。西湖十景图的意义表述契合帝王的品味与视角，借由西湖实景的描绘和山水意境的表现与皇权产生共鸣。

乾隆皇帝御笔题写本身即是对西湖十景图的价值和意义给予的最好评价。乾隆帝借由观览西湖十景图唤起对西湖的向往之情及亲历西湖的南巡记忆。御制题画诗少有对画图本身的观感体验及对画作的艺术进行诠释，

---

① 池长尧主编：《西湖旧踪》，浙江人民出版社，2000年，第1—11页。
② 俞剑华标点注译：《宣和画谱》卷一一，人民美术出版社，1964年，第180页。

而往往直接探入真实的西湖情境中，由阅读山水的感受引至真实的西湖。题画诗从景观意象出发，借用历史典故来呈现西湖十景的文化内蕴，是一种游观实景与欣赏画图后景画重合的体验。御制题画诗少有传统文人的隐情幽寄，对画里江山之流连也变得明快畅达。

《御制题西湖十景》可谓画中有诗、诗中有画，以画意入诗，以诗情入画，诗画在各自的表现中互为补充，将西湖之境描绘得悠远秀美，在画图与诗意中产生一种有意识的境界。诗画本一律，诗是"有声画"，画是"无声诗"，一个偏重于有声的语言，另一个则通过线条和色彩来表现。唐代张彦远《历代名画记》论及诗歌与绘画时引陆士衡语："丹青之兴比雅颂之述作，美大业之馨香，宣物莫大于言，存形莫善于画。"① 诗歌的艺术表现与摹形图绘作为两种不同表现手法各有优长，各有侧重。实际上，诗与画皆可以存形与宣物，图画可状物也可表意，诗歌可拟形亦可传情，诗歌与绘画相互造意，相得益彰。御制诗意提升了图画品格，将画面未尽之意延展到广阔的空间中，使之在颂圣与达情两者间得到相互渗透与彰显。画为敕命画、进呈画，诗为御制诗，题画诗成为观者表述情意的载体，题画诗将客观的西湖物象在人文情境上进行发挥与深入，是帝王游览西湖、观看画图与江山统治的经验融合。

御制题画诗因帝王身份及其所表达的情感与关注点不同，观览、题咏的视角及心志诉求表现出双重意味。一方面是对文人文化的追慕。赏画与题诗是一种文人的文化实践，是与雅士陶情抒怀的互动，试图在诗画意境中追慕文人文化。另一方面是体现对画里江山的统治之感，意味着清朝对江南文化的征服与重构。乾隆亲历山水的身心触动与观览画图的视觉经验都以御制题诗表现，达至山水情愫的抒怀、个人情感的投注与画面意境的融合。西湖十景图再塑风景，而题画诗又以文字诠释对风景的理解，彰显西湖十景之于江山统治的意义。

御制题诗与诗意画图是圣心与物境遇合的情感体验。久已流传的西湖

---

① 张彦远：《历代名画记》卷一，人民美术出版社，1964年，第4—5页。

文化与卧游所得的西湖想象，加之亲历西湖的游观体验建构了乾隆的西湖十景印象及西湖十景题咏。对西湖的欣赏触动与画里江山的意义表现成为乾隆题西湖十景图的主题。在山水卧游的视觉体验中，时时将西湖置于帝王所拥有、所感触的范围之内，共同形塑出一个具有政治意涵的立体空间。

西湖十景图的画中之境与御制题咏的诗中之意相互交融，传达出山水游观之乐、南巡情境再现、帝国江山如画及王朝统治政治象征等共同主题，塑造出一个别有意味的西湖"圣境"。图像是视觉经验的表述，语言文字是意义的诠释与阐发，西湖十景图与御制题画诗成为一个互相阐释的文本空间，画与诗成为表意共同体，是对视觉的再现与重塑。借由图像与题诗传达出的情感体验与意义，西湖化为帝王胜境，既是文化意象之胜境，也是帝王统治之"圣境"，文心与画意都展现出盛世江山图景。

第四章　清代园林集景的审美内涵

园林集景择选萃聚各类植物和动物意象，展现出园林的草木情缘与动物意趣，营建出色彩、音声、气味等多重感官认知和审美体验构成的园林生态图景，赋予园林以自然情趣、生命意象和人文情怀。园林集景模山范水、摹声拟色，构筑出自然和谐的生态图景，也以渔樵耕钓、琴棋书画营造出园林的日常生活场景，展现文人的精神诉求与思维方式。清代书院八景既具传统八景文化的诗意特色，又颇具书院文化的人文向度，借由景观的凝练与意义生成，拓展了书院的体验空间，彰显书院的园林意趣、教化意义与人文观念。

一、清代园林集景的生态图景

园林以对自然的创造性模仿再造一方壶中天地，因而自然的草树花木与山野中的各类动物成为园林中的重要意象。人们在园林中游湖观览、登临抒怀，感受草木之泽，体验动物之亲，游赏自然的欢愉与隐逸山林的娴雅在园林中得以实现。园林集景品题喜以草木与动物题名展现出草木情缘与动物意趣，营建出色彩、音声、气味多重感官认知和审美体验构成的园林生态图景。

（一）园林集景的草木情缘

园林植物是组成园林的基本要素之一。园林自滥觞，就离不开花木的滋养。宋代郭熙在《林泉高致》中谈及草木的重要："山以水为血脉，以草木为毛发，以烟云为神采，故山得水而活，得草木而华。"[1] 园林莳花种木，临水修竹，依循各类植物的天然物性，注重草木的品类与环境的配置。曹林娣指出："在对园林花木的处理上，中国古典园林不像古代的欧洲人那样过多地用理性及秩序去干预，而是不仅注重保持花木的质朴的正宗的'天造'风格，更注重在山、水、建筑、人、天、地相契相合的气氛中，赋予花木一种精神性的'合一'色彩。"[2] 广植于园中的草木将园林的山石、建筑、泉池等各个景观缀合于一个生机盎然的植物系统中，形成浑然一体、水乳交融的园林意境。园林草木不仅呈现出野趣天成的自然生态，也展示出人们丰富的审美体验与文化生态。

园林集景除景观建筑的品题之外，注重择选萃聚各类草木意象，赋予园林以自然情趣、生命意象和人文情怀，在景观品题中展现出园林的草木生态。从这些草木意象来看，基本涵盖了园林中比较普遍的植物种类。草木景题中既有梅、兰、竹、菊等文人喜爱的"四君子"，也有枫、柳、槐、蕉、梧桐等可荫蔽可观赏的树木，更缺少不了桂、桃、杏、荷、芍药等色彩明亮、芬芳瑰丽的花木。各类草木景题与园林建筑浑然天成，丰富了园林的空间与意境，详见表4-1。

园林草木依据园林建筑与山水形势，岸边植柳，湖面铺荷，构筑出疏落有致的空间层次感，以草木的色彩、香味、形状、特性等多重特点描绘出丰富多彩的园林图景。园林草木品题常与坞、堂、轩、居等建筑结合，形成双松书坞、枫江草堂、槐荫轩、红药栏等景题，建筑景观在园林草木的掩映之下，达至人工营造与自然风物的有机结合。如王士禛西城别墅十三景有绿萝书屋、双松书坞二景题，园东北高明楼前有双松甚古，"楼既久毁，葺之则力

① 郭熙：《林泉高致》，中华书局，2010年，第64页。
② 曹林娣：《中国园林艺术论》，山西教育出版社，2001年，第171页。

有不能，将于松下结茅三楹，名之曰双松书坞"①，大椿轩南有室三楹曰绿萝书屋。朱彝尊题咏双松书坞、绿萝书屋：

> 我愿身为鹤，巢君庭际松。清风吹我衣，明月照我容。与君岁寒约，喁语绵春冬。

> 女萝青袅袅，压君一丈墙。有时风卷幔，琐碎凉月光。留照床上书，签帙生微黄。②

表 4-1　园林集景草木意象品题举隅

草木	园林集景品目	园林集景品目	园林集景品目
梅	雪篱梅影(问源草庐十六景)	梅坞秋阴(抱素山房十景)	曲磴古梅(怡园十二景)
兰	绕砌丛兰(余园十景)	红兰舫(述园十景)	花屿兰皋(抑园三十二景)
竹	竹坞(乐郊园十二景)	竹里亭(澹园十六景)	竹径流泉(愜园十景)
菊	北篱赏菊(鲈香小圃八景)	菊岸临风(水村十二景)	菊圃秋云(素园八景)
枫	枫江草堂(渔隐小圃十六景)	枫圻月出(息舫园十景)	枫林夕照(棣园十六景)
柳	春风杨柳(依园八景)	柳岸闻箫(青云圃十二景)	伊亭柳浪(澄碧园十二景)
松	双松书坞(西城别墅十三景)	松溪书屋(不疏园十二景)	六松轩(艺圃十二景)
槐	槐荫轩(安园四景)	射圃槐荫(澄碧园十二景)	松槐双荫之居(学圃八景)
蕉	蕉轩话雨(补园八景)	蕉石鸣琴(西湖十八景)	曲院丛蕉(忘山庐八景)
梧桐	桐露堂(西园十二景)	疏雨梧桐(养素园十景)	桐轩延月(南园十景)
桂	小山蒙桂(怡园十二景)	小山丛桂(澹园十六景)	三秋丹桂(养素园十景)
桃	千尺桃花潭(余园二十景)	小桃源(一邱园十景)	鹭洲桃霞(豆花庄十景)
杏	杏雨轩(述园十景)	杏轩(东园十二景)	杏花墩(志圃十六景)
荷	夜月荷香(素园八景)	荷迎门径(青云圃十二景)	荷池赏夏(杏林庄八景)
芍药	幽畦芍药(依园十景)	芍药坡(涉园十六景)	红药栏(筱园十景)

书坞、书屋在双松常青、绿萝蔓绕的装点映衬下清朗润泽，可达心目俱爽之境。

园林集景草木品题也多将植物置于自然流转与日月运行的时空之中，或将四季之美与时景草木相结合，形成春风杨柳、荷池赏夏、三秋丹桂、雪篱梅影等景观品题；或与晴雨风月等气象之变相结合，塑造出杏林晓日、

---

① 王士禛：《王士禛全集》诗文集之三，齐鲁书社，2007年，第1806页。
② 朱彝尊：《曝书亭集》卷一五，商务印书馆，1929年，第84、86页。

枫圻月出、蕉轩话雨、菊岸临风等富于变化的风景小品。园林之美映现于四季、晨昏、风云、晴雨中的草木荣枯、繁庑凋零里，突显出集景品题的时空意涵。如广州杏林庄，此园精致小巧，园主邓大林自绘《杏林庄八景图》，园中八景：竹亭烟雨、通津晓道、蕉林夜雨、荷池赏夏、板桥风柳、隔岸钟声、桂径通潮、梅窗咏雪。八景中尤以草木品题居多，竹亭、蕉林、荷池、风柳、桂径、梅窗等园林意象显示了杏林庄花木环绕、幽雅别致之景。如林昌彝题蕉林、竹亭之景："杏村绿一天，坐榻凉如许。白日卷秋心，人间不知暑。忽来细雨声，潇潇万叶语。醉洒墨数升，脱帽邀诗侣。""流水又一村，林泉枕山足。修竹浮深翠，瞥见两三屋。玉润上阑干，映我衣皆绿。琴亭白乐天，茶铛苏玉局。"[1] 园中草木蓊郁、香芬沁人，竹亭烟雨、蕉林夜雨，雨引人入深邃雅淡的园林景象之中。园主乐游其间，常与粤中文人画士雅集于此，题诗吟咏。

如杭州养素园十景之夏木垂阴一景："古木立四周，交柯密无罅。六月敞亭台，翛然不知夏。"[2] 炎炎夏日于草木遮阴蔽日的园中静坐自可感到习习凉意，体现了夏日园林之美与日常园居情境。陈梦雷居于京师城西的水村有菊岸临风之景："三径开从曲水隈，秋容点染晚风催。亭亭傲骨羞趋媚，漠漠幽香淡应时。落帽不妨聊插鬓，餐英未许且裁诗。天寒袖薄辜清赏，送酒偏宜却待谁。"[3] 临风的傲骨秋菊散溢着幽香清韵，点染着园中秋景，也是诗人傲岸淡泊的自我形象写照。

人们可于园林感受绿茵可卧、芳草沁心之美，体悟自然造化的神妙，"窥情风景之上，钻貌草木之中。吟咏所发，志惟深远"[4]。唐代李德裕平泉山庄种植各种草木，正是"嘉树芳草，性之所耽"的体现。宋人真德秀在《观莳园记》中指出："夫天壤间一卉一木，无非造化生生之妙。而吾之寓目于此，所

---

① 林昌彝：《衣讔山房诗集》卷八，清同治二年广州刻本。
② 王钧：《养素园诗》卷一，见武林掌故丛编，清光绪丁氏竹书堂刊本。
③ 陈梦雷：《松鹤山房诗集》卷五，见《清代诗文集汇编》编委会编：《清代诗文集汇编》第179册，上海古籍出版社，2010年，第126页。
④ 黄叔琳注，李详补注，杨明照校注：《增订文心雕龙校注》，中华书局，2000年，第566页。

以养吾胸中之仁，使盎然常有生意，非如小儿女玩华悦芳，以荒嬉娱乐为事也。"① 文人于园林草木品题中展现品格气韵、文化涵养，寄托理想心志。园林中苍翠挺拔、四季常青的松树也是文人高尚气节的表征，园林集景品题多取松树意象，有高阁松风之浩然壮美，也有松荫眠琴之舒逸雅致。如余园十景之松坞品茶、北园十景之孤松梗日、抑园三十二景之倚松彴、且园十景之松花石斋、苏州惠荫园八景之松荫眠琴、南京愚园三十六景之松颜馆、筱园十景之饭松庵等。雍正时姚培谦隐居于松江府华亭之鲈香小圃，常与姚文谦、王永祺、黄达等友人观荷赏菊，数举文会。黄达题松阴高卧："庭前千尺松，虬枝蟠上下。时有清风来，浓阴许我借。扰扰逐轮蹄，何异浮云过。跂脚秋树根，无事日高卧。"② 于清风徐来的松间高卧消夏，世间烦扰如过眼浮云，隐逸的自适萧散之情令人神往。惠荫园有琴台一景，曰松荫眠琴，阚凤楼《惠荫园八景小记》云：

> 由桂苑经鉴馨阁入云窦，石径深曲，苔青滑人。拾级登琴台，台左侧有老松，悬根石罅百年矣，虬挐空际，海风易秋，鳞裂半身，日色皆绿。由台左循回廊北迤，藏书楼最为幽静，每闻棋枰落子声与松子声相应。台下作石障，丛花杂果，缀欲破烟，春荫秋霁，碎若铺锦，鹤延趾以天高，蝉度枕而风谡。此间宜眠琴，亦宜憩月，姑择其韵者著之。③

松林中的藏书楼最为幽静，在此可读书、弈棋、眠琴、憩月，文人怡情丘壑的娴雅逸兴和超凡脱尘的精神情趣都融于园林的松荫之间。

文人园林注重草木怡情，皇家园林则重在于草木中彰显君子之象。皇家园林静明园有万壑松风之景，景题袭用五代巨然、宋代李唐《万壑松风图》而成，康熙御制诗并序：

> 万壑松风在无暑清凉之南。据高阜，临深流，长松环翠，壑虚风度，如笙镛迭奏声，不数西湖万松岭也。

---

① 真德秀：《真西山文集》，商务印书馆，1937年，第456页。
② 黄达：《一楼集》卷二，清乾隆刻本。
③ 衣学领主编，王稼句编注：《苏州园林历代文钞》，上海三联书店，2008年，第122页。

偃盖龙鳞万壑青，逶迤芳甸杂云汀。白华朱萼勉人事，爱敬南

陔乐正经。[①]

风卷松涛，碧浪流青，气势雄壮，万壑松风的气势显示出皇家园林的恢宏气度。松之常青也象征着王朝统治千秋万代的延续，皇权的无上尊崇，反映出天下治世、君子比德的生态意境。避暑山庄三十六景之金莲映日，因山庄如意洲遍植金莲花而得名。金莲花本为耀眼金色，在日光映照中愈发鲜艳，如黄金铺地，彰显出一片辉煌景象。康熙御制题诗云：

广庭数亩，植金莲花万本。枝叶高挺，花面圆径二寸余。日光

照射，精彩焕目。登楼下视，直作黄金布地观。……正色山川秀，

金莲出五台。塞北无梅竹，炎天映日开。[②]

园林集景品题借草木意象协调统一整个园林环境，创造出生机勃发的景观单元，也建构出一个感受山野自然、体验隐逸情怀的理想天地。正如宇文所安谈及竹林意象时指出的："竹林是诗人欲望的建构，是幻象产生的场所，而诗人也承认幻象并非现实。"[③]园林草木被性情化、品德化，可与人共生交流，文人以植物或坚刚，或柔美，或高洁，或雅润的形态特性来反观自照，展示其人格心性，也在草木的种植培养中完成文人修身养性的生活实践。

（二）园林集景的动物意趣

《说文解字》曰："苑，所以养禽兽也，从草。"动物是园林中不可或缺的重要组成元素，文王灵囿中就有麀鹿、白鸟，灵沼中也有鱼跃之景。园林模仿自然生态环境有利于动物的栖居，兽畜、飞禽和水中生灵融合于自然风景之中，为园林营造了灵气与生机。李浩先生在《唐代园林别业考论》

① 爱新觉罗·玄烨：《圣祖仁皇帝御制文集》3集卷五，见《文渊阁四库全书》第1299册，台湾商务印书馆，1986年，第371页。

② 爱新觉罗·玄烨：《圣祖仁皇帝御制文集》3集卷五，见《文渊阁四库全书》第1299册，台湾商务印书馆，1986年，第374页。

③ 宇文所安：《中国"中世纪"的终结：中唐文学文化论集》，陈引驰、陈磊译，生活·读书·新知三联书店，2006年，第81页。

中指出园林中的动物景观："这一方面是早期苑囿的残留痕迹，另一方面，也是对原始朴茂的自然生态的更真实模拟。而且，还是对历史上的一些昔圣前贤的癖好的一种效法。"①清代园林中常饲养的动物主要有鹤、鸥、鱼、鹿之类，文人喜以动物品题营造出生机盎然的园林景观，也将动物视为园林的伴侣。如苏州艺圃十二景之胜中鹤柴、红鹅馆、乳鱼亭、浴鸥池皆为动物景观品题。详见表4-2。

表4-2　园林集景动物意象品题举隅

动物	园林集景品目	园林集景品目	园林集景品目
鹤	鹤栅（西园十二景）	渡鹤桥（邸园二十景）	驾鹤楼（东园十二景）
鹅	曲沼鹅群（水村十二景）	换鹅波戏（趣园二十四景）	红鹅馆（艺圃十二景）
鱼	砚池鱼跃（小山园八景）	荷岸观鱼（惠荫园八景）	冰镜窥鱼（白云别墅二十四景）
鸥	浴鸥池（艺圃十二景）	镜鸥山房（澹园二十四景）	小鸥波草堂（藏园二十四景）
鹿	鹿山通泉（小山园八景）	鹿坪（愚园三十六景）	古洞鹿踪（白云别墅二十四景）
鸟	晓林鸟啭（息舫园十景）	语鸟巢（竹园十景）	柳亭听鸟（趣园二十四景）

　　鹤具清姿美态，在古代被视为灵禽，有长寿之征、高洁之气，为帝王与文人所喜。白居易对洛阳履道园中豢养的江南双鹤情有独钟，留下颇多咏鹤诗句。明代文震亨对鹤也极为推崇，《长物志》云："空林野墅，白石青松，惟此君最宜。其余羽族，俱未入品。"②翔集之鹤身形优雅，鸣声嘹唳，为园居生活增添情趣。鹤之浩然超拔的物性与文人不同流俗的品格相契，梅、鹤相伴也成为文人隐逸生活的象征。园林之中或养鹤观赏，或依鹤形而造景。苏州艺圃"鹤柴"之鹤影、啼鸣与孤松、琴韵、远山、林泉营造出清音胜景，如王士禛《艺圃杂咏十二首》之咏鹤柴："长身两君子，宛

---

① 李浩：《唐代园林别业考论》（修订版），西北大学出版社，1996年，第50页。

② 文震亨著，陈植校注：《长物志校注》卷四，杨超伯校订，江苏科学技术出版社，1984年，第121页。

与孤松映。三叠素琴张，一声远山静。嘹唳月明时，风泉杂清听。"①位于扬州的包松溪棣园十六景有育鹤轩一景，品为鹤轩饲雏。梁章钜《浪迹丛谈》记载："扬城中园林之美甲于南中，近多芜废，惟南河下包氏棣园为最完好。……园主人包松溪运同，风雅宜人，见余如旧相识，屡招余饮园中……园中有二鹤，适生一鹤雏，逾月遂大如老鹤。余为匾其前轩曰'育鹤'。"②棣园鹤步园亭、雏鹤皋鸣之景尤为文人所喜，这使棣园成为扬州文人风雅集聚之地。

　　鹅洁白优美，通解人意，水池养鹅也为文人所喜。江苏太仓汪学金的趣园二十四景之换鹅波戏，诗云："（春水初生，得此右军池上物，愧余之不知书也。）阳羡书生去，山阴道士归。留将小池馆，爱尔好毛衣。春醅新泼眼，肪色认依稀。"③此诗引用阳羡书生鹅笼同饮、山阴道士以一双红鹅求王羲之书写《道德经》的典故，点出文人对鹅的嗜爱及水中之鹅造景生情的欢乐。艺圃十二景之红鹅馆有"疏馆笼鹅群，素羽临秋水。濯濯映凫翁，沿流乱芳芷。乞写茴香花，共入丹青里"④的景象。陈梦雷所居京城水村有曲沼鹅群一景，"雪衣浴罢舞翩跹，红掌沧浪濯足鲜。食每呼群真好义，行多后长信推贤。投竿飞跃斜堤畔，洗砚盘旋小艇前。愧乏黄庭书换得，山阴逸事让人传"⑤，描绘出鹅群飞跃盘旋的欢快场景，呈现出闲逸的园居生活景象。

　　鱼是园林水景的重要点缀，也是文人园林隐逸生活的重要伴侣。艺圃十二景之乳鱼亭、趣园二十四景之桐屿观鱼、邱园十景之锦鱼溪、藏园二十四景之邀鱼步、余园十景之澄水游鱼皆以鱼景称胜。临水观鱼是怡情之乐，也是隐逸的文人情怀，文人于"鸢飞戾天，鱼跃于渊"体悟大化运行

① 王士禛著，惠栋、金荣注：《渔洋精华录集注》，齐鲁书社，1992年，第987页。
② 梁章钜：《浪迹丛谈》卷二，刘叶秋、苑育新校注，福建人民出版社，1983年，第16页。
③ 汪学金：《静崖诗稿》续稿卷四，见《清代诗文集汇编》编委会编：《清代诗文集汇编》第422册，上海古籍出版社，2010年，第669页。
④ 王士禛著，惠栋、金荣注：《渔洋精华录集注》，齐鲁书社，1992年，第987页。
⑤ 陈梦雷：《松鹤山房诗集》卷九，见《清代诗文集汇编》编委会编：《清代诗文集汇编》第179册，上海古籍出版社，2010年，第126页。

之理，在知鱼之乐的哲理意蕴中体悟人生。位于盛京寒凉之地的白云别墅为流放盛京的陈梦雷所筑，他在此以著述为乐，构建起流寓文人的文化圈。白云别墅二十四景有冰镜窥鱼一景："雪后风吹万壑寒，微波不动玉龙蟠。跃渊无计潜身易，赪尾徒劳息影难。泽腹已坚休属网，晶宫长闭莫投竿。达人漫作忘筌想，濠濮还疑仿佛看。"①万壑严寒中鱼隐冰层，展现出独具北方寒地色彩的园池鱼景，也流露出陈梦雷于流放之地的达观淡然。

鸥鸟浮翔于水面鸣叫嬉戏之景展示出自由、无机心的园林情境，营造出得意江湖、诗意栖居的人文图景。艺圃湖石轩阁、水木清幽，浴鸥池一景生趣怡然，王士禛《艺圃杂咏十二首》："海鸥戏春岸，时下池塘浴。何乐从君游，忘机自驯熟。不用骇爱居，朝朝泛寒绿。"②以鹤、鹅、鱼、鸥等禽鸟构成的动物景观融合于明润的水景之中，禽鸟相戏与人闲游，正所谓"会心处不必在远，翳然林水，便自有濠、濮间想也。觉鸟兽禽鱼，自来亲人"③。文人捕捉动物最生动的景象形成园林景观品题，显示出人与自然生物的亲近和谐及物我相融、物我两忘的浑然心境。鱼游鳞聚、鸥鸟泛空的动人景象也是文人心灵图景的映现。

园林动物的择选除观赏之外，更在于动物灵性与文人生命的融通感触。在山水自然的园林之间，蓄养飞禽与游鱼，借由动物自由的灵性透视出生生不息的生命之情与宇宙之理。集景品题中的动物景题，不但营造了一个个园林意境，也是文人道德修养与精神性灵的不断展现。

（三）园林集景的香芬之美

传统园林注重香景的营造，文人萃选园中荷香、桂香、枫香、蔷薇香等植物香气，将其融于夜月、草堂、曲沼之中，以景观品题构成一幅幅摄人心

---

① 陈梦雷：《松鹤山房诗集》卷四，见《清代诗文集汇编》编委会编：《清代诗文集汇编》第179册，上海古籍出版社，2010年，第103页。

② 王士禛著，惠栋、金荣注：《渔洋精华录集注》，齐鲁书社，1992年，第989—990页。

③ 刘义庆：《世说新语》，徐震堮选释，浙江古籍出版社，1999年，第63页。

魄、溢香流翠的园林景观。"汇列四时之生香，未尝一日断也"①，成为园林香景营造的一种理想模式。陈从周先生曾说："园林之景，有实有虚……还有一件是香，所以鸟语与花香是结合在一起的，足证古人对安排园境、风景，用心之妙了。"②园林香景看似无形，却可四处散溢，导入香芬之境。

　　香芬之气令人神清气爽，精神愉悦，也浸润于诗心、文心之中。如邸园二十景之吟香醉月、樵香径、雨香岑，素园八景之夜月荷香，青云圃十二景之香月凭楼，藏园二十四景之香雪斋、晚香书屋，趣园二十四景之老圃蔬香，灌园十景之镜香轩，赐金园二十景之香雪草堂，怡园十二景之薇架花香，抱素山房十景之曲沼荷香，等等。

　　园林依香而名的景题散溢香芬之气，使观者在景题中即可循香观景、闻香怡情，直入园林体验之境，感受一片心香。如湖北汉阳有怡园，园中广植各类花木，木香萦绕，花香满径。怡园中薇架花香、亭北春红、廊西秋碧、仄径竹深、澄池荷净、小山蕟桂、曲磴古梅等草木景观品题共同构成了清香满园、意趣盎然的生态图景。詹应甲《和包十七怡园十二咏》品题怡园十二景，咏薇架花香："墙阴扶上几重花，满架香风散落霞。我欲与君朝浣露，凌霄千丈许同夸。"③《怡园十二景画册》中题薇架花香云："绿阴满庭榭，花事到蔷薇。翠簇铺成障，红舒展作帷。谁将金买笑，未许刺牵衣。无限钩春意，依依向夕晖。""密覆重阴一架花，深红浅白灿朝霞。香风引动蜂成阵，张幔山亭向客夸。"④薇架花香一景有荫绿花红的灿烂绽放，色景、香景的多重运用。清馥可人的蔷薇花香弥漫在亭馆池沼、曲径竹桂之间，在园林花香的浸润中不禁令人神气爽逸、精神振奋。

　　皇家园林也见各种芳香景题。如避暑山庄三十六景之曲水荷香、香远益清，文园狮子林续八景之小香幢，蒨园八景之菱香沜，多稼轩十景之静

<hr>

① 程国政编注：《中国古代建筑文献集要·宋辽金元》上册，同济大学出版社，2013年，第233页。
② 陈从周：《帘青集》，上海书店出版社，2019年，第93页。
③ 詹应甲：《赐绮堂集》卷一七，清道光止园刻本。
④ 范锴著，江浦等校释：《汉口丛谈校释》卷五，湖北人民出版社，1999年，第343页。

香屋，绮春园三十景之苔香室，清晖阁四景之露香斋，常山峪行宫之枫香阪，等等。康熙题避暑山庄之香远益清：

> 曲水之东，开凉轩，前后临池，中植重台、千叶诸名种，翠盖凌波，朱房含露，流风冉冉，芳气竟谷。

> 词云：出水涟漪，香清益远，不染偏奇。沙漠龙堆，青湖芳草，疑是谁知？移根各地参差，归何处？那分公私。楼起千层，荷占数顷，炎景相宜。①

香远益清之景位于避暑山庄曲水环绕的澄湖东岸，湖面广植各类荷花，翠盖朱房，色彩艳丽，流风袭来，香盈气散。荷占数顷、花瓣繁茂的景象更呈现出皇家园林夏日盛景。

园林草木芳香、书香、墨香飘溢四散，弥漫整个园林，涤荡世间浊气，澄净文人性情。园林集景注重将香芬之景汇入其中，强化了嗅觉、味觉体验，使无形之香可知可感，构建出一方香积世界。

（四）园林集景的音声之美

园林中竹、桐等植物在不同自然状态下的林籁结响，莺、燕等动物的鸣叫啼唱，溪涧瀑池的泉流激韵之声都是集景品题的对象。听觉是文人感知园林的重要形式，各种声响触动文人的感官和心灵，静心涤虑，体悟自然之致，达至情感的交融。园林集景捕捉听觉感受，凝练成景观品题，塑造了听觉感知的园林印象。微风拂叶、竹林作响、松涛和鸣、清泉流唱、莺声鸟语、书声琴韵不仅是一种景观的存在，更是一种生命的气息和灵魂的震荡，正如黑格尔所言："声音固然是一种表现和外在现象，但是它这种表现正因为它是外在现象而随生随灭，耳朵一听到它，它就消失了，所产生的印象就马上刻在心上了；声音的余韵只在灵魂最深处荡漾，灵魂在它的观

---

① 爱新觉罗·玄烨：《圣祖仁皇帝御制文集》3集卷五，见《文渊阁四库全书》第1299册，台湾商务印书馆，1986年，第374页。

念性的主体地位被乐声掌握住，也转入运动的状态。"①

　　清代园林集景品题有许多声音意象，如静明园十六景之风篁清听、息抱园十景之听秋声榭、凤池园十景之有瀑布声、杏林庄八景之隔岸钟声、聚芳园八景之北苑书声、水村十二景之天际歌声、贷圃八景之跫音馆、塔射园二十景之圆音书屋、二此园八景之阅音山馆等品题。动物声音最为生动，如陈梦雷题白云别墅二十四景之绿阴莺语："舍东一望绿婆娑，睍睆枝头韵正和。求友岂真情未厌，迁乔试问兴如何。金衣映日闲翻影，玉树凌风巧奏歌。斗酒好延骚客共，诗肠鼓吹自今多。"②描绘出绿荫蔽日，莺语睍睆奏歌、文人斗酒赋诗的愉悦之景。棣园有翠馆听禽一景，翠馆中养有孔雀、鹦鹉等禽类，禽鸟鸣舞，朝吟暮唱，可以娱情悦目。趣园二十四景有柳亭听鸟、放鹤皋鸣二景品题园林声景，汪学金《趣园二十四景诗》云：

　　　芳柳依人，新禽唤客，乐哉时乎，知所止矣。

　　　春风如剪刀，宅漾黄金缕。留客坐溪亭，尽日绵蛮语。隔院听笙歌，楼台在烟雨。

　　　瑶草满庭，顶丹成矣，闻道已晚，能无怃然。

　　　逋仙迹已逋，招手古松下。早梅花发时，独鹤归来也。翀举戏丹邱，俛视乘轩者。③

　　鸟语笙歌、鹤鸣声扬，声韵盎然。园林集景品题中声音意象使人有鲜活生动的园林体验，以及获取景观的动态灵动之感。

　　钟声、书声、泉声、歌声等声音品题，借由沉潜心境的听觉审美，营造出园林清幽闲适的生活情境和文人的风雅气度。如榕江书院八景之蓬岛听泉、曙院书声二景，刘业勤咏蓬岛听泉："榕西精舍接江浔，石咽流泉甚好音。浼浼暗谐孙楚耳，渊渊疑鼓伯牙琴。养蒙且自沿山下，有本终当到海

① 黑格尔：《美学》第3卷，朱光潜译，商务印书馆，2011年，第333页。
② 陈梦雷：《松鹤山房诗集》卷四，见《清代诗文集汇编》编委会编：《清代诗文集汇编》第179册，上海古籍出版社，2010年，第104页。
③ 汪学金：《静崖诗稿》续稿卷四，见《清代诗文集汇编》编委会编：《清代诗文集汇编》第422册，上海古籍出版社，2010年，第669页。

深。领取寒潭秋水净，蓬壶仙路在平林。"一泓清流，泉声清响，荡涤心灵，诗咏中孙楚枕石漱流、伯牙琴声的典故都寓示着涵养性情、砥砺心志，从声音之境而引入儒家之境。

清人张潮《幽梦影》中曾言："春听鸟声，夏听蝉声，秋听虫声，冬听雪声，白昼听棋声，月下听箫声，山中听松声，水际听欸乃声，方不虚生此耳。"[1]壶中天地将各种声响形成一个共鸣的意境，谱写成和谐乐章。"声响将呈散点分布的视觉意象统构整合起来，组合成系统性的意象群，从而构成诗歌的空寂闲逸之境，这其实是对听觉意象之空间性的突出强化。"[2]园林中悠然而来的音声景观，使园林清幽而不孤寂，生动而不繁乱，展现着生命的活力，激荡着文人的诗心文韵。

（五）园林集景的色彩之美

园林中各种建筑、草木与自然气象相融合，形成色彩斑斓、层林尽染的园林景象。园林集景品题在各种色彩中绽放。红色如养素园十景之秋深红叶，渔隐小圃十六景之红蕙山房，随园二十四景之嶙山红雪，筱园十景之红药栏，街南书屋十二景之红药阶，曲水园二十四景之夕阳红半楼，西池十二景之范萝红叶。绿色如澹园二十四景之听绿山庄，述园十景之绿澄堂，灌园十景之隐绿亭，澹园十八景之绿烟亭，余园八景之绿阴曲径，西城别墅十三景之绿萝书屋，抑园三十二景之绿阴枰、湛绿溪，亦园二十景之绿天精舍。黄色如尤侗亦园十景之绮陌黄花，让圃八景之黄杨馆，西池十二景之小黄叠翠，抱素山房十景之连垄黄云。紫色如西园十二景之紫柏寮，且园十二景之来紫轩，澹园二十四景之紫藤书屋，邱园八景之紫藤花馆，文园十景之紫云白雪仙槎。园林色彩可借景、对景、组景，以绿色为基调，配之以红、紫、黄等色彩，丰富了园林疏朗错落、远近高下的空间层次，形成目寓之而成色的园林体验。

---

① 张潮：《幽梦影》，中华书局，2011年，第8页。
② 王书艳：《声音的风景：园林视域中的唐诗听觉意象》，载《云南社会科学》2012年第3期。

避暑山庄三十六景之金莲映日，金莲除色彩之美，亦以佛教名山引种金莲花这一颇具佛教特点的圣花，使景题在色彩意象中蕴含着佛光普照的深远之境。

园林中柳绿、桃红、竹翠、荷艳之景争奇斗艳、相互映衬，使清寂的园林绚烂而多彩，加之云光月影、碧水青山、粉墙黛瓦、朱栏玉石的烘托，形成明暗变化、浓淡互补、冷暖相谐的色彩感受，给人以视觉上的色彩冲击与审美趣味。园林景题既有水墨山水画般的淡雅素朴之致，又有设色山水画般艳丽绚烂之美。

清人厉鹗在《秋日游四照亭记》云："献于目也，翠潋澄鲜，山含凉烟；献于耳也，离蝉碎蛩，咽咽喁喁；献于鼻也，桂气晻蔼，尘销禅在；献于体也，竹阴侵肌，痀瘝以夷；献于心也，金明莹情，天肃析酲。"① 文人于园亭中感受到湖山青翠、秋蝉合鸣、桂气飘香、竹凉沁身，通过视、听、味、触等多种感官体验，体悟园林的神妙之境，达至性情的陶冶和审美的愉悦。侯迺慧先生指出："动物与植物同在园林中，提供了姿态色泽之美，提供了时间美及深富意趣的象征之美，这些都为园林带来动态及深邃意境。"② 园林草木与动物所构成的园林生态营造出宜于观赏、居游、养心的生存空间。

园林景观的品题是对园林的多重感官认知，品题与空间景观相互影响，对园林文化加以多重阐释，更具有叙事意义及人文关怀，营建出活色生香的园林图景。园林集景品题模山范水、摹声摹色，其所捕捉、所构筑的自然和谐的生态图景，更是一个融合园林空间与人的内在心灵的生态系统。

① 厉鹗：《樊榭山房集》，董兆雄注，陈九思标校，上海古籍出版社，1992年，第779页。
② 侯迺慧：《诗情与幽境——唐代文人的园林生活》，东大图书股份有限公司，1991年，第256页。

二、清代园林集景的园居图景

园林集景聚合多个景观以语言为载体勾连起与之相关的信息、事件及意义，构成了人与园的相互对话。园林不只是一个观看游赏的对象，还是融注日常生活情景、园主或游园者精神心态的居处空间。园林集景以集景的形式突出展示园林读书论道、幽居禅坐、赏花观景、品茗饮酒、漫步沉吟、诗赋雅集等日常生活场景，反映了自然景观、园林建设、园居生活与文化实践，展现了文人的精神诉求与思维方式。

（一）园林集景与文人活动

园林是古代社会生活的一个重要空间，以山水亭台、花木幽池与世俗社会形成一道隐形的隔离区域，试图消弭自然与人际之界，实现亲近自然、休憩身心、安顿自我的多重功能旨向。文人于园林中观花赏景、诗酒品茗，以语言文字、园居生活、雅集欢会丰富着园林的空间意义，展开各种文化实践。法国学者列斐伏尔曾指出空间在生活中所起到的重要作用："如果未曾生产一个合适的空间，那么'改变生活方式''改变社会'等都是空话。"①园林是一个文人深度参与的、打造的物我融合的居处空间，其被赋予的精神意义在景观的系列品题中得以集中显现。

园林集景以语言为载体，以积极的姿态参与空间的表现，不仅展现园林的审美意义，也昭示出"意尽林泉之癖，乐余园圃之间"的园居情境。宋代郭熙在《林泉高致》中阐发山水画论："山水有可行者，有可望者，有可游者，有可居者。画凡至此，皆入妙品。但可行可望不如可居可游之为得，何者？观今山川，地占数百里，可游可居之处十无三四，而必取可居可游之品。君子之所以渴慕林泉者，正谓此佳处故也。"②此论虽云画法，也适用

---

① 亨利·列斐伏尔：《空间：社会产物与使用价值》，王志弘译，见包亚明主编：《现代性与空间的生产》，上海教育出版社，2003年，第48页。
② 郭熙：《林泉高致》，中华书局，2010年，第19页。

于园林之境，可居可游正是园林存在的理想意义。西晋潘岳《闲居赋》有云："庶浮云之志，筑室种树，逍遥自得。池沼足以渔钓。春税是以代耕。灌园鬻蔬，供朝夕之膳；牧羊酤酪，俟伏腊之费。孝乎惟孝，友于兄弟，此亦拙者之为政也。"①文人希冀与世无争，自足陶醉于城市山林之中，筑室种树、渔钓春耕的活动是一种田园的感触，显示出园林的自足自乐。园林集景不仅映现出和谐的生态图景，更描绘出一幅幅释然而超脱的园居日常生活情景。

园林中一屋一宇、一池一沼、一草一木，每一处微小景观只要有文人活动，有意境、精神的融注，即可自成情趣。园林集景常常以时空为主线，品题亭、台、楼、阁、园、堂、院、塔、舍、水、泉等园林景物，辅以渔、耕、樵、钓、读、吟、品、赏、看、闻等具有隐逸色彩的园林活动，形成读书论道、幽居禅坐、赏花观景、品茗饮酒、漫步沉吟、诗赋雅集等日常生活场景，以"景观＋活动"的形式描绘出牧歌式的园林生活。如清代李嘉乐余园八景之松坞品茶，以"品茶"的人文活动点化"松坞"这一园林生态景观，诗咏："直干未参天，虬枝先绝俗。茶香泛满瓯，涛声断还续。"②静坐园林松下，观草木之灵性，品满瓯之茶香，听松涛之澎湃，品题中融注了场景化的园居经验，呈现出颇具典型性的文人园居情境。详见表4-3。

园林集景以语言建立起"象外之象，景外之景"的美感意境，以日常生活实践建构起文人的理想境界。文人在园林这一私人领域中构建起既有审美观照又具生活功能的栖居空间，可在此读书论艺、弄石戏鱼、清谈品茗，也可听雨赏雪、纳凉避暑。日常生活化的园林淡泊而悠然，可以沉寂心灵、润泽德行而又处处充满了生活情趣，既有雅致的文人情致，也有朴素的田园欢愉，园与人达至精神上的深层融入和契合。

<hr>

① 萧统编：《文选》，上海古籍出版社，1998年，第107页。
② 李嘉乐：《仿潜斋诗钞》卷七，见《续修四库全书》第1559册，上海古籍出版社，2002年，第632页。

表 4-3　园林集景品题与文人活动举隅

活动	园林集景品目	园林集景品目	园林集景品目
渔	钓台渔唱（石鼓书院八景）	渔舟晓唱（一槛亭八景）	渡渚渔歌（息舫园十景）
耕	雨后课耕（白云别墅二十四景）	耕渔轩（邓尉山庄二十四景）	课耕草堂（愚园三十六景）
樵	远冈樵唱（白云别墅二十四景）	灵石樵歌（西湖十八景）	樵歌陇（妙喜园三十景）
钓	钓雪汀（妙喜园三十景）	垂钓矶（文园八景）	一叶垂钓（亦园十景）
读	东观读书（补园八景）	画舫书声（亦园十景）	读书庐（邓尉山庄二十四景）
吟	竹坞清吟（泛虚堂八景）	烟波吟舫（明瑟山庄十六景）	柳岸吟风（浦阳书院八景）
品	松坞品茶（余园十景）	品雪庵（二此园八景）	眠琴品诗（棣园十六景）
赏	秋圃赏菊（聚芳园八景）	荷池赏夏（杏林庄八景）	水阁赏荷（绿妍草堂十景）
看	看山楼（街南书屋十二景）	看云座（妙喜园三十景）	高阁看山（鲈香小圃八景）
闻	桧幄闻涛（恢园十景）	夜雨闻钟（品泉山房八景）	柳岸闻箫（青云圃十二景）
观鱼	碧沼观鱼（岳麓书院八景）	北窗观鱼（绿妍草堂十景）	荷岸观鱼（惠荫园八景）
听雨	听雨廊（存园十景）	艇舟听雨（澄碧园十二景）	草堂听雨（且园十景）

（二）园林集景的园居生活

　　文人的园林活动大致可分为平常的日常居家与逸乐的宴饮雅集两大类。如果说日常园居是园主向内与自然山水的融合，那么宴饮雅集则是园主向外与社会的交流展现。而日常生活对主人而言趋于朴素自然，渔耕樵钓、琴棋书画的生活重在陶情冶性，也是园林可居的重要展现。

1. 渔耕樵钓的朴素生活

　　宋代郭熙《山水训》有云："水以山为面，以亭榭为眉目，以渔钓为精神。"[①]渔樵于山水的生活状态宣示着对现实世界的疏离，渔樵之思即是一种超尘绝俗的隐逸文化表征，也体现着纵情山水、旷达逸出的文化精神。文人拥有一方自然幽胜之处，在此拓圃耕植、临水垂钓，亲自参与朴素的活动，以劳动与天地山水相接触，感受悠然的田园之趣。

　　集景品题颇喜以渔樵耕钓为主题，表现园林的隐逸生活。渔樵耕钓扎根于自然之中，返璞归真的生活方式与模山范水的园林构筑两相映照，积淀着传统文人的隐逸文化。严子陵的渔樵之欢、陶渊明的耕作之乐早已作

---

① 郭熙：《林泉高致》，中华书局，2010年，第64页。

为一种精神指引而印刻于士人心中。文人无意于仕途而退归渔樵的生活，是文人隐遁园林的人生选择，也是安土乐天的一种园林实践。池中垂钓可引发泛舟江湖之思，临水观鱼可引发人生哲理之辨，远冈樵唱勾起悠远深邃之情，耕桑艺圃体验田间劳作之乐，这些朴素的生活实践契合园林的空间审美与文人的山水情怀。园林集景在系列组景中尤可彰显园林的主题精神，显现寄情山水的园林情境与园主情怀。

如清代翰林院编修陈梦雷流放辽宁沈阳辽水之畔，虽不得志却留恋盛京自然山水，于康熙三十四年冬在此构筑白云别墅。陈梦雷作《白云别墅记》记录造园的初衷与园居心态："不然，天下之乐莫大于山水，无愚智贵贱，皆知之。顾能享与否？天限之耳。王侯将相、画栋雕甍，征歌选妓，钟鸣鼎食，然必竭力命匠凿岩壑，移竹石，以为片刻养闲之地。骚人墨士日逐朝市，得倪云林、黄大痴数笔，珍秘不轻示人。至名山大川，天造地设，幽奇奥僻之区，则裹足不一。顾彼固叶公好龙哉，抑亦真真宰秘惜灵奇，不欲使名利中人兼此快心乐事也。如余以闲散放废之身，犹十余年不得一遇，一遇又辄睽隔，况其他乎？今固将写其大略，携沈中以当卧游，兼寄余季，使知边城朔漠之乡，不乏名胜。或者念垂白之兄，携家聚首，手足欢笑一堂，享数年山水桑麻之乐，以俟天恩大沛，并辔南归，不亦可乎？"[①]携家聚首、桑麻之乐的园林生活较之雕梁画栋、聚奇搜异的刻意经营更为天然自得。

白云别墅二十四景中有渔矶垂钓、野艇渔灯、远冈樵唱、雨后课耕之景。园林之于陈梦雷而言，不仅是一种文人品赏的园林空间，而是生活化、朴素的生活状态，于此安顿流放的身心，享受淡然离尘的畅乐，在泥土的气息与流水的涤荡中感受自然的赋予。如其咏：

渔矶垂钓：蹉跎何计赋归欤，幸有名山可著书。片石傍花渔父岸，一竿挂壁野人居。临流偶尔因观物，投饵宁期为得鱼。渭水西风日未暮，烟波渺渺莫愁予。

---

① 陈梦雷：《松鹤山房文集》卷一五，见《清代诗文集汇编》编委会编：《清代诗文集汇编》第179册，上海古籍出版社，2010年，第416页。

野艇渔灯：扁舟三五绿杨丛，入夜飘摇西复东。隐现疏星临水白，微茫遗烧隔林红。潭空属网留斜月，岸近停桡任晓风。歌罢沧浪鸡已唱，从容棹向碧烟中。

远冈樵唱：丁丁空谷却闻声，一曲随风逸韵清。响递林中惊叶落，籁传天际遏云横。渔歌隔浦停桡和，牧笛前坡待伴行。换酒西昌归去晚，远峰斜月半规明。

雨后课耕：逐妇鸣鸠似少情，关关布谷又催耕。云迷远岫新阡湿，涨入前滩旧垄平。花外扶犁惊蝶梦，柳间驱犊乱莺声。衢歌击壤留今日，是处尧天寄此生。①

白云别墅二十四景并不强调园林的设计与布局，而是在临水观鱼、投饵期钓、画棹荡舟、渔歌樵唱、扶犁驱犊等融于自然的生活样态中揭示出景观意义。如雨后课耕之景，没有明晰的园林景观意象，呈现的只是一个生活镜头，"花外扶犁惊蝶梦，柳间驱犊乱莺声"中体现的是自然物象与劳作情趣的水乳交融，在恬淡的春耕妙景中寄寓着生活的期望。渔樵耕读的白描画境中展现出一幅幅远离世情、娴静如画却又生趣盎然的生活图景。陈梦雷虽也时时发出流放生涯的感叹，但他却并不悲苦弃世，而是放下世俗之身、尘凡之忧，以各种劳作去体味田园之乐，在园林中演绎桃源画境，悠游而从容。

陈梦雷的园居理想在其京城所居水村中也有映现。水村位于城西北，系康熙三子胤祉为其所购。陈梦雷"校阅之暇，泛艇渡河西与田夫野老量晴较雨乃归。方寨苇拨荇，沿河逐鹅群，听蛙鼓，闻天际笙歌，隐隐小僮吹笛和之，月已桂林梢矣！因次为十二景，聊以纪恩"②。水村十二景为东阁晴霞、西山晓翠、仆妇馌耕、书童作牧、曲沼鹅群、回塘娃鼓、花下鸣琴、柳荫垂钓、菊岸临风、芦航泛月、天际歌声、中流笛韵，所营造的园林景象颇

---

① 陈梦雷：《松鹤山房诗集》卷四，见《清代诗文集汇编》编委会编：《清代诗文集汇编》第179册，上海古籍出版社，2010年，第102页。

② 陈梦雷：《松鹤山房诗集》卷五，见《清代诗文集汇编》编委会编：《清代诗文集汇编》第179册，上海古籍出版社，2010年，第125页。

得山水之趣,自成清华之象。陈梦雷作《水村十二景》一诗咏一景,描绘了水村景致和园居生活。其《水村十二景调花发沁园春》云:"戚畹园林,更增斗阁,傍山且又环水。花枝烂漫,柳线飘潇,草树千层丛里。晴霞如绮,遥掩映诸峰深翠。小亭上一曲瑶琴,投竿堤畔堪喜。菊岸鸣蛙,聒耳绕河干。鹅群扑逐摇曳,牧童啸侣,饁饷人归天际。笙歌声起,人生似寄,贵贱共逢场游戏。捻长笛和韵舟中,好邀明月同醉。"①水村傍山环水,花繁柳茂,鸣蛙绕河,鹅群嬉戏,陈梦雷在此编撰《古今图书集成》,校阅之暇,体验鱼鸟相亲、风月为伴的闲适生活。

2. 琴棋书画的雅致生活

文人在园林的景观营造中处处体现其素养情趣,正所谓"闲意不在远,小亭方丈间"。园林满足文人抚琴吟啸、品茗对弈、读书谈艺、丹青泼墨的闲情逸致,与士人的精神旨趣完全相通。园林集景以语言文字点化园林景观,处处流露出文人雅致和生活情趣。

读书是文人最基本的生活状态,"园林的通透性空间与近于大自然的天地一体感,较诸面壁于封闭性空间的屋室之内,更易启迪文人的思考及感悟"②。环境幽雅的园林是文人读书悟道、修身养性之佳处。文人喜于园中藏书、读书,藏书楼和诗书处是文人园林中的重要景观。

随园二十四景中之书仓藏书三十万卷,"橱架环列,缥带纷纭",袁枚对于园林中坐拥书仓傲然自得,藏书、读书的怡然之情溢于言表。于儒商而言,园林不仅作为私人的休闲空间,更是商人精神文化的一种标榜,如汉上胜地盐商包云舫之怡园十二景有高阁琴书一景,《怡园十二景画册》:"万卷藏高阁,琴书乐有余。未能金穴探,聊拟玉山居。昔代桐音古,前贤墨宝储。湖山遥可挹,眺日无虚。""高楼乘兴日登临,雨润琴书惬素心。放眼

---

① 陈梦雷:《松鹤山房诗集》卷九,见《清代诗文集汇编》编委会编:《清代诗文集汇编》第179册,上海古籍出版社,2010年,第202页。
② 侯迺慧:《诗情与幽境——唐代文人的园林生活》,东大图书股份有限公司,1991年,第319页。

江山皆入画，晴川黄鹤对披襟。"①詹应甲诗咏："唐书宋札手抚临，万卷收藏嗜古心。天籁云林同此阁，江山风月约题襟。"②怡园收藏丰富，园中生活颇得高阁乘兴、琴书惬心之妙。扬州盐商马曰璐、马曰琯小玲珑山馆十二景之丛书楼，藏有孤本、善本与其他图书等十万卷，全祖望《丛书楼记》云："百年以来，海内聚书之有名者，昆山徐氏、新城王氏、秀水朱氏，其尤也。今以马氏昆弟所有，几几过之。"③马曰璐咏丛书楼："卷帙不厌多，所重先皇坟。惜哉饱白蟫，抚弄长欣欣。"④丛书楼突显出小玲珑山馆的文化氛围，马氏兄弟也将此园建构成为扬州士人及东南地区文人的风雅聚集之地。

清代江苏太仓有趣园，园属翰林院编修汪学金，汪学金《趣园二十四景诗》分咏二十四胜：松崖玩易、桂岫吟骚、夜龛梵诵、晓塾书声、舫斋跃夏、篱屋眠秋、笋厨觞政、薇馆茶禅、石梁衔镜、水榭跳珠、柯岩弈手、芥室琴心、琅玕入径、璎珞开堂、寒泉甃冽、老圃蔬香、柳亭听鸟、桐屿观鱼、换鹅波戏、放鹤皋鸣、瑶台缟袂、玉洞绯衣、红云映日、紫雪霏烟。如晓塾书声、柯岩弈手、芥室琴心三景：

晓塾书声：复初斋为课孙之所。晨起倚杖而听，琅然盈耳，洵可乐也。

诸孙喜随肩，晨起各就塾。老夫久废书，昕然听儿读。初日满芳林，新莺争出谷。

柯岩弈手：山顶置石案，画棋局以待善弈者。

岩头跌已温，局外眼偏冷。惟有石楸枰，能驻仙壶景。所以橘中人，乐与商山等。

芥室琴心：焚香扫地而坐丈室中，自饶琴理何必抚操方移我情。

妙乐本非声，停徽欲何待。成连去不还，心知古音在。颒洞鼓

① 范锴著，江浦等校释：《汉口丛谈校释》卷五，湖北人民出版社，1999年，第344—345页。
② 詹应甲：《赐绮堂集》卷一七，清道光止园刻本。
③ 全祖愿著，黄云眉选注：《鲒埼亭文集选注》，商务印书馆，2018年，第337页。
④ 顾一平：《扬州名园记》，广陵书社，2001年，第113页。

天风，纳尽须弥海。①

晓塾书声、柯岩弈手、芥室琴心的景观题名中尤见园主匠心。书声琴韵使园林生活更增雅意，浓浓的书卷气与悠扬的琴籁美将城市山林营造得别有意趣。李浩先生曾言："在山水之间、亭台之中欣赏音乐，能使音乐与园林互相生发，互相强化，趋向于一个缥缈而又美妙的境界。"②抚琴、手谈、读书、茶禅的文人雅趣又与篱屋、笋厨、蔬圃的田园风光相映衬，与草木林泉的自然旨趣相融通，实现了园林可游、可赏、可玩、可居的空间意义，更具生活化、情境化和人文意义。园林集景所构筑的不仅是景观的呈现，更是一种生活状态、在世体验的呈现，此间蕴含着文人的心志理想。

（三）园林集景与文人理想

园林是一方可以安其身、养其神、陶其情、乐其怀的私人领域，这个私人领域既是向内安身养性的居所，也是园主诗意存在的外在展示。"园林作为社交的平台与观照的视角满足了士人的身心需求。园林尤其是文人私园不仅为文人的社会活动、文学交流提供了一个平台，而且为文人体验自然提供了观物方式，为文人安置自我心灵找到了一种存在方式。"③园林集景借由景观的凝聚、组合，展现了文人的观物视角，形成一个表达园林风格、园主情怀的系统。

园林集景展现出文人园居的怡然之感，无论是读书会友、静居安适与诗酒宴集，景观品题实现与建构主人的精神诉求和文化理想。王毅先生指出："中国园林所满足的，远不仅仅是人们安置身家、赏玩景致等等功利和享乐的需要，因为较之所有这些更为根本得多的，乃是人们在满足一般生活和愉悦耳目的需要之同时，又不断努力建构起一个'有价值、有光辉'的

---

① 汪学金：《静崖诗稿》续稿卷四，见《清代诗文集汇编》编委会编：《清代诗文集汇编》第422册，上海古籍出版社，2010年，第667页。

② 李浩：《唐代园林别业考论》（修订版），西北大学出版社，1996年，第71页。

③ 李浩：《微型自然、私人天地与唐代文学诠释的空间》，载《文学评论》2007年第6期。

文化集萃之地、建构起一个能够使人们心智获得滋养和归宿感的'家园'；而这样的建构当然是出于我们生命和文化一种根本的需要。"①园林集景集聚景观，也凝练精神，从而建立起场所意义，展示出园林主人的生命姿态与人文关怀，家园的意义得以彰显。

园林集景对园主而言，是其文化修养、精神情志的外在显现，正所谓"筑圃见文心"；对游园者而言，可作为空间印象去加深感受和体验。曹林娣先生认为园林景题"透露了造园设景的文学渊源，表达了园主的品格心绪，是造园家赖以传神的点睛之笔"②。曹淑娟先生亦云："唐宋以降的文人园林大都属'标题园'，不再单纯地系于所有人名下，园林是一座人文艺术的作品，园林的命名即是此园林的标题，不论记事写景或抒情言志，从不同角度昭告着园主和园林的紧密联结。"③园林作为一方私人的领域，也是一个融于生命与记忆的意义之场。

园林集景浓缩、提炼景观，在诗化的境界中形成时空意境，激发人们的想象、类比，勾连起客观空间、感性认知和心灵投射，在景观独立审美意义的基础上营造出整体的意义期许，从而揭示景观的真趣与生命自我的意义，具有广泛的辐射意义。友鹤、观鱼、听琴、观书的八景景观既是当下的园林观照，也承载着深厚的文化积淀，凝聚着古代文人的精神脉动，是其心性、智慧、品味的审美展示，是文人道德修养的体现。

园林集景以白描、联想、比拟、用典等文字形式，使人们感受到翳然林水之趣，体味恬淡、悠然的人文情怀，建构起文雅生活，"所谓'文雅生活'，可以说就是在物我交感下，营造出不同于现实生活的生命意境"④。园林不仅是乐居空间，更是一个陶情修性的德养空间，正如清人潘德舆《养一斋诗话》卷一〇论诗时所言："先有绝俗之特操，后乃有天然之真境。"⑤园

---

① 王毅：《翳然林水：栖心中国园林之境》第2版，北京大学出版社，2014年，第208页。
② 曹林娣：《中国园林艺术论》，山西教育出版社，2001年，第197页。
③ 曹淑娟：《流变中的书写——祁彪佳与寓山园林论述》，里仁书局，2006年，第346页。
④ 王鸿泰：《闲情雅致——明清间文人的生活经营与品赏文化》，载《故宫学术季刊》（台北）第22卷，2004年第1期。
⑤ 潘德舆：《养一斋诗话》，中华书局，2010年，第157页。

林集景突显出这种境心相遇的体验及园林与地景、地域及人文的深层次理解与观照。在集景品题所描绘的园居生活中连通古今、融汇物我，构建起园林的外部空间与内在精神思想的桥梁，传达出背后文化意义系统的支持。

园林集景作为一种空间美学，在景观品题中唤起人们的联想与意义阐释，创造出意义生产的多重可能性。园林集景并非客观景物机械性地描绘与反映，而是融入了文人个体感受、文化经验及园林想象的心象。八景品题不只观照实有园林中的胜景，更显现园林主人心灵情感的投射，反映自然景观、园林建设与园居生活、文化实践，展现文人的精神诉求、思维方式。

三、清代书院园林集景的文化空间

清代书院八景将书院最具代表性的园林景观集合而成一个意象共同体，形成八景、十景、十二景或十六景的景观品题。此八景模式关联园林意趣，题咏文学教育心理、儒学观念等学术与文化问题，其景观营建与吟咏题唱的兴盛之态顺应了清代八景文化与园林艺术发展的外在环境，其在意象择取与景观品鉴上既涵容了传统八景文化的诗意特色，又具有书院文化的人文旨向。

书院景观意象融合了外在景观的娱目悦心与内在自我的修心养性，构成兼具园林审美、人文教化与诗意情趣的文化空间。书院八景多依凭名山胜迹而建，其枕山面水、江流环带的内部建筑与自然山水氛围相融，形成雅致清幽之境。那些身处书院之中的文士学子，时刻能感受到山水自然的灵韵，草木物象的生发，以及讲堂、书楼的人文气息之感发、熏陶，进而达至学习状态的圣明之境与精神境界的澄澈、明净。文士将书院八景视为一个艺术审美的空间和一个文化阐释的空间，他们对书院八景的品题是对书院景观的审美体验，也是其游园观景中的情感体悟及对书院文化意义的生成。

（一）集景品题蕴含的人文空间

书院作为古代社会的学术教育机构，是文人讲学、游憩、藏书、交流的空间场域。这一空间在经过官方和私人修葺改建后，附加了园林景观营构艺术与人文规划意识等多重信息。书院景观构成了独特的园林化居处空间，也成为书院文化精神的一种外在表现，尤其是书院八景既与地域八景、园林集景相类，其潜隐的观念又与整个书院文化格局相和谐。书院八景题名大体而言可分为两类：模仿潇湘八景题名模式与以具体景观建筑题名模式。

一类书院八景题名沿承传统潇湘八景题名形式，景目以四字命名，形成诗意化的景观意境。潇湘八景形成于宋代，包括平沙雁落、远浦帆归、山市晴岚、江天暮雪、洞庭秋月、潇湘夜雨、烟寺晚钟、渔村落照。后世的书院景观题名多延承于此，如湖南云山书院十景题曰：长桥夕照、鉴泉印月、奎阁凌云、云寺钟声、悬崖飞瀑、太素元泉、方塘倒影、水榭看山、双江云树、云壑晴岚。湖南文华书院十景题云：龙山霁雪、雁塔斜阳、天台风月、许阜云烟、柳潭春涨、槐市秋香、江洲芳草、沙渚文漪、仙乘牧笛、磨斧樵歌。潮州韩山书院八景为：亭阴榕幄、石磴松涛、曲水流觞、平池浸月、橡木遗迹、鹦鹉古碑、水槛观鱼、山窗听鸟。松江青溪书院十景是：青溪一曲、五峰拱翠、雉堞连云、烟村杏霭、远浦云帆、礼门桃李、芸签小阁、讲院梧阴、层楼释菜、绀塔凌云。这些四字品目可分为两个序列，前一组叙述景观名目，后一组描述景观样态，命名形式颇合潇湘意境。书院八景摄取山光水态、四时草木、书院建筑而形成具有诗意化的四字品目，构建起风神淡泊、意趣清明之境界。

另一类书院八景以具体的亭、轩、楼、阁等景观建筑为对象加以题名，形成具有人文教化色彩的八景品题。浙江嘉善兴建的魏塘书院十景题名为：城南讲堂、衡殷阁、六贤祠、萃古楼、虚受斋、他山书屋、敬业乐群轩、洗心亭、生白室、张公祠。蔚州文蔚书院八景为：杰阁昂霄、池塘春草、老树干云、平桥延月、花田晓日、曲栏游径、南山当户、邻馆青灯。杭州紫阳书院十六景为：乐育堂、五云深处、春草池、凌虚阁、簪花阁、别有天、寻诗径、巢翠亭、螺泉、鹦鹉石、笔架峰、垂钓矶、校经亭、观澜楼、景徽堂、听经岩。此类书院八景题名以园林建筑物为主体，并加之思想教化与艺术文化特色的修饰，从而组成以书院园林建筑与风物命名的书院八景，意象简明且带有鲜明的书院格局特色。

书院是教化导引的弦诵之地，尤为重视居处环境的营建，书院八景注重意象的选取、情境的营造，展示书院园林精神与人文意识，具有如下文化特色：

其一，书院八景摄取书院景观精华，借由意象化品题，彰显书院的园林意趣与人文观念。清代李继圣《睢州洛学书院八景诗（失二首有序）》："刘使君治睢之明年，自卜书院地，又明年落成。环院一切诸相若皆倚伏，欲为效奇也者。使君拔其尤，得八景，景各赋四韵，由是一丘一壑，尽含万夹光焰而地灵毕显矣。"①借由八景品题及文人赋诗，书院景观愈发能够荡胸濯目。《文心雕龙·物色》中就点出了自然山水对诗文创作的激发作用："若乃山林皋壤，实文思之奥府，略语则阙，详说则繁。然屈平所以能洞监风骚之情者，抑亦江山之助乎！"②书院以八景、十景的景观凝聚与诗意营造成为儒家精神意蕴映现的场所，借助景观意象形成一个话语体系，进行语言层面与意义层面的园林重构。

其二，书院八景拓展了书院的体验空间，使其在狭小的空间中具有精神意向上的宏阔之感，促使书院在诗意情境中扩展、深化，获得"俯仰天地宽"的空间体验。如福建炉峰书院八景之三台叠翠，诗咏："天阶列宿明，地轴浮峦翠。高高云汉齐，面面风光腻。开轩延朝爽，幽独良足媚。嶙峋如有灵，文笔生奇思。"③借由八景命名与品题，突显出书院精神空间之朗

---

① 李继圣：《寻古斋集》诗集卷一，见《清代诗文集汇编》编委会编：《清代诗文集汇编》第278册，上海古籍出版社，2010年，第590页。

② 黄叔琳注，李详补注，杨明照校注拾遗：《增订文心雕龙校注》，中华书局，2000年，第567页。

③ 延丰：《重修两浙盐法志》卷三〇，清同治十三年刻本。

阔,带来存于天地、与云汉相齐的空间体验,由是使人的心灵境界陡然开阔,在有限的书院空间中,营造出无限的空间意境。

其三,书院八景受书院教育功能之影响,带有鲜明的儒家意蕴,体现出修习讲学、人文教化的色彩。书院是士子课习制艺、研习经学并传播儒学的文化场所,因而也渗透着官方意识形态的教化寓意。书院八景之景观意象择选寓教化于书院的山水园林间,于潜移默化间熏陶文人,如槐东书院八景为先师堂、光霁亭、贤游亭、退省轩、竹风亭、晚秀楼、感道阁、洗砚池,其中先师、贤游、退省、感道都带有鲜明的儒家意旨与教化色彩,借由系列景观集合以彰显书院修身养道的宗旨。光绪年间由江苏学政黄体芳建立的江阴南菁书院是清末东南地区重要的经学传播之地,曾邀请王先谦、黄以周主讲,该书院以经史辞章课士,推尊汉学、尊经重史,其十景题为:儒山菁风、曲堂抱旭、宗棠古井、暗香书影、漱兰墨香、晨钟洗曦、忠怒勤俭、菁园晚风、澄澜夕照、南方菁华。题名中即显示出涤尘洗心、器识高益的教化之意,体现出经学与人文意识相融合的气息。

其四,书院八景为文人提供了读书论道、修身养性、诗意吟咏的文化空间,文人在讲学论道与燕闲游息之中感知书院情境,在书院八景的点唤与浸润下,达到学业的精进与心性的明澈。书院八景使外在空间的浸润与内在自我的充实相融相契,充分发挥书院的文化功能。书院八景不仅是景观的呈现,更是借助于浓缩化的意象提炼出书院环境的精神意旨,从而使自我—书院—园林—自然—心性达至一贯与融通。书院八景是空间景观的表征,在此产生深层次的天地人的交错与互动,以书院园林的自然空间与宇宙自然相沟通,从而摒弃外在世界纷扰,达至心灵世界澄化。书院八景再现了内在自我空间与外在居处空间的和谐一体与相互融合,表现出天地化育与人文教化的汇通,它作为天人和谐、景物与心境的凝缩,其本质表现的是一个意义空间,这一意义即是传统儒家文化思想与价值体系之体现。

（二）物象与礼乐相融的审美空间

书院八景不仅是对清雅秀美、灵淑所钟景观的聚合，更是审美空间的再塑。它以景观艺术重构的方式融注了文人对书院的理解与意义的再生产，在对泉石、草木的景观充实中重视审美意境之营造，在礼乐相和、静心悦性两个层面上得到扩展，进入至善至美的审美境界，而这种审美空间不仅是美的欣赏、享受，更体现了书院讲习的内在精神追求。

书院八景在景观建设与意象择取中注重追求"天人合一""礼乐相合"的空间形塑，将讲学论道的空间与天际运行的大道规则相融合。"乐者天地之和也，礼者天地之序也，和故百物皆化，序故群物皆别"①，作为礼乐思想传播中心的书院讲究礼之尊、和之美，而其凭借山水胜景，融入人文观念的景观兼容了自然之美与人文情怀。书院园林不同于传统私家园林，营建之始便讲究礼乐秩序，将建筑景观移植于礼乐空间之中。清代罗典主持岳麓书院时在自然景观基础上精心构筑园林，利用书院背倚岳麓山、前临湘江水、左有凤凰山、右有天马山的自然形胜，遂以讲堂、御书楼为中心轴线秩序确立书院格局，营建柳塘烟晓、桃坞烘霞、桐荫别径、风荷晚香、曲涧鸣泉、碧沼观鱼、花墩坐月、竹林冬翠书院八景。在融合自然风情、书院氛围的景观构架中，既体现清雅肃穆之感，又有宁静清旷之趣，形成园林物象与礼乐精神相融合的空间审美。

书院八景多借泉石、草木营造出林木空翠、清幽旷朗的氛围，在景观中汇入文人雅趣与林泉灵动，颇显儒士情趣趋向。如潮州韩山书院，院前有池，池上有观鱼亭，景色殊胜，上刻"鸢飞鱼跃"四字于石，围绕这些物象遂形成曲水流觞、平池浸月、水槛观鱼三景。郑昌时在欣赏上述景观时，心有感慨，咏曲水流觞景云："九曲涧边水，三春掌上杯。临流人对酌，一笑山花开。"②诗句侧重书写文士在书院园林捕捉到的乐趣与欢欣。复如岳

---

① 郑玄注，孔颖达正义：《礼记正义》，见阮元校刻：《十三经注疏》，中华书局，1982年，第1530页。

② 郑昌时：《韩江闻见录》卷九，吴二持点校，暨南大学出版社，2018年，第113页。

麓书院内有流经爱晚亭、百泉轩入饮马池的溪涧，八景之一的曲涧鸣泉即描绘流泉倾泻、触石有声的胜概。清人何子祥将明人张孟兼读书之地白石山房重建为士子讲诵之所，辟为白石山房十二景，其《跋白石山房十二景诗后》言："古之人藏修息游，必有休憩之地，朝夕俯仰其中，以怡情适性。鸢飞鱼跃，活泼泼地何往非切实功夫。余顾今之肄业于兹者，勿第视为美境，而有得于身心焉。斯与吟风弄月之旨，默相契合也云尔。"①这些景观体现的是水石林泉之乐与鸢飞鱼跃之景，既是一种自然的流动，也是心灵的萌发。书院八景水系意象常传达出道德修养与天地生机相契之意，体现的正是儒家所推崇的以水比德的审美境界与圣人的修养之道。

中国传统文化中草木意象颇具象征之蕴，而书院八景的草木意象恰与人才培养的育人宗旨相契合，濡染了富有书院色彩的文化意识。书院草木所形成的植物生态，于草木习性与人的品德之间形成相互浸润之势。如同孔子教化弟子时，坐于杏坛之上而成弦歌气象，从而建构杏坛授学的文化空间。草木伴读能发挥静心的效应，故而书院八景极为重视草木意象的摄取，既可增书院葱茏气象、素雅氛围，也可在讲学诵读之暇怡养性情。松柏之万古长青、竹梅之节高清雅、兰菊之卓然清雅、桃李之芬芳浓郁的氛围皆与书院文化精神相契合，这种景观模式喻示人才培养与花木培植有相通之处，草木生成之势与人才的发展成熟、精神品格的修炼和提升相互涵容。

清代岳麓书院八景尤为推崇自然之境，其八景不涉书院建筑，皆为草木自然景象。如桃坞烘霞、柳塘烟晓、竹林冬翠、桐荫别径、风荷晚香、花墩坐月六景以桃树、柳树、竹林、梧桐、荷花、桂花的物象共同营造出书院春桃灿烂、垂柳依依、竹林繁密、桐荫遮蔽的审美意境。在如此清心静雅的氛围中讲学、读书可获得审美的享受，也可在盎然生意中感悟人生。草木的生长、盛衰切合自然之理，由此也将读书悟理与自然生息相融为一体，罗典自云：暇则栽花调鹤，凿池养鱼种荷。"洼则潴水栽荷，稍高及堆阜种竹，取其行根多继增不息也；其陂池岸旁近湿，插柳或木芙蓉，取其易

---

① 何子祥：《蓉林笔抄》，见张耀堂、吴鼎文编：《云霄历代诗文稿存》，云霄县人大常委会编印，2009年，第357页。

生也；山身旧多松，余山右足斜平可十数亩，筑为圃，增植桃李，取其易实也。"①书院弟子俞超将八景融入《岳麓八景》一诗："晓烟低护柳塘宽，桃坞霞烘一色丹。路绕桐荫芳径别，香生荷岸晚风抟。泉鸣涧并青山曲，鱼戏人从碧沼观。小坐花墩斜月照，冬林翠绕竹千竿。"②诗作描绘客观景物，看似消泯了自我，但在护、烘、绕、抟、并、戏、坐的一系列颇有情感的动词之中，体现的是静心悦性的自然之道：对自然的感知与对美的欣赏正是儒家对自然的审美追求与诠释。

书院八景中关乎草木的景观意象极多，如青溪书院十景之礼门桃李、讲院梧阴皆融合草木物象：

礼门清且谧，化雨当春滋。植根贵深坚，擢秀皆殊姿。寄言育材者，无使长茨菔。

良材欣得地，特立由天成。熏风送微凉，高馆延余清。何须横绿绮，自有雍喈声。③

书院中有春风化雨、桃李芬芳的欣欣向荣之势。松风朗月、碧梧遮阴可供文士坐而论道、吟诵唱和，促使其在草木触动下心有所获。草木的风姿品格、葱茂之象蕴含着文人的精神品貌及书院人文昌隆之意。"植根贵深坚，擢秀皆殊姿"的自然景象契合人才培养之旨，凸显寓教化于游息之中的文化理念。

书院八景建构艺术化、诗意化的空间情境，营造出幽清闲旷的读书空间，使读书论道的环境氛围畅适人情，从而生发出山光悦人性、湖水净心情的审美感悟，适宜静心悦性、畅适人情，在审美层面上臻至儒家礼乐境界。书院八景所建构的境界是景与情的契合，是自然山水也是人生体悟，正如元人赵文《青溪书院记》所云："穷林邃谷、清泉白石，娱忧舒悲之地，则好修之士、成德之人安时处顺者之所乐也。传有之'知者乐水，仁者乐

---

① 罗典：《癸卯同门齿录序》，见欧阳厚均编：《岳麓诗文钞》，岳麓书社，2009年，第505页。

② 周仁济主编：《历代长沙名胜诗词选》，湖南文艺出版社，1991年，第168页。

③ 潘奕隽：《三松堂集》诗集卷一三，见《续修四库全书》第1460册，上海古籍出版社，2002年，第683页。

山'，心之与境自有不相谋而相契者。"①文人于书院坐而论道，卧而听泉，颇有雅朴之致、清幽之胜，不仅有娱忧之乐，更是一种内心的融入。

书院八景喜凝聚山水泉石、流泉倾泻、草木清秀的意象，注重风日清朗、心胸洞开的审美陶冶与文人寄托，有意追求物境与心境之完美融合。书院八景契合谈经道古的教育诉求，既是美感的存在，也是价值体系的凝聚与认同，从而形构出一个审美的空间，也创设出思想文化的空间。它不同于私家园林的隐幽优游之乐，更注意摄取书院文化之精华，从而与书院儒学教习目的及整体旨向形成统一的境界，宜于修身养性中进入适意自得的精神空间。如清人周锷《岳麓八景诗序》云："时不同而景亦异，心有得而乐无穷。师又宽以礼数，或罗坐花间，或侍立月下，或随行涧沼、墩径间，谈经道古，内而心性，外而身世之故，凡所欲闻者无不闻，而皆有以洽其意而餍其心。"②书院八景可使文人感受到物化天趣，在自然的审美体悟中去体验儒家理想的空间架构，使文士可于八景意象感知春风化雨的教育，从而坚定德行，明习时务。

（三）文学题咏形塑的诗意空间

书院园林以集景凝聚书院景观，营造了可供文人歌咏酬唱的对象与抒怀寄意的情境。于书院修习、游观的文人以书院八景、十景为题进行创作，形成题咏唱和的氛围，既宣扬了书院八景的人文与审美意象，又构建起人文气息浓厚的诗意空间。这一诗意空间将个人对园林集景的感知与书院整体的情境营造、环境熏陶相结合，围绕集景题咏从景观视域出发，歌咏景观、描绘意境、抒发情怀、阐论思想。"景观只有成为媒介反映的对象时，才能真正受到广泛的关注。而且正是由于媒介叙事、媒介对于景观的再现与解读，景观存在的意义才能更清晰地显现，人们才能对自己身处的环境产生更为深切的感受。从这个意义上来说，景观是通过媒介符号被再生产

---

① 李修生主编：《全元文》第10册，江苏古籍出版社，1997年，第86页。
② 欧阳厚均编：《岳麓诗文钞》，岳麓书社，2009年，第523—524页。

出来的。"书院八景经由唱和的形式、题咏的媒介而引起广泛的关注，通过文人解读而彰显意义，从而以意象凝聚与诗意阐释，建构起诗意文本的语境与文化空间。

　　书院环境适人情性、文教淳厚，歆慕自由适性的文人于高谈吟咏、游艺文字时有意追步英贤，自感清兴良足。如清代岳麓书院在罗典主讲期间，开辟园池、移植花木、筑台建轩，形成有意味的书院园林。这种园林氛围让优游于桐柳列植、荷英烂漫八景间的文人吟兴渐浓，以此为题创作了诸多题咏、唱和，流露出以文人情性观照景观意象、寄寓情志的题咏风格。罗典将这些八景题咏辑刊为《岳麓八景诗》以志唱和题咏之盛，其《己酉同门齿谱序》言："初，壬寅、癸卯间，尝辟院旁隙地为园池，加卉木点饰，略载前序中。时同人息游多兴，以八景标目，系之韵语，备今古各体汇成帙，付梓存之。"[1] 周锷、方林、陶必铨、严如煜、俞超、蒋鸿等人纷纷题诗吟咏、唱和论道以记学习之乐。如蒋鸿《花墩坐月》诗咏："良夜花阴静，庭空皎月浮。境悬心朗朗，人定意悠悠。玉露清如濯，银河淡不流。阑干风细起，虚室已澄秋。"[2] 诗作描绘夜月风清之时，诗人小坐于书院花墩之上，在景观物象的澄明中达至心性的净化。书院八景是诗意的凝练，是文人情趣与思想的建构，围绕于此的唱和题咏，使书院在教化意义之外也具有文人的文化品位与赏玩之乐，形塑了书院的诗意空间。

　　书院主持者在学界、文坛享有重要的文化影响力，其所倡导的八景题咏，常得到众多文人支持，遂以群体诗歌题咏方式形塑出书院八景的诗意空间。嘉庆年间，主青溪书院的王昶（字德甫，号述庵，又号兰泉，江苏青浦人）在学界与文坛颇有盛名，他倡作青溪书院十景诗，获致文人的积极响应，有许宗彦《青溪书院十景王述庵少司寇公命赋》、朱彭《青溪书院十景和王述庵先生》、潘奕隽《青溪书院十景诗》、汤礼祥《题青溪书院十首应少司寇王述庵夫子命》、屠倬《青溪书院十咏为少司寇王述庵先生作》等诗作皆歌咏青溪书院十景，强化诗意题咏的氛围，使景观意象颇具风韵情趣，

---

① 罗典：《己酉同门齿谱序》，见欧阳厚均编：《岳麓诗文钞》，岳麓书社，2009年，第504页。
② 欧阳厚均编：《岳麓诗文钞》，岳麓书社，2009年，第321页。

丰富了书院的文化意境。如青溪一曲一景题咏：

> 青溪不可唾，净渌生微沦。我欲泛杯湖，路长难问津。惟应携
> 箸笠，来此从元真。[①]

> 一碧分湖脉，澄波鉴影明。濯缨欣所托，观水足怡情。[②]

文人于题咏中叙写溪水之碧波荡漾，彰明泛舟溪上的怡然自适，将涵养的德行寓于书院源泉与灵性的青溪之中。八景题咏展示出文人超逸脱俗的高洁自守、观水怡情的人文情怀，也契合传统儒家心性修养的境界。

紫阳书院得湖山之助又加之人工营造，形成书院十六景，借由文人题咏书写景观胜迹，留存文人风雅。孙衣言《紫阳书院十六咏》序云："以继高公之后，将使同光者和之，以示余与诸生虽更寇乱，犹得相从讲诵为文章，共此山水游息之乐，不可谓非幸，且使后之人有所考见，以时修葺增广之，毋废前人之遗迹。则此十六咏者或即为书院异时掌故，是亦文达作记之意也。"[③]和诗有吴存义《紫阳书院十六咏次山长孙琴西观察同年韵》、薛时雨《和孙琴西山长衣言紫阳书院十六咏》、谭献《紫阳书院十六咏同山长孙琴西先生作》、卢书仓《紫阳书院十景诗》，阐明书院八景之景观风物与八景题咏相互造景，在诗歌意境中得以实现空间的延展与意义的深化。

此外，书院八景题咏之作还有郑昌时《韩山书院八景诗》，刘汉英《凤山书院八景》，罗振瀚《凤山书院八景步刘广文韵》，桂敬顺《凤山书院十二咏》，曹庭枢《魏塘书院十咏》，曹庭栋《魏塘书院杂咏十首》，何子祥《浦阳书院八景诗》《炉峰书院八景诗》《龙湖书院十景诗》等。这些书院八景题咏营造了幽情雅意，为文人提供了一个可供吟咏的空间，"魏塘书院、青溪书院、紫阳书院景致的组诗，以及一些文士的唱和和诗意化的渲染，使得新创的景致具备文化内涵，并在随后不断累积，书院因为文士诸如此类的

---

① 潘奕隽：《三松堂集》诗集卷一三，见《续修四库全书》第1460册，上海古籍出版社，2002年，第682页。
② 许宗彦：《鉴止水斋集》卷三，清嘉庆二十四年德清许氏家刻本。
③ 孙衣言：《逊学斋诗续钞》卷一，见《续修四库全书》第1544册，上海古籍出版社，2002年，第223页。

风雅行为和长时间的讲习，而成为一个可供吟咏具有意味的自足空间"①。不仅如此，书院八景也成为文人谈文论艺、赓酬唱和、以诗会友的媒介，而文人以诗意化的语言阐释书院景观，拓展其诗意情境。

清代书院八景既具园林的审美意境，也寄寓了深刻的儒学教义，涵容人文情愫与儒学意识，故其景观品目、诗歌题咏融汇多重空间指向。它不仅是客观的景观存在，更是一种有生命、有思想的文化承载物，遂成为一种道德追求的文化表征。在这个空间之中，诗意的自然咏叹与道德的有意提升相互补充，强化其精神典范与意义向导，从而形成一个文化物态之场，使历史、文化、思想、诗意共同作用于书院景观风物之中。书院八景以空间的生产行为使景观风物具有符号意义与象征作用，以清雅的书院景观、诗意化的题咏建构起人文意识空间、审美空间与诗意空间，展现出书院丰富多彩的文化图景。

---

① 徐雁平：《清代东南书院与学术及文学》，安徽教育出版社，2007年，第436页。

第五章 清代园林集景与地景文化

公共园林作为一个地域的游赏胜地，具有城市地标意义。公共园林集景的择选与标榜，体现出一种地方认同。清代西湖十景在帝王游赏、题名题咏的文化实践中，不仅传承了历史文化又颇具政治意蕴，形构出统治的文化图景，昭示出文化景观的时代意义。瘦西湖二十四景以诗意品题萃聚扬州北郊名园胜迹，这一名园共构的景观集称在各种社会权力的共同运作下成为颇有价值的文化场域。从城市空间的比较视阈上对西湖十景与瘦西湖二十四景加以考察，可探析空间文化之异同及地景意义，以此觇视时代、城市对园林集景的影响，深入解析园林景观与城市地景的互涵共生。

一、形构文化图景

西湖不仅有秀美的湖光山色，也有诗意的文化内涵。西湖十景作为西湖景观的集中显现，借由诗意化的语言，西湖之美不仅可观可览，更可在想象与诗境中构建与体验，成为西湖风光与文化魄力的重要表现。清代西湖十景在宋代以来形成的文化传统上又被赋予了浓厚的皇家色彩，在帝王的御制题名与诗歌题咏中形构出盛世的文化图景。

（一）御笔题名：西湖十景的文化认同

西湖古称明圣湖，又称高士湖、西子湖、明月湖等，以湖光山色而闻名。宋代即已形成西湖十景之说。文人画士将西湖之美凝结成诗意的语言，展现出西湖的多样风姿。西湖十景历经数百年的传承，在清代尤为兴盛，这与帝王的命名与题咏密不可分。清代西湖十景在景观建设、诗词题咏与绘画图写等方面皆得到显著发展，实体的西湖景观与数量众多的文学、图绘所构建的西湖十景相映成趣。

诗意形塑的西湖十景作为一种文化范式早已深入人心。清代帝王南巡驻跸杭州时，盛赞西湖之美，使西湖十景文化得以传承并广泛传播。在对传统的西湖十景文化追慕与认同之时，清代帝王也以积极的文化实践介入其中，并浸染上帝王品味与政治理想。

清圣祖仁皇帝康熙曾六次南巡，首巡至江宁而止，后五次南巡皆临幸杭州，分别是康熙二十八年、康熙三十八年、康熙四十二年、康熙四十四年和康熙四十六年。康熙南巡处处题名、留墨，将皇家足迹印刻于江南景观风物之上。康熙第二次驻跸杭州时，为西湖十景御笔题字，分别为苏堤春晓、双峰插云、柳浪闻莺、花港观鱼、曲院风荷、平湖秋月、南屏晓钟、三潭印月、雷峰西照、断桥残雪。康熙御笔题名整体上沿承传统西湖十景之称，但也有所改易，将两峰插云、曲院荷风、雷峰夕照、南屏晚钟分别改为双峰插云、曲院风荷、雷峰西照、南屏晓钟。康熙有意避开夕照、晚钟字眼，置换掉带有落寞清寂色彩的意象，使西湖十景更具朝气意味，此中融入了帝王个人喜好与品味，也带有对帝国统治寄予希望的政治寓意。正如乾隆时《西湖志纂》恭记："国朝康熙间伏遇圣祖仁皇帝五举巡狩之典，宸翰留题，于是湖山胜概日异岁新，肇启明圣之瑞。"[1]帝王巡幸既是对疆土的巩固，也是对天下太平的宣示。

康熙御笔题名是对西湖历史的文化承袭，是对西湖所展现的江南风光

---

[1] 梁诗正、沈德潜：《西湖志纂》卷一，见沈云龙主编：《中国名山胜迹志丛刊》第2辑，文海出版社，1983年，第30页。

及文人文化的追慕与认同。御笔题名不但是对传统文化的认同，也为这一文化赋予皇家的色彩。康熙以御笔宸翰将湖山佳境的赏赞放置于西湖十景的文化脉络之中，主动参与西湖文化范式的建构。题名的改易显示出康熙对西湖十景的有意重构，暗含着帝王话语的权威力量。康熙以对西湖景观的积极介入，展示帝王身份，昭示出主权与统治的威严。

继清圣祖康熙南巡后，久慕江南山水的乾隆皇帝，"眺览山川之佳秀，民物之丰美"①，分别于乾隆十六年、乾隆二十二年、乾隆二十七年、乾隆三十年、乾隆四十五年、乾隆四十九年六次南巡至杭州。乾隆对于圣祖所题名的西湖十景颇有感怀并赋诗题咏。乾隆所咏西湖十景为：苏堤春晓、柳浪闻莺、花港观鱼、曲院风荷、双峰插云、雷峰夕照、三潭印月、平湖秋月、南屏晚钟、断桥残雪。乾隆十景所题依康熙御题西湖十景之名，但仍沿用宋时雷峰夕照、南屏晚钟之名，而未袭用康熙雷峰西照、南屏晓钟之名。盖因康熙对此二景观的题名改变了传统西湖景观意象，故而乾隆仍遵循流传的西湖十景之意。此御笔题名的变易也透射出八景文化的认同是一个长期形成的过程，具有相对稳定的影响力量。

八景作为一种文化符号，是地域文化、民间风俗、文学阐释等多重意义的载体。西湖十景自宋代流传以来，经过西湖的不断疏治、文人的酬唱歌咏，成为杭州乃至江南文化之承载，并得到广泛流播。帝王对西湖十景御笔题书，是对地域风貌的体认及对西湖文化的追寻与延续，也意味着对传统文化的认同。英国学者迈克·克朗指出："地理景观首先指的是不同时期地球形态的集合。地理景观不是一种个体特征，它们反映了一种社会的——或者说是一种文化的——信仰、实践和技术。地理景观就像文化一样，是这些因素的集中体现。"②地理景观是社会文化的反映，尤其是对八景而言，其在集景之时已进行了意义的再生产，是多重文化的体现。对西湖十景这样流传已久的文化符号而言，其融合了城市发展、文人审美、社会

---

① 《清实录·乾隆朝实录》卷三五〇，乾隆十四年十月庚辰，中华书局，1987年。
② 迈克·克朗：《文化地理学》（修订版），杨淑华、宋慧敏译，南京大学出版社，2005年，第15页。

文化诸多因素，带有集体认同的色彩。清代帝王对西湖十景整体上是承袭的，这也意味着对长期形成的最有意义事物的体认，对汉文化基本价值的认同与文化脉络的传承。

（二）立碑建亭：皇权意义的彰显

在康熙、乾隆二帝的皇权赏览与文化实践下，西湖十景由地域景观上升至钦定文化层面，在传统地域文化的基础上又被赋予了皇权意义，借由从上至下的传播路径，西湖十景享誉天下。

康熙作为清开国以来首位南巡帝王，在天下一统后巡游江南所显示出的对一代江山之拥有、对江南文化的承续与认同就有着重要的政治文化意义。对帝国统治者而言，征服不仅意味着地域的占领，也意味着文化的认同与重构。西湖十景的御笔题名显示出清帝国对江南文化的认同与重构。康熙之于西湖十景的影响在于书面上的御笔宸翰，也在于其后地方官员承袭圣意的建亭勒石。通过刻石立碑，康熙御书被高悬于西湖各景观中，将极具皇权意义的人文景观融于西湖传统景观中。

康熙巡游促使西湖进行又一次大规模修缮，地方官员择选每处景观的绝佳位置建立碑亭、造御书楼悬挂宸翰及应制颂德书帖，平湖秋月、花港观鱼等景观还增筑了亭台轩廊。《嘉庆重修一统志》记载："圣祖仁皇帝南巡，驻跸西湖，并赐题咏，建亭勒石。"[1]刻石立碑明确了西湖各个景观的观赏位置，使较为浮泛的西湖十景有了更为明晰的景观呈现，如苏堤春晓，见图5-1。雍正时《西湖志》中对具体建亭位置有详细记载，如：

苏堤春晓：国朝康熙三十八年恭遇圣祖南巡，御书苏堤春晓为十景之首，爰建亭于望山桥之南，敬悬宸翰并勒贞珉于亭内。

双峰插云：构亭于行春桥之侧，适当两峰正中崇奉奎章，并恭摹勒石建御书碑亭于后。

---

① 穆彰阿等：《嘉庆重修一统志》卷二八三，中华书局，1986年。

图 5-1　康熙题苏堤春晓御碑　（王毅　摄）

> 平湖秋月：圣祖巡幸楼西湖建亭，其址前为石台，三面临水，
> 上悬御书平湖秋月匾额，旁构水轩曲栏画槛，蝉联金碧，睿藻辉
> 煌，与波光掩映，每当清秋气爽，水痕初收，皓魄中天，千顷一
> 碧，恍置身琼楼玉宇，不复知为人间世矣。①

宸翰睿藻、亭轩曲栏与湖光佳境相映生辉，为西湖十景提供欣赏视域，
也增添了西湖的观赏景象。立碑建亭确立了每一景观标志性的位置，对西
湖景观加以有形的定位，将较为虚空的物象凝聚为可寻绎的景观，为西湖
十景提供实际的地理坐标。

皇帝御笔题名与地方重建使西湖十景以官方形式确立了命名并明晰了
景致所在。恭奉御笔的亭轩台廊融于西湖自然景象之中，为西湖注入新的
景观意趣。"康熙重拾遗落的江南文化记忆，透过御制诗的创作、文字碑以

---

① 李卫等编：《西湖志》卷三，见故宫博物院编：《故宫珍本丛刊》第264册，海南出版社，
2001年，第63页。

及提倡名臣古贤的方式，让汉文化重新纳入大清帝国之中。"①西湖勒石刻碑是外在景观与内在表征的附加，使西湖十景景观既传承历史文化，又具有在场性与现时性。换言之，立碑建亭是对西湖十景的重建与再塑，并赋予其时代文化与皇权威严的意义，强化了帝国与皇权统治的色彩。清代人文景观与西湖自然风景融合而一，共同建构新时代的西湖十景。

御制题名与建立碑亭彰显出清廷对江南文化的统治意义。杭州曾是南宋都城，西湖又是城市的地标性景观，西湖十景见证了朝代迁变。康熙为西湖所作奎章及其后所授意的刻石建碑，就具有了一种宣示意义。此举不仅是空间上的主权统治，也意味着文化权威的树立。帝王南巡在景观游览之外，对江南政治、民生、文化的统治与关怀才是巡幸之根本。景观题名与重建意味着时代更迭与皇权昭示。寓目得之，帝王浸润于西湖游览中感受到山川秀美，"览景物雅趣，川泽秀丽者，靡不赏玩移时也。虽身居九五，乐佳山水之情，与众何异"②，还有"普天之下，莫非王土"的归属感。文化认同与皇权重构丰富了西湖十景的意义内涵。

（三）睿藻留题：圣君明主的宣扬

康熙、乾隆二帝喜题咏赋诗，南巡之时更因春明景和而颇有感发。康熙帝赞叹于湖光山色之美，虽未有十景题咏，但作有《巡幸杭州诗》《泛舟西湖》《湖心亭》《西湖诗》等数十首西湖题咏，歌咏西湖、吴山、湖心亭、灵隐寺、玉泉寺等西湖景观。如康熙帝首次至杭时，作《泛舟西湖》云："一片湖光潋滟开，峰峦三面送青来。轻舟棹去波添影，曲岩移时路却回。春色初摇堤上柳，惠风正发寺前梅。此行不是探名胜，欲使阳和遍九垓。"③诗作以泛舟湖上的动态视角，总览西湖地形地貌，将环湖之南高峰、北高峰、玉皇山三面峰峦尽收其中，山色与湖堤，长堤之柳与孤山之梅相映成

---

① 张筠：《王原祁〈西湖十景〉图研究》，台湾师范大学2014年硕士学位论文。
② 爱新觉罗·玄烨：《康熙御制文集》第2集，台湾学生书局，1966年，第1988页。
③ 爱新觉罗·玄烨：《康熙御制文集》第2集，台湾学生书局，1966年，第1256页。

趣，对西湖景观有全方位的赏鉴。随西湖之上飘移的轻舟，游观视角可不断转换，既省却沿岸赏景的行途劳顿，亦可有宏阔的欣赏视角，在船移景换中体验西湖之美。"春色""惠风""阳和"既是西湖春景的描绘，也隐喻着温暖和畅的政治民生图景。再如，康熙帝御制《西湖》诗："湖光开潋滟，临幸及芳时。浅翠堆山色，轻香拂水湄。彩旗看自动，画鹢觉平移。静坐观群类，资生所得宜。"①《西湖再作》诗："面面山容澹，盈盈水态清。流文萦杰阁，波影荡高城。燕舞知迎棹，花低解避旌。乘春弘沛泽，随地稔民情。"②康熙流连于西湖美景，在山容水态的赞誉中，仍不忘勤政爱民形象的树立与政治意图的生发。以"临幸及芳时""乘春弘沛泽"的帝王情怀去感受西湖潋滟湖光与浅翠山色；以"资生所得宜""随地稔民情"去体验西湖的自然景观、城市风情与万物滋生，显露出帝王对自我政治功绩的肯定及对民生的关怀。

乾隆帝流连于西湖风光，睿藻留题，著有《西湖晴泛》《泛舟西湖即景称咏》《留别西湖之作》《西湖嬉春词》《御制晚晴泛舟西湖作题》《西湖雨泛》等数百首西湖之作。乾隆首次南巡作《御制题西湖十景》诗十首，其后每次南巡时，皆依旧韵作题西湖十景，分别有《题西湖十景叠旧作韵》《题西湖十景再叠旧作韵》《题西湖十景三叠旧作韵》《题西湖十景四叠旧作韵》《题西湖十景五叠旧作韵》，形成系列组诗。题西湖十景以七言律诗描绘景色之美，显示出帝王统领天下，纵览山河之丽的豪迈情怀与自得之意。乾隆御制西湖十景诗突显出帝王的民生关照情怀，展示其政治情怀与勤政之象。如《题西湖十景再叠旧作韵》南屏晚钟一景云："绣峰南面正开屏，浮色兼之发净声。我听未能息诸虑，宵衣问政惕深更。"③在清越悠扬的南屏晚钟中形塑出一个宵衣问政的帝王形象。西湖自然风光与帝王勤政形象相结合，寓意着明君圣主的统治。除此之外，乾隆还作有另两组西湖十景诗，

---

① 爱新觉罗·玄烨：《康熙御制文集》第2集，台湾学生书局，1966年，第1332页。
② 爱新觉罗·玄烨：《康熙御制文集》第2集，台湾学生书局，1966年，第1340页。
③ 高晋等初编，萨载等续编，阿桂、傅恒等合编：《钦定南巡盛典》卷九，见《文渊阁四库全书》第658册，台湾商务印书馆，1982年，第179页。

据《钦定石渠宝笈续编》著录，一为董诰所书乾隆《御制题西湖十景》，另一为乾隆三十八年仲春御笔行书分题西湖十景诗，此诗写于与叶肖岩画同尺幅之册页上，造办处装裱成左诗右图。诗中描绘西湖十景的历史、风光时仍不忘宣扬圣德，如《花港观鱼》诗云："祇园西畔藻池清，翠色文鳞纵复横。设曰观鱼即观水，未能忘者是民情。"① 表达其对民生的关爱。

西湖十景中最具有政治民生意味的景观当属苏堤春晓。苏堤具自然之胜与景观之美，更具文化与民生意涵。康熙赞赏苏轼修堤的爱民施政，定苏堤春晓为十景之首，彰显出所寓意的民和之旨。雍正时《西湖志》描绘苏堤春晓一景："春时晨光初启，宿雾未散，杂花生树，飞英蘸波，纷披掩映，如列锦铺绣。都人士揽其胜者，咸谓四时皆宜而春晓为最。"② 乾隆所作西湖十景系列之《苏堤春晓》多阐发南巡旨意，展现君临圣意。如：

重来民气幸新苏，灾后犹然念勤吾。

此是春巡第一义，游堤宁为玩西湖。

——《题西湖十景叠旧作韵》

三度南巡杭复苏，民风吏治并勤吾。

长堤今日游乘暇，与物皆春似此湖。

——《题西湖十景再叠旧作韵》

春来万物喜昭苏，正值巡方跸驻吾。

跋马长堤频按辔，韶光辉映两边湖。

——《题西湖十景三叠旧作韵》

千古长堤祇姓苏，牧民絜矩意殷吾。

春风十五重经面，摘句能无愧此湖。

——《题西湖十景四叠旧作韵》

几首诗作皆点明乾隆南巡之意。因是春时所赏，所见景象亦是万物复

① 王杰、董诰等编：《钦定石渠宝笈续编》，见《续修四库全书》第1073册，上海古籍出版社，2003年，第83页。

② 李卫等编：《西湖志》卷三，见故宫博物院编：《故宫珍本丛刊》第264册，海南出版社，2001年，第56页。

苏、一派欣欣向荣之景。乾隆阐明南巡"体仁"之要义，也昭示出题咏者的帝王身份。春风、春景与春荣所呈现的是人与自然的荣发之景、游观览赏的山水之乐，也象征着民生吏治的人文气象，颇有"暮春者，春服既成，冠者五六人，童子六七人，浴乎沂，风乎舞雩，咏而归"儒家政治图景的意蕴。乾隆尤喜春景，所作《元者善之长也亨者嘉之会也利者义之和也贞者事之干也》文中即阐述"天具四德，而为春夏秋冬；人体四德，而为仁义礼智；然夏秋冬咸统于春，而义礼智实归于仁"①的政治主张。乾隆春巡与所观苏堤春景，构建起政通人和的图景。苏堤所象征的执政为民意象已成为西湖十景首要的文化意蕴，故而乾隆题咏亦在此阐发南巡之意，以表述与康熙帝"此行不是探名胜，欲使阳和遍九垓"相似的南巡之意，道出帝王南巡是一次政治性的巡游，是对民生的关怀。

睿藻留题以帝王视角描绘西湖十景，将观览美景的审美感受与政治权力的介入、帝王形象的塑造相互关联。在帝国统一繁荣发展之时，一次次西湖十景题咏的历程也见证了帝国的统治，彰显了皇帝的个人威望。

（四）御制题咏：形构盛世图景

西湖杨柳莺啼、清风朗月的实际地景与帝王的御制题咏相得益彰。乾隆南巡一路饱览风光，相比康熙南巡时安抚南方的政治意味已显弱化，文化意味及与民同乐的游赏之意更为鲜明。乾隆御制西湖十景题咏赞美湖光山色，歌咏太平气象。

西湖十景之平湖秋月是对西湖水景的观照。西湖碧水秋光，澄静飘逸，意境深远。宋代祝穆《方舆胜览》所记西湖十景就以平湖秋月为首。《西湖志纂》记载："盖湖至秋而益澄，月至秋而逾洁，合水月以观而全湖之精神始出也。"②平湖秋月幽远宁静，超越空间区隔，连通水天之间，勾画出"不

---

① 爱新觉罗·弘历：《御制文集·初集》卷一，见《文渊阁四库全书》第1319册，台湾商务印书馆，1986年，第21—22页。

② 梁诗正、沈德潜：《西湖志纂》卷一，见沈云龙主编：《中国名山胜迹志丛刊》第2辑，文海出版社，1983年，第72页。

辨天光与水光"的千顷一碧的自然图景，如入琼楼玉宇之间。乾隆以"平湖秋月一景咏"诗，生发景色秀丽之叹、时空之论与宇宙之思，如：

> 堤畔轻车驻碧油，春风春月景方柔。
>
> 何须辽待三秋看，孟子名言戒谓流。
>
> ——《题西湖十景再叠旧作韵》
>
> 春和骀荡正油油，远矣秋蟾弄影柔。
>
> 却是平湖自千古，岂知今昔有迁流。
>
> ——《题西湖十景三叠旧作韵》
>
> 小驻游轩绿伞油，倚栏万顷俯波柔。
>
> 底论秋月与春月，宋代蟾光流不流。
>
> ——《题西湖十景四叠旧作韵》

乾隆南巡时值春日，虽未能一睹秋月之景，然西湖之春别有气象与魅力，春风、春月处处溢发生机，故而有"何须辽待三秋看"之语。组诗以"柔"与"流"之韵切入西湖的柔美之境，也将其置入历史流变之中。乾隆有意将春景与秋月相对，在水澄风清、万顷碧波中引发"岂知今昔有迁流"的千古流变之感，在诗中完成古与今的对话、时间与空间的诉说。乾隆以历史视角来看待西湖之月、西湖之春，以悠游浩大的情怀观照平湖秋月景观，显示历史哲思，也表现出春和骀荡的盛世图景。

作为十景之末的断桥残雪与苏堤春晓，其咏诗相呼应，形塑和谐之景，如：

> 断桥佳趣属三余，春景澄观颇亦如。
>
> 积素明占芃麦好，农民欢喜迓巡舆。
>
> ——《题西湖十景叠旧作韵》
>
> 麦色佳因护雪余，断桥冬景眼前如。
>
> 行春所喜情田好，老幼欢欣拥跸舆。
>
> ——《题西湖十景三叠旧作韵》

乾隆帝春赏断桥，想象的却是西湖之冬瑞雪覆盖。因冬雪护持故而有西湖麦色青青的蓬勃之景，诗作流露出对天时之赐、民丰之足、民众喜乐油然所生的欣喜之意。乾隆对断桥残雪加以人文意义的诠释，老幼欢欣的迎銮场景与西湖山色、民阜物丰的自然人文景观相映成趣，展现出圣德泽惠与盛世民情，也显示出帝王所建立的统治威望。《题西湖十景五叠旧作韵》之断桥残雪的诗咏作为题西湖十景的总结之作，回顾历次游湖之景颇有感慨："三十三年一瞥余（自辛未初次南巡，越壬午、丁丑、乙酉、庚子及今甲辰，六巡凡三十三年矣），圣湖佳致故如如。新诗五叠吟残雪，不拟搜题更命舆。"此诗写于乾隆四十九年其最后一次南巡时，流露出对西湖山水的留恋与不舍。"圣湖佳致"的湖光赞美中隐喻着盛世澄明的政治气象。御制题咏是对江山一统伟业圣功的总结，也透露出帝王实现盛世愿景的慰藉与满足。

《御制题西湖十景》以温柔敦厚的诗风诠释西湖景观，并刻于西湖御碑之上彰显皇家文化。如画的西湖风景、愉悦的情怀表述、帝王的自我陶醉、江山的和谐一统都融入御制题咏之中。风景并不是单纯的物质显现，而是作为一种表征形式与政治权力密切相关。西湖十景通过御制题咏彰显出帝王统治之意，成为帝王对江南文化统治的一种权力工具。乾隆所观西湖十景已融入了康熙帝统治印迹，通过御制题咏再次宣示了帝国对江南的统治和文化的介入。随乾隆巡游西湖的文人侍从，也以唱和应制的诗文附庸圣意，如沈德潜、钱陈群、钱维城等乾隆词臣皆作有恭和御制诗描绘西湖十景，阐发御制诗题咏，宣扬王道圣意。帝王的西湖游观历程、题名题咏、词臣应和与西湖景观成为一种互文性的存在。西湖见证了清代的盛世图景，而帝王的文化实践也丰富了西湖十景的意义，西湖文化得以广泛传播。

"江南"对清代统治者而言意义重要而复杂，"清人尤其是清初帝王对'江南'往往抱有既恐惧又不信任，既赞叹不已又满怀嫉妒的心态。最为严重的是对'江南'作为历朝文化中心拥有一种既爱且恨的复杂感知……凡是在满人眼里最具汉人特征的东西均与'江南'这个地区符号有着密不可分的关联"①。西湖十景挹山川灵秀，是江南风景之代表，也承载了江南的诗

---

① 杨念群：《何处是"江南"？》（增订版），生活·读书·新知三联书店，2017年，第14页。

意文化。清代帝王以御制题名、题咏等文化实践介入西湖景观建设中。王国维曾言："都邑者，政治与文化之标征也。"①西湖作为曾历繁华、曾经迁变的杭州城市地标，具有重要的政治与文化意义。西湖十景在历代题咏、图绘中早已形成一种文化地景，有其历史传承脉络与文化认同意义。"文化地景由某一文化团体形塑自然地景而来，文化是驱动力，自然地区是媒介，文化地景是结果。"②清代御制命名、题咏通过对西湖文化内涵与历史脉络的描绘与诠释，呈现出西湖的历史经验及文化情境，昭示出其作为文化景观的内在意义。

清代帝王借由西湖十景空间方位的认定与时间脉络的传承，以御笔题品、建碑立亭与诗歌题咏参与西湖十景文化地景的重塑，以融注皇家权力与统治权威的个人情怀，对西湖十景加以诠释、想象与再建。这既是对历史文化的认同，也是对当下在世的观照；既是地域景观的展示，也是一统图景的呈现；既是天下统治的宣示，也是个人威望的印刻；既是个人游赏的兴发感怀，也是帝王统治王道气象的显现。清代西湖十景以帝王特有的巡游、题名、敕命、题咏等形式提高了景观价值，有力推动其影响与传播。西湖十景与御制题名题咏共同构成西湖景观，换言之，帝王的文化实践重塑西湖十景，形构了清代统治的文化图景。

二、瘦西湖二十四景的文化场域

"场域"是法国学者皮埃尔·布尔迪厄用以研究行动主体与结构之间关系的理论，"一个场域可以被定义为在各种位置之间存在的客观关系的一

① 王国维：《观堂集林（外二种）》卷一〇，河北教育出版社，2001年，第231页。
② R.J.约翰斯顿：《人文地理学辞典》，柴彦威译，商务印书馆，2004年，第133页。

个网络（network），或一个构型（configuration）"①，形成权力场、文学场、交际场等各种关系所构成的权力网络，此理论为研究瘦西湖二十四景构成的城市山林提供了新的视域。

瘦西湖是扬州北郊蜀冈下的一条狭长河流，原称保障河。清代保障河一带不断得到疏浚治理，形成城市重要的水域景观。瘦西湖以水域串联起扬州北郊的园林景观，凭借自然山水风貌与两岸园亭点缀，在盐商经济的支持下构建起"两堤花柳全依水，一路楼台直到山"的景观空间。李斗《扬州画舫录》"虹桥上"条记载：

> 乾隆乙酉，扬州北郊建卷石洞天、西园曲水、虹桥揽胜、冶春诗社、长堤春柳、荷浦薰风、碧玉交流、四桥烟雨、春台明月、白塔晴云、三过留踪、蜀冈晚照、万松叠翠、花屿双泉、双峰云栈、山亭野眺、临水红霞、绿稻香来、竹楼小市、平冈艳雪二十景。……乙酉后，湖上复增绿杨城郭、香海慈云、梅岭春深、水云胜概四景。②

瘦西湖二十四景以园林景观的诗意化品题萃聚融合城市名园胜迹，以一个个园景聚合的形式形成城市山林的园林集群，展现出小洪园、倚虹园、冶春诗社、江园、趣园、筱园等扬州北郊的园林风貌与城市风情。瘦西湖二十四景园借水韵、水依园影，以园林景观共构的形式展现风景的政治权力、文学诠释与文化交流，形成城市重要的文化场域，建构起丰富的城市景观与多彩的文化风尚，展现出园景与地景互涵共生的城市山林，对于深入了解清代扬州园林文化、盐商文化具有重要的研究价值。

（一）政治身份彰显的权力场域

瘦西湖二十四景是在清代扬州这一特定时空中形成的。清初扬州虽经

---

① 皮埃尔·布尔迪厄、华康德：《实践与反思：反思社会学导引》，李猛、李康译，中央编译出版社，1998年，第133—134页。
② 李斗：《扬州画舫录》卷一〇，中华书局，1960年，第228—229页。

历了易代之变的大动荡，但其据有地理冲要的位置，又注入盐业发展的强大推动力，加之人文荟萃，因而又迅速发展繁荣。在清代有利的盐运经济促进下，扬州盐商拥有巨大财富，他们在园林建设上竞秀斗妍，以优裕的财力构建起一方内可以悠游闲居、外可以展示自我的园林空间。这些私家园林聚合同构形成二十四景景观群落，展现王朝的政治权力、盐商的社会权力，形成以盐商群体活动为核心而展开的权力网络，从而成为"为了控制有价值的资源而进行斗争的场域"[1]。

扬州盐业经济是清廷政策支持下的一种经济样态，因而盐官、盐商与朝廷、官方保持着良好的关系，他们以恭迎圣驾、纳捐进献、争建园林的迎合之态促使景观风物的营建与城市游赏格局的形成，展现出江南的稳定与经济文化的繁荣，此正符合清廷欲要构建的帝国蓝图，也彰显了盐商的存在与价值。扬州北郊瘦西湖一带作为迎接圣驾以供宸赏之所在，得以借此政治需求而大兴营建，形成花柳依水、楼台到山的园林蔚兴之景。金安清《水窗春呓》云："扬州园林之胜，甲于天下。由于乾隆朝六次南巡，各盐商穷极物力以供宸赏，计自北门直抵平山，两岸数十里楼台相接，无一重复。其尤妙者在虹桥迤西一转，小金山矗其南，五顶桥锁其中，而白塔一区雄伟古朴，往往夕阳返照，箫鼓灯船，如入汉宫图画。"[2]扬州盐商精心构筑园亭，融合南北特色与吸纳奇工妙图，以奉圣意，以争荣宠，形成瘦西湖壮观的园林集群。

瘦西湖二十四景与时代潮流、政治文化结下密切因缘。扬州盐商在景观建设与命名中带有鲜明的奉圣之意。如景观春台明月又名春台祝寿，展现的是熙春台景，其景位于新河弯曲处，与莲花桥相对。乾隆二十年御史高恒开莲花埂新河，直至平山堂一带，两岸皆为名园。赵之壁《平山堂图志》中记载，河流至此一曲，隔岸白塔晴云，旧景内之望春楼与此台相对，盐商汪廷璋为迎乾隆帝圣驾而建，从其景观品题中即可鲜明地表达出对皇

① 戴维·斯沃茨：《文化与权力：布尔迪厄的社会学》，陶东风译，上海译文出版社，2012年，第142页。
② 欧阳兆熊、金安清：《水窗春呓》，中华书局，1984年，第72页。

上的敬意与祝福。

　　扬州盐商将园林作为一种进献品、展示品，希冀得到统治者的赏识。他们以不遗余力的造园实践、各逞所能的景观布局来展示承平盛世。除奢华炫耀的园林景观之外，帝王品味与政治考量被纳入景观建设中来，盛世之下的民风物足也成为园林布局之重要呈现。如绿稻香来一景，仿照《圣祖耕织图》之意而构建。《圣祖耕织图》又称《佩文斋耕织图》，绘江南农桑之景。《南巡盛典》记载："于河北艺嘉穀、树条桑，井陌蚕房，恍如图绘。皇上教养之恩，圣代恬熙之象，举此可见，以视《豳风·七月》，殆有加焉。"①《平山堂图志》记载："由迎恩桥北折而西，临堤为亭，亭右置水车数部，草亭覆之。依西一带，因堤为土山，种桃花，山后茅屋疏篱，人烟鸡犬，村居幽致，宛然在目。"②绿稻香来之景有水车、仓房、风车、歌台、养蚕房、绿桑亭等，勾画出田园气息。此景颇得圣意，乾隆御制题咏："却从耕织图前过，衣食攸关为喜看。"③瘦西湖景观注重以帝王视角来观照园林风物，设置农村耕作、蚕织绩纺的园林图景，以彰显帝王关心民瘼之心。可见，瘦西湖二十四景除展现盐商富足、呈现娱目游观之意外，也要在揣度圣意、民生关怀上有所体现，使城市风景与清代帝王统治之旨相融合。

　　瘦西湖二十四景的繁荣一方面在于盐商园林的奉圣迎合之意，另一方面帝王也以欣赏肯定的态度，以文化实践或文字书写的形式将权力烙刻于瘦西湖。康熙、乾隆二帝南巡旨在稳定江南形势、收拢江南文化，以有利于王朝统治。瘦西湖二十四景中或留下帝王南巡临幸驻足的印迹，如虹桥修禊、荷蒲薰风、四桥烟雨之景观；或以御笔题写的园林牌匾、风物题咏彰显于园林之中，如乾隆赐名之倚虹园、净香园、趣园、高咏楼；或是登载于南巡盛典、官方地志等，以文字书写永志盛世。这些印迹体现的正是翠华临幸后所带来的盛世景象。帝王的驻足、御书、题咏是对扬州盐商园林

---

① 高晋等初编，萨载等续编，阿桂、傅恒等合编：《钦定南巡盛典》卷八四，见《文渊阁四库全书》第659册，台湾商务印书馆，1982年，第328页。

② 赵之壁：《平山堂图志》卷二，广陵书社，2004年，第26页。

③ 李斗：《扬州画舫录》卷十，中华书局，1960年，第22页。

的认可与支持，使瘦西湖地景耀目生辉。谢溶生《扬州画舫录》序：称"若乃翠华临幸，一山一水，咸登圣典之书。彤管标题，半壑半丘，足订名园之记。"①御赐宸翰使园林主人获得了期许的荣耀，正所谓"倘蒙出自天恩，乃为不朽盛事"，也使精心营造的园林名声传扬。

扬州人喜以园主之姓名园，依凭园林，园林主人的声名得以传扬，达到身份及价值的体现。梁章钜《归田琐记》曾提及阮元之语："扬州仕宦人家，无不有园者。郡人即以其姓名之，如张姓则呼张园，李姓则呼李园。"②江春之江园，洪徵治之大洪园、小洪园，黄履暹之黄园，汪廷璋之汪园皆是以园主而名园。这些盐商不仅借倚园林获取社会声望，还获取了政治声望，提高了政治地位。如景观卷石洞天、虹桥揽胜的园主洪徵治，荷蒲薰风、香海慈云的园主江春，碧玉交流的园主徐士业，四桥烟雨、水云胜概的园主黄履暹，春台明月、三过留踪的园主汪廷璋，万松叠翠的园主吴禧祖，绿稻香来、竹楼小市的园主王勘皆因造园和迎銮有功而被赐予"奉宸苑卿"头衔。奉宸苑卿系内务府奉宸苑长官，掌苑囿禁令，以时修葺。盐商获此政治头衔，满足了盐商寄予园林之上的价值诉求，也可为盐业活动的展开提供政治保障与权力支持。瘦西湖二十四景的园林景观作为一种有价值的资源，成为各方人士获取政治权力的权力场域。

园林是自然与人文景观风物的展现，也是一种政治景观、经济发展与城市文化格调的体现。法国学者亨利·列斐伏尔指出："空间是政治性的。空间不是一个被意识形态或者政治扭曲了的科学的对象，它一直都是政治性的、战略性的。"③即使那些看起来纯粹的形式，也已被政治所占用，不留痕迹地存在于地景之中。何况瘦西湖沿岸的园林景观在营建改造之时，盐商就考虑将园林的展现与城市图景、帝王游赏相融合，从而以此得到身份的夸饰与地位的认可。"扬州的部分园林，与一般商家自我颐养身心的园林颇有不同，它是'办公办贡'的产物，甚至在某种程度上可以称之为准皇家

① 李斗：《扬州画舫录·谢溶生序》，中华书局，1960年，第7页。
② 梁章钜：《归田琐记》卷一，中华书局，1981年，第3页。
③ 亨利·列斐伏尔：《空间与政治》，李春译，上海人民出版社，2008年，第46页。

行宫园林。这一独特的现象，反映了盛清时代皇室、盐政与盐商之间暧昧的关系。"①瘦西湖的园林不仅是私人领域的游乐场所，而且与扬州城市的社会发展息息相关，展现的是整个扬州城市情怀与盐商的身份诉求。瘦西湖二十四景与社会整体、城市文化形成一种互动，于此彰显出地景的权力意义与权力网络。

（二）景观品题建构的文学场域

瘦西湖二十四景不仅是一种政治权力的彰显，也成为各方人士文化身份展演的舞台。梅尔清在论及扬州时引用牛津大学教授柯律格的观点："一处园林的名声并不从它'自身的景致'中来，而是从它所具有的文学、艺术财富中来，特别是这些代表财富的制造者的声望。……名声及其传播对一个景点是否意义重大起关键作用，并且两者都要求文人学士的不断介入，或创造或支持该地方的遗产。"②园林主人的声望、文人的游赏雅集活动及文学题咏都使得瘦西湖二十四景的各景观声名传播。扬州东园园主贺君召在《东园题咏序》亦云："昔人园亭，每藉名辈诗文，遂以不朽。"③瘦西湖二十四景的声名借由文学媒介，在文人学士的游园赏景及觞咏书写中阐发园林的美丽景致，丰富了景观的人文意义。瘦西湖二十四景中的园林虽多是财富雄厚的盐商出资建设或整修，但在浓厚的商业文化之中，在绮丽奢华的外在展现外，这一地景中却充盈着文学的气息，展现着文化的繁荣。

扬州据南北冲要，是盐运、漕运的要道，也是四方文士会聚之所，"广陵具南北之胜，文人寄迹，半于海内。……为天下人士之大逆旅，凡怀才

---

① 王振忠：《清代徽商与扬州的园林名胜——以〈江南园林胜景〉图册为例》，见马学强、邹怡主编：《跨学科背景下的城市人文遗产研究与保护论集》，商务印书馆，2018年，第99页。
② 梅尔清：《清初扬州文化》，朱修春译，复旦大学出版社，2004年，第27—28页。
③ 赵之壁：《平山堂图志》，广陵书社，2004年，第71页。

抱艺者，莫不寓居广陵"①。扬州荟萃四方文士，当其时天下承平、躬逢盛世，文人借园林优游开展文艺交流，创作题咏以寄情怀。瘦西湖园林景观激发了人们居游园林的空间经验与感受，使之在物象风景中展开文学活动，通过景象导览、修禊活动、征诗联吟将瘦西湖二十四景塑造成为一个文学的空间，盐官、文人、盐商借园林景观和题咏彰显自我的文化身份。

　　瘦西湖二十四景沿袭潇湘八景四字品目，赋予景观以审美的意境与文学的诠释。瘦西湖两岸园亭的文化活动与诗文阐释对二十四景之命名、传播皆产生了深远的影响。如绿杨城郭一景有香悟亭、双清阁、听涛亭、栖鹤亭等胜迹，栖鹤亭西有厅事三楹，额曰"绿杨城郭"，其名取自王士禛《浣溪沙·红桥怀古》中的"红桥风物眼中秋，绿杨城郭是扬州"之诗咏。

图 5-2　《江南园林胜景图册·冶春诗社》

① 孔尚任：《湖海集》卷八，古典文学出版社，1957年，第1页。

西园曲水景位于虹桥东南侧，《平山堂图志》记："其地当保障湖一曲，对岸又昔贤修禊之所，因取禊序'流觞曲水'之义以名之"①，此命名为景观赋予了鲜明的文人风雅之意。又如冶春诗社之景，位于虹桥西岸（见图5-2），康熙年间，戏剧家孔尚任题红桥茶肆为"冶春社"。康熙甲辰虹桥修禊活动中，王士禛赋《冶春绝句》二十首，在冶春词中独步一代，后虽屡经兴废，但诗风流韵不歇。

　　虹桥揽胜之景因文学人物、文化活动而留下盛名，由此而形成了瘦西湖的文学场域。虹桥，即红桥，明崇祯年跨保障湖水口而建，此地风景殊胜，"朱阑跨岸，绿杨盈堤，酒帘掩映，为郡城胜游地"②。王士禛《虹桥游记》云："循小秦淮折而北，陂岸起伏，竹木蓊郁，人家多因水为园亭溪塘。幽窈明瑟，颇尽四时之美。拏小艇循河西北行，林下尽处，有桥宛然，如垂虹下饮于涧，又如丽人靓妆照明镜中，所谓红桥也。"③康熙三年，渔阳山人王士禛任扬州推官时举行了虹桥修禊活动，造就了盛世扬州的文化图景。来扬官员、文士纷纷效法之，集诸名士吟诗唱和于蜀冈、虹桥二十四景间，孔尚任、卢见曾等人都曾发起虹桥修禊活动，留下文坛佳话。如乾隆年间，卢见曾任两淮都转时，延承修禊风雅，举行虹桥修禊活动，形成和者达千余人的雅集题咏盛况。其《红桥修禊并序四首》序云："乾隆十六年辛未，圣驾南巡，始修平山堂御苑而濬湖以通于蜀冈。岁次丁丑再举巡狩之典，又浚迎恩河瀺水以入于湖。两岸园亭标胜景二十。保障湖曰拳石洞天，曰西园曲水，曰红桥揽胜，曰冶春诗社，曰长堤春柳，曰荷浦薰风，曰碧玉交流，曰四桥烟雨，曰春台明月，曰白塔晴云，曰三过留踪，曰蜀冈晚照，曰万松叠翠，曰花屿双泉，曰双峰云栈，曰山亭野眺。迎恩河曰临水红霞，曰绿稻香来，曰竹楼小市，曰平冈艳雪，而红桥之观止矣。翠华甫过，上巳方新，偶假余闲，随邀胜会，率成四律。"④卢见曾诗序中特别标明瘦西湖二十

---

① 赵之壁：《平山堂图志》，广陵书社，2004年，第15页。

② 李斗：《扬州画舫录》卷一〇，中华书局，1960年，第240页。

③ 李斗：《扬州画舫录》卷一〇，中华书局，1960年，第240页。

④ 袁行云：《清人诗集叙录》第1册，文化艺术出版社，1994年，第817页。

胜景，突显出园林胜景所引发的文学关怀。园林景致成为吟咏兴发之物，更成为文人、士商表现文艺情怀、文化身份的场域，这是对景观的结构与再生，也是一种意义的生产与诠释。

文人聚集的文化活动与文学题咏成为瘦西湖的风尚标，扩大了瘦西湖的文学影响。瘦西湖园林景观具有钟灵毓秀的自然风貌，更有匠心营造的人文构思，加之园主、游园者对于园林的题咏，将其形塑为一方文学空间，其上附着的美学精神与诗意情怀显示出园主、游园者的审美风趣与精神追求。借由文学品题与诗歌题咏，瘦西湖景观在文人笔下得到思想、文化、历史、自我情怀的各种丰富阐释，使园林的外在表意空间得到纵深发展。

布尔迪厄指出场域是各方力量争夺的空间，这对希冀提高文化身份的盐商而言，瘦西湖二十四景的文学展现不啻为"场域中位置的占据者用这些策略来保证或改善他们在场域中的位置，并强加一种对他们自身的产物最为有利的等级化原则"①。盐商在争取政治权力的同时，也在文学领域表现出文学品位，争取文化身份。瘦西湖二十四景不但有园林自然人文之美，此间开展的园林雅集、题写觞咏诠释着景观风貌与意义，也使瘦西湖园林群落得以传播海内，将其丰富成为一个文学的场域。

学者指出："文人园林作为一个场域主要是以文化资本的争夺为中心的。"②瘦西湖二十四景作为一种文化资源，成为各方人士争夺的场域。在文学活动与文学想象中，景观得到诗意阐发与文学诠释，使得扬州这一经济富足景象中的园林，展示出文学与文化的风韵，共同形塑出整个瘦西湖地景。通过景观的诗意品题、文化活动，形成欣赏与理解的框架，盐官的文化声望、盐商的文学品味、文人的文学声名都在此文化场域中得以彰显。

---

① 皮埃尔·布尔迪厄、华康德：《实践与反思：反思社会学导引》，李猛、李康译，中央编译出版社，1998年，139页。

② 聂春华：《诗意空间的权力经纬——布尔迪厄场域理论在中国古典文人园林中的运用》，载《暨南学报（哲学社会科学版）》2007年第3期。

（三）盐商文化展演的交际场域

瘦西湖依凭山韵水境之美，在水系治理与园亭建设中形成步移景换、引人入胜的城市游赏空间。贺君如《东园题咏序》："扬之游事，盛于北郊，香舆画船，往往倾城而出，率以平山堂为谐极，而莲性寺则中道也。……夫扬州古称佳丽，名公胜流，屡舄交错，固骚坛之波斯市也。城内外名园相属，目营心匠，曲尽观美，而赏者独流连兹地弗衰。将无露台月榭、华轩邃馆外，有自得其性情于萧澹闲远者与！"① 瘦西湖一带盐商园林虽属私家之有，但其颇具开放性，成为一种半开放性的城市空间，成为城市景观的代表与典范，正如学者指出的："盐商建筑的不是一个个单一的园子，而是在打造一个以园林景观为代表性的城市全景。"② 瘦西湖园林景观聚合而成的二十四景共同构成了城市游观赏览的景观区域，形成城市交际往来的重要空间，文人于此雅集聚会、诗词题咏。此间不仅容纳了园主的生命投射、意义表达，也容纳了游园者各种文化诉求，瘦西湖园林景观成为名士交流、文士文化展演的交际场域。

瘦西湖二十四景的园林中，有清旷裕如的园居生活，也有诗酒文宴的雅集聚会，无论是园林景观营造，抑或各种园居活动的展开，都显示出扬州盐商资本的力量。瘦西湖二十四景体现了官方、盐商、文人各种力量的交际诉求，是城市景观、财富显现、文人想象的互涵共生。园主、游园者将二十四景视为一个展演之地，在此即可求得一方城市山林的隐幽，作为人生的一种安顿与寄托，也可将此作为一个开放的空间、交际的场域。

时任两淮盐运使的卢见曾工诗好文，流连唱和，四方才士咸集。卢见曾将瘦西湖二十四景题名与景观图绘于牙牌之上，以作酒令之具，可见一时风雅。《扬州画舫录》记："署中文宴，尝书之于牙牌，以为侑觞之具，谓

---

① 赵之壁：《平山堂图志》，广陵书社，2004年，第71页。
② 王鑫磊：《一座世界名城的文明多元化——扬州瘦西湖景观历史演进的文化解读》，东南大学出版社，2013年，第74页。

之'牙牌二十四景'。"①瘦西湖二十四景以多重风格样态出现于文人的交际生活之中。有意味的是,不但瘦西湖二十四景作为实有园林成为交际之场,其景观形象也刻于牙牌上而成为交际娱乐的工具。雅集聚会之时,文人以各自所摸牙牌景名行酒令、吟诗对句,以游戏形式使景观深入人心,融注于交际生活中。瘦西湖二十四景以园林景观、文字书写及娱乐工具等多种形式建构起一个交际往来的文化场域。

瘦西湖二十四景之所以能够成为各方人士往来交际、开展文化展演的舞台,形成颇有影响的文化圈、交游圈,揆其原因盖有以下两点:

第一,园林主人具有强大的经济支撑与社会影响力。瘦西湖园林的主人多是盐官、盐商,经济实力雄厚,由于他们握经济重权,掌两淮命脉,具有重要的社会影响力,因而四方之士皆愿与其相交以寻求各自的利益。园林主人以园林作为生活经营的场域,在此招徕吸引文化名人及政商名流,互相依凭。而游走于扬州地位低下的文人画士,更是希冀借由寓居园林的生活寻求仕进之路,实现自己结交名士、获取声望的交游目的。园主依凭盐业经济的推动,坐拥富足财力,在园林中张宴延客,开展各种文化交流活动并提供强有力的经济支持,故而将瘦西湖园林打造成为各方人士交际展演的文化场域。

第二,园林主人具有深厚的文化修养与精致的文人品味。值得关注的是,园林交际中核心人物的多元文化身份。他们或为盐官,如卢见曾等人具有官方的政治身份;或为盐商,如江春、汪廷璋等人拥有强大的经济实力。但无论身居何位,他们都颇具传统文人的文化熏陶与儒家底蕴,"虽为贾者,咸近士风"②。题咏联吟、雅集修禊等园林活动的开展,增添了景观的人文意义,也萃集了文人雅士。园主的经济色彩与文化底蕴有利于他们展开一条有别于传统士人汲汲于功名的仕途之路,因而他们在交际之场表现得更加游刃有余,形成聚合之力。

盐官、文人、御史等多重身份的社会精英优游于园林之中,他们以政

---

① 李斗:《扬州画舫录》卷一〇,中华书局,1960年,第229页。
② 戴震:《戴震文集》,中华书局,1980年,第205页。

坛、文坛、商界的影响，使瘦西湖园林形成交流聚集的中心。他们的政治声望、文化声名也借由众多文士的萃集而突显，以园林景观为场域形成交际的网络。有荷蒲薰风、香海慈云二景的江园就成为一个雅集交流之所而颇具影响。江园系乾隆年间奉宸苑卿、布政使、两淮盐业总商江春所建。江春（1720—1789），字颖长，别字鹤亭，徽州歙县江村人。颇有才名，精通诗词曲艺，承继祖父、父亲家业而成两淮盐业总商。江春以盐商豪富、文士之才召集诗文书画之士，座中宾朋客满，袁枚、蒋士铨、吴伟业、阮元等名士，画人石涛皆与之过从甚密。乾隆帝第三次南巡时，游于江春倚春园，赐御诗两首。袁枚有感其宠遇："其时两淮司禺荚者侈侈隆富，多声色狗马，投筹格五是好；而公独少年渊雅，与王己山、程午桥诸先生游山赋诗。……丁丑，办治净香园，称旨，赏给奉宸苑卿衔。……恩幸之隆，古未有之。"①江园作为迎驾之所，以其政治文化影响力成为扬州文坛聚集之地。江春以园林为空间展开交游唱和，其构筑的江园以及秋声馆、水南别墅、深庄别墅、随月读书楼、江家箭道、康山草堂等成为扬州重要的交际文化空间。

　　布尔迪厄指出："个体与群体凭借各种文化的、社会的、符号的资源维持或改进其在社会秩序中的地位。"②瘦西湖二十四景即是这样一种凭借园林景观改进社会地位的文化资本。园林主人、游园者将园林视为一种具有多重功效的价值营构，他们在园林景观建设、游园赏览、题咏雅集中积极表现，以实现其结识友人、表现自我、寻求奖掖等各种社会表达及声望名誉的彰显，因而依凭园林文化活动形成瘦西湖二十四景之文化展演的场域。

　　瘦西湖二十四景的园亭构筑、品题觞咏及名士交流展现着王朝的政治权力与盐商的社会权力，彰显着盐官的文化声望、盐商的文学品味及文人的文学声名。瘦西湖二十四景作为一种"社会权力关系"，构建起权力、文学、文化交际的场域，成为一种有价值的资源与文化资本。瘦西湖二十四

---

① 袁枚：《诰封光禄大夫奉宸苑卿布政使江公墓志铭》，见袁枚：《小仓山房诗文集》卷三二，王英志校点，江苏古籍出版社，1993年，第576—577页。
② 戴维·斯沃茨：《文化与权力：布尔迪厄的社会学》，陶东风译，上海译文出版社，2012年，第86页。

景以园主积极的社会文化实践，形成园林与个人、园林与城市相互定义、相互凭借的关系，展现出园林景观与城市地景的互涵共生。

三、园景与地景的共构

西湖与瘦西湖是杭州与扬州两个城市最重要的水系景观，分别以十景、二十四景的景观萃聚形成公共园林集景文化。西湖十景与瘦西湖二十四景作为城市的地标性存在，承载着城市的集体记忆与现实声名。瘦西湖得名因之于西湖，二十四景题名亦效西湖十景模式，将二者置于城市空间视阈中比较考察，探析空间文化之异同以及地景文化的意义，以此觇视时代、城市对公共园林景观的影响，深入解析园林集景与地景之关系。

（一）帝国与城市的映现

西湖与瘦西湖作为城市的公共园林，承载着城市的游观赏览之任。西湖十景与瘦西湖二十四景映现着城市繁华之象与游赏之乐。它们作为城市的地标，留存着城市的集体记忆。法国学者哈布瓦赫、德国学者阿斯曼等人在研究记忆理论时指出："社会记忆有一个重建的过程：过去只是保存了那些'每个时代的社会在各自的相关框架下能够重建起来的东西。'因此，回忆是以'依附'于一个意义框架的方式被保存下来的。"[1]西湖十景与瘦西湖二十四景作为杭州与扬州的城市象征，在江山统治下的繁华意义不断得到书写与记忆。

1. 繁华的城市之象

美国学者丹尼尔·贝尔曾指出："一个城市不仅仅是一块地方，而且是

---

① 冯亚琳编：《文化记忆理论读本》，北京大学出版社，2001年，第23页。

一种心理状态，一种主要属性为多样化和兴奋的独特生活方式的象征。"① 城市不仅是一个地理区域、一个物质性的存在，也是一种文化氛围与城市精神的体现。清代杭州、扬州可谓江南山水园林之代表，有"杭州以湖山胜，苏州以市肆胜，扬州以园林胜"②之说。西湖十景与瘦西湖二十四景皆依托水系而成，以公共园林景观的品题组景丰富着杭州、扬州的城市文化。

水是西湖与瘦西湖的命脉与纽带，"两湖的'地—景'，乃古人根据湖的规模、水体形态及地理位置及高程情况进行的充分经营，使得各自重要的水利功能和作用得以发挥，并形成特殊的地景形态"③。宋代郭熙在《林泉高致》中有云："水，活物也，欲多泉，欲远流，欲瀑布插天，欲溅扑入地，欲挟烟云而秀媚，欲照溪谷而辉，此山活体也。"④湖水动态静态两相宜、声色光影相映衬，为园林景观增添了灵动与妩媚，形成钟灵毓秀、独树一帜的城市山林景观群落，构成西湖十景与瘦西湖二十四景景观的核心。

西湖与瘦西湖需要不断疏浚与维护，才能保持良好的生态景观。在经历了清初的社会动荡后，西湖和瘦西湖依凭湖山灵秀之美与官方的积极修治、帝王的驻足题咏而呈现出园林盛景。西湖水域宽阔浩渺，在中唐后经景观开发及文人书写而声名渐起，享誉八方。明代田汝成《西湖游览志》有云："六朝已前，史籍莫考……逮于中唐，而经理渐著……至绍兴建都，生齿日富，湖山表里点饰寝繁。离宫别墅、梵宇仙居，舞榭歌楼彤碧辉列，丰媚极矣。"⑤清代梁诗正《西湖志纂》记载："西湖古称明圣湖。在浙江会城之西。方广三十里。受武林诸山之水，下有渊泉百道，潴而为湖，蓄洁渟深，圆莹若镜。中有孤山，杰峙水心。山之前为外湖，山后曰后湖。西亘

---

① 丹尼尔·贝尔：《资本主义文化矛盾》，赵一凡、蒲隆、任晓晋译，生活·读书·新知三联书店，1989年，第154—155页。

② 李斗：《扬州画舫录》卷六，潘爱平评注，中国画报出版社，2014年，第103页。

③ 陈薇：《"留得"与"拾得"——两个西湖之中国古典智慧》，载《中国园林》2018年第6期。

④ 郭熙：《林泉高致》，中华书局，2010年，第64页。

⑤ 田汝成：《西湖游览志》，浙江人民出版社，1980年，第2—3页。

苏堤，堤以内为里湖。……拟议形容，篇什浩衍，皆不足殚西湖之胜。"①西湖在清代屡经疏浚，再现繁华盛景。瘦西湖称保障河，因水域狭长，曲水若锦，故以"瘦"而称。瘦是湖之形态品格，较之杭州西湖，别有迂曲绵长的清瘦神韵。经过清初大规模的两岸园亭建设而形成园亭蜿蜒、倚山绕水的湖山园林景观。

　　西湖与瘦西湖是城市繁华的映照。南宋时西湖即有"销金锅子"之号，突显出杭州的纸醉金迷、富足繁盛。周密《武林旧事·西湖游幸》有云："西湖天下景，朝昏晴雨，四序总宜。杭人亦无时而不游……日糜金钱，靡有纪极。故杭谚有'销金锅儿'之号。"②宋人汪元量《西湖旧梦》有诗云："月香水影逋梅白，雨色晴光坡柳青。一个销金锅子里，舞裙歌扇不曾停。"③以追怀之情描绘了西湖的湖光山色与富庶奢靡。清代扬州盐商富庶，乾隆时期《两淮盐法志》记载："佐司农之储者，盐课居赋税之半，两淮盐课又居天下之半"，正所谓"扬州繁华以盐盛"④。瘦西湖由于有官方与盐商的财力注入，经疏浚整治后生态自然大为改观，园林景观得到了长足发展。扬州盐商附庸风雅，不但以纳供的形式支援瘦西湖的改造，也以个人财力投入瘦西湖两岸的园亭建设，加之康熙、乾隆二帝的多次巡幸，瘦西湖日益成为扬州的标志性景观。清代杭州诗人汪沆有诗如此描绘瘦西湖："垂杨不断接残芜，雁翅虹桥俨画图。也是销金一锅子，故应唤作瘦西湖。"⑤瘦西湖垂柳成行、虹桥倚胜，其富庶奢华之象堪比西湖，故也称"销金锅子"。瘦西湖不仅因水域狭长而近西湖之名，其奢靡繁华、笙歌宴乐亦可胜西湖之名，在商业富庶之中形成城市的文化格调。

2. 城市的游赏空间

　　西湖十景与瘦西湖二十四景皆因公共性与开放性成为游赏胜地，作为

---

① 梁诗正、沈德潜：《西湖志纂》卷一，见沈云龙主编：《中国名山胜迹志丛刊》，文海出版社，1971年，第28页。

② 周密：《武林旧事》卷三，傅林祥注，山东友谊出版社，2001年，第46页。

③ 汪元量：《增订湖山类稿》，中华书局，1984年，第156页。

④ 黄钧宰：《金壶浪墨》卷一，见沈云龙主编：《近代中国史料丛刊》，文海出版社，1996年。

⑤ 阮元辑：《两浙辑轩录》卷二一，清光绪十六至十七年刻本。

城市的地标性景观而具有广泛的影响。

西湖作为山水胜景而聚集四方人士。台湾学者侯迺慧认为西湖"不仅拥有奇峻幽绝的山群林涧，浩渺辽阔的湖水，花木扶疏如烟，而且楼台亭阁错落，景点众多，是一座引人入胜的天然的巨型公共园林"①。西湖因对天然山水的改造而形成开放的公共园林，引得四方人士游赏观览，"大抵杭州胜景，全在西湖，他郡无比，更兼仲春景色明媚，花事方殷，正是公子王孙，五陵年少，赏心乐事之时，讵宜虚度？"②。西湖十景因景观的聚合及文学品题增添了文化内涵与人文意义。

瘦西湖二十四景取景于保障湖两岸的园亭。这些园亭虽属扬州盐商之私家园林，但并非隐幽不喧而是融于城市的，是半公开性的城市山林。每逢节庆胜日，瘦西湖游人如织，共同营构出城市欢愉之景，展现出城市园林的游赏之乐。清代钱泳在《履园丛话·醉乡》中有记："时际升平，四方安乐，故士大夫俱尚豪华，而尤喜狭邪之游。在江宁则秦淮河上，在苏州则虎丘山塘，在扬州则天宁门外之平山堂，画船箫鼓，殆无虚日。妓之工于一艺者，如琵琶、鼓板、昆曲、小调，莫不童而习之，间亦有能诗画者、能琴棋者，亦不一其人。流连竟日，传播一时，才子佳人，芳声共著。"③乾隆御制诗云："虹桥自属广陵事，园倚虹桥偶问津。闹处笙歌宜远听，老人年纪受亲询。柳拖弱絮学垂手，梅展芳姿初试颦。预借花朝为上巳，冶春惯是此都民。"④描写了二十四景之虹桥修禊游观赏玩的盛况。瘦西湖一带为郡城胜游之地，笙歌宴乐颇显太平之象。西湖十景与瘦西湖二十四景形成城市的游赏空间，颇具城市文化特色。

3.帝国的权力图景

清代西湖十景与瘦西湖二十四景带有鲜明的官方政治色彩，是清代统治江南的一个重要呈现，濡染着皇家的权力印迹。清初帝王躬历河道、视

---

① 侯迺慧：《宋代园林及其生活文化》，三民书局，2010年，第87页。
② 吴自牧：《梦粱录》卷一，浙江人民出版社，1980年，第8页。
③ 钱泳：《履园丛话》卷七，山东画报出版社，2004年，第139—140页。
④ 李斗：《扬州画舫录》卷一〇，中华书局，1960年，第217页。

察民情，巡幸江南不仅留下了帝王的政治印迹，也带来景观呈现的强烈诉求。康熙、乾隆二帝的南巡是西湖十景与瘦西湖二十四景景观塑造最重要的推动力。圣驾驻足、御笔题名题咏，将园景、地景与帝国的权力图景完美融合。

乾隆时翟灏在《湖山便览》中记载："西湖入国朝来，疏浚得宜，膏波润溢，翠华屡幸，宸藻分颁，山辉川媚，乃以超越前古。"①康熙南巡时，为西湖十景御笔题字。如前所述，御题十景基本沿承传统西湖十景之题，但也略有改易，加入了帝王的个人体验，使之更具蓬勃的朝气，显现出大清帝国的发展气象。此后，官方将御题以御碑、御书亭的形式融汇于西湖十景中，增加了景观的人文色彩与时代印迹。乾隆六次南巡皆至杭州，每次皆作西湖十景组诗分咏十景景观，以文化实践扩大了西湖十景的影响。

瘦西湖二十四景的园林多是为迎接圣驾南巡而建，留下皇帝驻足的印迹。阮元《扬州画舫录序》："扬州府在江淮间，土沃风淳，会达殷振，翠华六巡，恩泽稠叠，士日以文，民日以富。"②因帝王南幸，扬州出现了楼台画舫绵延十里的园林胜景。帝王的巡幸引发了积极的景观建设，盐商借金钱捐献以表输诚之意，为迎南巡圣驾，盐商积极于瘦西湖筑园构亭，促进了瘦西湖景观的迅速发展，从而形成瘦西湖二十四景的宏丽景象。盐商也以此作为邀荣献宠的一种文化资本，求得在社会上、政治上、文化上的影响与地位。

（二）地方识别与地景展示

西湖十景与瘦西湖二十四景作为城市的公共园林，又各具特色。在山水风物、园林风格、文化情怀以及图写描绘上深受城市特色与地景文化的影响。见图5-3、图5-4。

---

① 翟灏等辑，王维翰重订：《湖山便览》附《西湖新志》，上海古籍出版社，1998年，凡例第9页。
② 李斗：《扬州画舫录》卷一〇，中华书局，1960年，阮元序第6页。

图 5-3 瘦西湖之长堤春柳 （王毅 摄）

图 5-4 瘦西湖之卷石洞天 （王毅 摄）

1. 山水情缘与城市盛景

西湖十景以西湖为中心形成环湖景观，湖之水色是园林景观的核心。西湖自宋代以来周围就"分布了无数的私人园林和寺观园林，形成了园中有园的有趣现象"①。虽有园中之园的环湖胜景，但西湖十景的择选仍聚焦于西湖之上，三面环山的空间环境使得西湖十景以湖山佳象为观照点展开。西湖十景的物境之美无论是四时之变，抑或是晨昏朝暮都表现出西湖这一城市园林与自然的相融。围绕长长水域的苏堤与遍植桃柳的堤岸互相映衬，阳光与暗影、晓日与夕阳的互为转化，水、月、堤与湖、塔、寺勾画出自然的景色，以其富有生机的运转不断散溢着魅力，形成山水如画的审美意境。清代西湖十景虽增添了皇权寓意的景观，亦不减湖光山色之魅力。

瘦西湖二十四景中湖水是各个景观的连接与纽带，沿湖两岸亭台轩榭的展示成为瘦西湖聚景的核心。瘦西湖围绕水景形成两岸层叠错落、变幻多姿的园亭，各园林景观相对独立又互相借倚，形塑出一个游赏观览、文艺交流、文化往来的城市空间，有"两堤花柳全依水，一路楼台直到山"之誉。瘦西湖作为一个大型公共园林，两岸园亭堪称"园中之园"，各个园林构成了瘦西湖二十四景景观的重心。清人对湖上园亭多有记载，如沈复《浮生六记》所云："渡江而北，渔洋所谓'绿杨城郭是扬州'一语已活现矣！平山堂离城约三四里，行其途有八九里。虽全是人工，而奇思幻想，点缀天然，即阆苑瑶池，琼楼玉宇，谅不过此。其妙处在十余家之园亭合而为一，联络至山，气势俱贯。"②瘦西湖在各个园林建设之时有意将园亭展现于城市空间之中，名园相属共同联结成一个具有地方共同体的城市地景。

2. 文化情怀与展演舞台

西湖十景是一个历史传承的文化意象，具有文化"圣境"之意。西湖十景自宋代以来在人文与诗画方面的阐释就被屡次书写演绎。日本学者内山精也认为："'西湖十景'的主脉里有着文学性传统的律动，几乎可与'潇

---

① 侯迺慧：《宋代园林及其生活文化》，三民书局，2010年，第89页。
② 沈复：《浮生六记》，周如风译评，中国画报出版社，2016年，第197页。

湘八景'相匹敌。而且，这些唐宋诗人所开发的西湖意象里，没有潇湘文学所具有的'不遇''悲伤''旅愁'等阴郁的一面。澄澈明亮，并且纯粹是作为游心的空间。"①西湖十景既具文化色彩，又可满足一般民众的游赏体验。当文人骚客面对西湖美景之时，令其感怀的不仅是真实的西湖风物，更有对历代西湖十景诗画卧游想象所形成的对西湖文化的追忆。在清代康熙、乾隆二帝的宣扬、带动之下，西湖十景成为游人萃集观赏之所及文人雅士竞相题咏的主题。清代出现了大量西湖十景题咏之作，乾隆帝六咏西湖十景，沈德潜、钱维城、钱陈群等廷臣响应唱和，文人士子亦纷纷题咏吟啸，抒发各自对西湖十景的寄寓与情怀。如清代厉鹗所作《双调·清江引》词十首分咏西湖十景，颇有生色情趣。其咏平湖秋月一景："月明满湖刚著我，不搅鱼龙卧。碧澜寸寸秋，桂子纷纷堕。星河醉醒都绕舸。"②静谧的平湖秋月之景掩衬于搅、卧、堕、绕等动感之中，描绘出西湖静中有动的美感和情味。

瘦西湖二十四景在清代一统江山的时代背景中，在盐商经济的推动下应运而生，具有鲜明的时代意义与盐商文化色彩。扬州盐商试图在盐业繁荣的城市氛围中，在地景建构中宣扬富足财力与人文情怀，融于奉圣迎驾的盛世图景中。瘦西湖二十四景中开展了虹桥修禊、园林雅集等各类文化实践，也留下了大量诗词题咏的书写。二十四景中的各园林是个人的安居空间和娱乐空间，是园主及游园者展演人生的舞台，是融入社会的一个文化场域。

瘦西湖二十四景各园林景观成为展示自我、标榜自我的媒介，从景观所属各园林主人多为奉宸苑卿的身份可观之，如有奉宸苑卿衔的洪徵治、江春、徐士业、黄履暹、汪廷璋、吴禧祖、王勋。这些扬州盐商依凭园亭建设获得了政治文化身份，得到了皇权的认可。瘦西湖作为重要的交际之场，宾客云集、宴游之盛，仅从饮食招待即可略窥一斑："湖上每一园，必

---

① 内山精也：《传媒与真相：苏轼及其周围士大夫的文学》，朱刚等译，上海古籍出版社，2013年，第161页。
② 厉鹗：《樊榭山房集》，董兆雄注，陈九思标校，上海古籍出版社，1992年，第1674页。

筑深堂，饰疱寝以供岁时宴游。"①湖上各园林常设宴欢游，以此作为交际之需。瘦西湖的园林建设与园居活动主动迎合城市名胜建设与休闲活动，虽景属私园，却重在向外延展，融入整个城市空间之中，园主也以此获得显赫的声势与声名。

3. 宫廷气息与民间文艺

西湖十景与瘦西湖二十四景有不同的空间表现，二者在图绘的创作上亦各有侧重。清代西湖十景图带有浓厚的宫廷色彩，而瘦西湖二十四景图却多为文士所绘，具有民间文艺气息。

清代西湖十景图的绘画者多是皇帝的文学侍臣，王原祁、董邦达、董诰等词臣揣度圣意绘制西湖十景图，成为帝王南巡之时以图证境的参照，或是南巡后回忆游赏历程的凭借。宫廷文人所绘西湖十景图多将御书碑亭巧妙地置于画作的中心，彰显出皇家权力印迹，暗含着清廷对江南统治的政治表征。

相比于西湖十景图的词臣、名家绘制，瘦西湖二十四景图的空间表现则颇具民间气息。绘画者多为下层文人，如绘制牙牌二十四景的僧人文山、题写二十四景榜联的文人陈大可、绘二十四景图的文人张鋆等。《扬州画舫录》记载：

> 文山，为静慧寺僧，书学退翁，受知于公为书苏亭额公子谟十
> 岁师事之能擘窠书，其时牙牌二十四景半出其手。
>
> 陈大可，字余庭，浙江绍兴人，工篆隶，二十四景榜联多出其手。
>
> 张铨，江都诸生，有山水之癖，足迹遍天下。弟鋆，字方谷，
> 号可乡，为人端谨，精鉴古人书画，工画，主程氏金焦山，又《扬
> 州二十四景图》皆出其手。②

时任两淮转运使的卢见曾将瘦西湖二十四景绘于牙牌之上，并标以景目，每逢诗酒欢宴以所摸牙牌之景而吟咏赋诗。瘦西湖二十四景景观日渐在文人题咏的不断阐发中又颇具娱乐色彩，融于文人日常生活之中。

---

① 李斗：《扬州画舫录》卷一〇，中华书局，1960年，第217页。
② 李斗：《扬州画舫录》卷一五，中华书局，1960年，第348页。

（三）园林集景与地景的互涵共生

西湖十景、瘦西湖二十四景因其具有公共园林的性质而更具地景特色。地标指某一地方具有某种标志性和识别性的空间存在，这些地标有的是指自然的山川地貌，有的是指人类所建造的人工设施。"实际上，自然界中某一处山川地貌之所以具有某种标识性，并据此形成为某一地域的地标，往往也是出于人类的功能选择或意义附益，换句话说，是人类活动及与其相关的空间因素赋予该地以标识性意义。"①西湖十景与瘦西湖二十四景体现出景观与园林、园林与园林群落之间的同构共生，形成园林与城市地景的完美结合，其之所以具有传播影响力皆有赖于各种文学活动与文学书写的阐释与宣传，以深入解析景观风格及人文意义，从而形成一种集体认同。

地景具有一种较为稳固的特性，也会因时代变迁、风尚移易而发生某些变化，或是不断地被丰富，或是某一意义发生隐现。西湖十景与瘦西湖二十四景存在于杭州、扬州的历史时空背景之下，是一种地方经验的写照，带有历史和时代特色，是既往历史的书写，也是时代特色的突显。

西湖十景经历几百年的迁变，物质的西湖景观犹存，诗画的阐释不断丰富，历久弥新。扬州北郊自古即是风光秀美之地，清代盐商所筑私家园林在园林建设之时即有意使园林景观与瘦西湖一带的自然风光、城市风貌相融合。瘦西湖二十四景所容纳的各个园林一方面试图融于自然山水，体现出传统私家园林所追求的审美境界，另一方面更试图与城市相融，与整个城市的风格相呼应。此间开展文人交游、雅集、宴乐及题咏等各种活动，打造扬州的出游空间与文化空间，展现出扬州的富庶，凸显出城市的开放包容。

学者指出："所谓地景（landscap），是人与地方（place）互涵共生而形成的一个情感性与意义性的空间。如果说地方是一个'有意义的区位

---

① 程章灿、成林：《从〈金陵五题〉到"金陵四十八景"——兼论古代文学对南京历史文化地标的形塑作用》，载《南京社会科学》2009年第10期。

（a meaningful location）'，是人类创造的有意义的空间，那么地景则着重于人在地方空间中，地方是观者必须置身其中，而地景定义中观者则位居地景之外。"①人与园林、地方是一种相互依存、共存共荣的关系。

园林的空间布局与地理建构依托于地方的地形地貌、城市文化和人文风情。瘦西湖二十四景以一个个私园景观共同形塑出公园之景，如黄园之西园曲水，汪廷璋园之三过留踪、春台明月，江园之香海慈云、荷浦薰风，这些都颇具地景文化意义。私人园林融入城市地景，体现出私人领域与公共领域的互动交融。就园主身份而言，他们以私家园林的空间形构融于城市文化，也随着园林空间为自我寻求社会生存的空间位置，意即建立一种社会地位和影响。园景与地景共同建构起瘦西湖二十四景的空间诗学，形塑出地方经验、城市文化与社会形态。

公共园林集景不仅是景观的聚合，更体现了人与地方的一种选择关系、人地因缘，带有地方经验与地方想象。八景文化本身即是一种地方认同与文化表征，体现出政治的、社会的与人文的、审美的意象。西湖十景、瘦西湖二十四景在地理的空间存在中融注了更多人文精神的表征，以萃景集称绾结起自然与园林，勾连起民众生活与政治统治，成为地方区域乃至帝国统治的一种映现。

英国学者迈克·克朗指出："地理景观并非一种个体特征，它们反映了一种社会的——或者说文化的——信仰、实践和技术。地理景观就像文化一样，是这些因素的集中体现。"②西湖十景与瘦西湖二十四景作为地景而存在，是城市印象的重要元素，反复被人描述和追忆。与私家园林集景所构筑的私人领域所不同的是，其既可视为微型自然天地的展现，也可作为城市文化的缩影，其以地方诠释与文学想象体现出对空间的再塑造，形成颇具人文地理意义的空间，其间寄寓着社会各阶层的价值认同与文化追求，形成园景—地景共构独具区域空间特色的景观。

---

① 季进：《地景与想象——沧浪亭的空间诗学》，载《文艺争鸣》2009年第7期。
② 迈克·克朗：《文化地理学》（修订版），杨淑华、宋慧敏译，南京大学出版社，2005年，第14页。

参 考 文 献

[1] 高诱.吕氏春秋[M].毕沅,校.上海：上海古籍出版社，2014.

[2] 郑玄，孔颖达.礼记正义[M]//阮元，校刻.十三经注疏.北京：中华书局，1982.

[3] 钟嵘，周振甫.诗品译注[M].北京：中华书局，1998.

[4] 萧统.文选[M].上海：上海古籍出版社，1998.

[5] 黄叙琳，注.李详，补注.杨明照，校注.增订文心雕龙校注[M]. 北京：中华书局，2000.

[6] 刘昫，等.旧唐书[M].北京：中华书局，1975.

[7] 张彦远.历代名画记[M].北京：人民美术出版社，1964.

[8] 徐坚.初学记[M].北京：中华书局，1962.

[9] 王勃.王子安集注[M].蒋清翊，注.上海：上海古籍出版社，1995.

[10] 刘禹锡.瞿蜕园，笺证.刘禹锡集笺证[M].上海：上海古籍出版社，2009.

[11] 柳宗元.柳宗元集[M].北京：中华书局，1979.

[12] 王维.赵殿成，笺注.王右丞集笺注[M].上海：上海古籍出版社，2007.

[13] 朱景玄.唐朝名画录[M].温肇桐，注.成都：四川美术出版社，1985.

[14] 韩愈.钱仲联，集释.韩昌黎诗系年集释[M].上海：上海古籍出版社，1998.

[15] 真德秀.真西山文集[M].北京：商务印书馆，1937.

[16] 陈宏天，高秀芳.苏辙集：第1册[M].北京：中华书局，1996.

[17] 梁克家.淳熙三山志[M].成都：四川大学出版社，2007.

[18] 汪元量.增订湖山类稿[M].北京：中华书局，1984.

[19] 杨万里.辛更儒，笺校.杨万里集笺校[M].北京：中华书局，2007.

[20] 洪迈.容斋随笔[M].上海：上海古籍出版社，1996.

[21] 张尧同.嘉禾百咏[M].民国宜秋馆刻本.

[22] 王炎.双溪类稿[M].文渊阁四库全书本.

[23] 欧阳修，宋祁.新唐书[M].北京：中华书局，1975.

[24] 史弥宁.友林乙稿[M]//宋集珍本丛刊：第108册.北京：线装书局，2004.

[25] 董逌.广川画跋[M]//卢辅圣.中国书画全书：第1册.上海：上海书画出版社，1993.

[26] 苏轼.苏轼诗集[M].王文诰，辑注.孔凡礼，点校.北京：中华书局，1982.

[27] 祝穆.宋本方舆胜览[M].上海：上海古籍出版社，1991.

[28] 郭熙.林泉高致[M]//卢辅圣.中国书画全书：第1册.上海：上海书画出版社，1993.

[29] 周密.武林旧事[M].杭州：浙江人民出版社，1984.

[30] 周密.云烟过眼录[M]//于安澜.画品丛书.上海：上海人民美术出版社，1982.

[31] 吴自牧.梦粱录[M].杭州：浙江人民出版社，1980.

[32] 欧阳修.李之亮，笺注.欧阳修集编年笺注[M].成都：巴蜀书社，2007.

[33] 柯九思.丹邱生集[M]//全元文：第51册.南京：凤凰出版社，2004.

[34] 胡助.纯白斋类稿[M].北京：中华书局，1985.

[35] 戴表元.剡源集[M]//丛书集成初编.上海：商务印书馆，1935.

[36] 虞集.道园集[M]//四库全书存目丛书.济南：齐鲁书社，1997.

[37] 吴镇.梅花道人遗墨[M]//文渊阁四库全书.台北：台湾商务印书馆，1983.

[38] 董其昌.容台集[M].邵海清，点校.杭州：西泠印社出版社，2012.

[39] 文震亨.陈植，校注.长物志校注[M].杨超伯，校订.南京：江苏科学

技术出版社，1984.

[40] 董其昌.画禅室随笔[M].上海：华东师范大学出版社，2012.

[41] 范凤翼.范勋卿诗集[M]//四库禁毁书丛刊：集部112册.北京：北京出版社，2005.

[42] 佘翔.薜荔园诗集[M]//文渊阁四库全书.台北：台湾商务印书馆，1983.

[43] 李日华.六研斋笔记[M].明刻清乾隆修补本.

[44] 刘嵩.槎翁诗集[M]//文渊阁四库全书. 台北：台湾商务印书馆，1983.

[45] 王世贞.弇州山人四部稿：续稿[M]//文渊阁四库全书.台北：台湾商务印书馆，1983.

[46] 焦竑.国朝献征录[M].刻本.徐象橒曼山馆，1616（明万历四十四年）.

[47] 计成.陈植，注释.园冶注释[M].北京：中国建筑工业出版社，1988.

[48] 唐汝洵.唐诗解[M]//四库全书存目丛书.济南：齐鲁书社，1997.

[49] 叶梦珠.阅世篇[M].来新夏，点校.北京：中华书局，2007.

[50] 钱澄之.田间文集[M]//续修四库全书：第1401册.上海：上海古籍出版社，2002.

[51] 允禧.花间堂诗钞[M]//四库未收书辑刊：第9辑22册.北京：北京出版社，2000.

[52] 载滢.云林书屋诗集[M]//清代诗文集汇编：第788册.上海：上海古籍出版社，2010.

[53] 陈梦雷.松鹤山房诗集[M]//清代诗文集汇编：第179册.上海：上海古籍出版社，2010.

[54] 德保.乐贤堂诗钞[M].刻本.英和，1791（清乾隆五十六年）.

[55] 法式善.存素堂诗初集录存[M].刻本.王墉，1807（清嘉庆十二年）.

[56] 方朔.枕经堂诗钞[M]//清代诗文集汇编：第668册.上海：上海古籍出版社，2010.

[57] 崇彝.道咸以来朝野杂记[M].北京：北京古籍出版社，1982.

[58] 震钧.天咫偶闻[M].北京：北京古籍出版社，1982.

[59] 法式善. 法式善诗文集[M]. 北京：人民文学出版社，2015.

[60] 魏裔介. 兼济堂文集[M]. 北京：中华书局，2007.

[61] 李嘉乐. 仿潜斋诗钞[M]//续修四库全书：第1559册. 上海：上海古籍出版社，2002.

[62] 乔于涧. 思居堂集[M]//四库未收书辑刊：第7辑28册. 北京：北京出版社，2000.

[63] 孔贞瑄. 聊园诗略续集[M]//清代诗文集汇编：第131册. 上海：上海古籍出版社，2010.

[64] 左宗棠. 左宗棠全集：文集[M]. 刘泱泱，校点. 长沙：岳麓书社，2014.

[65] 施补华. 泽雅堂诗二集[M]. 刻本. 两研斋，1890（清光绪十六年）.

[66] 查礼. 铜鼓书堂遗稿[M]. 清乾隆查淳刻本.

[67] 吴省钦. 白华前稿[M]. 清乾隆刻本.

[68] 吴嵩梁. 香苏山馆诗集[M]. 清木犀轩刻本.

[69] 王大枢. 西征录[M]. 北京：线装书局，2003.

[70] 吴庆坻. 蕉廊脞录[M]. 张文其，刘德麟，点校. 北京：中华书局，1990.

[71] 俞廷举. 一园文集[M]. 唐志敬，张汉宁，蒋钦挥，点校. 南宁：广西人民出版社，2001.

[72] 蒋士铨. 邵海清，校. 李梦生，笺. 忠雅堂集校笺[M]. 上海：上海古籍出版社，1993.

[73] 邱上峰. 簏村诗全集[M]//清代诗文集汇编：第260册. 上海：上海古籍出版社，2010.

[74] 潘江. 木厓集[M]. 清康熙刻本.

[75] 张英. 笃素堂文集[M]//清代诗文集汇编：第150册. 上海：上海古籍出版社，2010.

[76] 张英. 文端集[M]. 文渊阁四库全书本.

[77] 范锴. 汉口丛谈[M]. 武汉：湖北人民出版社，1999.

[78] 詹应甲. 赐绮堂集[M]. 清道光止园刻本.

[79] 阮元. 擎经室集[M]. 文选楼丛书本.

[80] 阮元.淮海英灵集[M].北京：中华书局，1985.

[81] 阮元.广陵诗事[M].扬州：广陵书社，2005.

[82] 华嵒.离垢集：新罗山人华嵒诗稿[M].唐鉴荣，校注.福州：福建美术出版社，2009.

[83] 汪梧凤.松溪文集[M]//清代诗文集汇编：第359册.上海：上海古籍出版社，2010.

[84] 吴俊.荣性堂集[M]//续修四库全书：第1464册.上海：上海古籍出版社，2002.

[85] 纪昀.纪晓岚文集[M].孙致中，等，校点.石家庄：河北教育出版社，1995.

[86] 朱彭.吴山遗事诗[M]//丛书集成续编：第221册.台北：新文丰出版公司，1988.

[87] 陈鹏年.陈鹏年集[M].李鸿渊，校点.长沙：岳麓书社，2013.

[88] 丁丙.松梦寮诗稿[M].刻本.丁立中，1890（清光绪二十五年）.

[89] 方浚颐.二知轩诗续钞[M]//清代诗文集汇编：第660册.上海：上海古籍出版社，2010.

[90] 孙同元.永嘉闻见录[M].清光绪刻本.

[91] 戴槃.戴槃四种纪略[M]//王有立.中华文史丛书：第48辑.台北：华文书局，1969.

[92] 孙家桢.小灵鹫山馆图自记[M]//嘉兴市文化广电新闻出版局.嘉兴历代碑刻集.北京：群言出版社，2007.

[93] 麟庆.鸿雪因缘图记[M].刻本.1849（清道光二十九年）.

[94] 高斌.固哉草亭诗文集[M].刻本.1755（清乾隆二十年）.

[95] 陈维崧.迦陵文集[M]//四部丛刊初编：第281册.上海：上海书店，1986.

[96] 徐崧，张大纯.百城烟水[M].刻本.1690（清康熙二十九年）.

[97] 顾震涛.吴门表隐[M].甘兰经，等，校点.南京：江苏古籍出版社，1999.

[98] 顾禄.桐桥倚棹录[M].北京：气象出版社，2013.

[99] 彭蕴章.松风阁诗钞[M].清同治刻彭文敬公全集本.

[100] 查元偁. 蒯斋文存[M]//四库未收书辑刊：第10辑29册. 北京：北京出版社，2000.

[101] 乐钧. 青芝山馆诗集[M]. 清嘉庆二十二年刻后印本.

[102] 梅曾亮. 梅伯言文[M]. 上海：上海中华书局，1937.

[103] 陶澍. 陶文毅公全集[M]. 清道光刻本.

[104] 林昌彝. 衣讔山房诗集[M]. 刻本. 广州，1863（清同治二年）.

[105] 金鳌. 金陵待征录[M]. 南京：南京出版社，2009.

[106] 袁枚. 小仓山房文集[M]//王英志. 袁枚全集. 南京：江苏古籍出版社，1993.

[107] 袁枚. 小仓山房诗集[M]//王英志. 袁枚全集. 南京：江苏古籍出版社，1993.

[108] 袁枚. 续同人集[M]//王英志. 袁枚全集. 南京：江苏古籍出版社，1993.

[109] 袁枚. 随园诗话[M]//王英志. 袁枚全集. 南京：江苏古籍出版社，1993.

[110] 蒋敦复. 随园轶事[M]//王英志. 袁枚全集. 南京：江苏古籍出版社，1993.

[111] 铁保. 熙朝雅颂集[M]. 赵志辉，校点补. 沈阳：辽宁大学出版社，1992.

[112] 胡恩燮. 愚园三十咏[M]//胡恩燮，胡光国. 南京愚园文献十一种. 南京：南京出版社，2015.

[113] 胡祥翰. 金陵胜迹志[M]. 南京：南京出版社，2012.

[114] 程梦星. 今有堂集[M]//四库全书存目丛书补编：第42册. 济南：齐鲁书社，1997.

[115] 李斗. 扬州画舫录[M]. 潘爱平，评注. 北京：中国画报出版社，2014.

[116] 程名世. 思纯堂集[M]//清代诗文集汇编：第359册. 上海：上海古籍出版社，2010.

[117] 王永命. 有怀堂笔[M]//四库未收书辑刊：第5辑30册. 北京：北京出版社，2000.

[118] 沈景运. 浮春阁诗集[M]//四库未收书辑刊：第10辑29册. 北京：北京出版社，2000.

[119] 张世进. 著老书堂集[M]. 清乾隆刻本.

[120] 姚文田. 邃雅堂集[M]. 刻本. 江阴学使署，1821（清道光元年）.

[121] 金武祥.粟香随笔[M].清光绪刻本.

[122] 王先谦.王先谦诗文集[M].长沙：岳麓书社，2008.

[123] 曾熙文.明瑟山庄诗集[M]//清代诗文集汇编：第607册.上海：上海古籍出版社，2010.

[124] 陈瑚.确庵文稿[M].清康熙毛氏汲古阁刻本.

[125] 叶绍袁.亭林年谱[M].北京：文物出版社，1984.

[126] 释晓青.高云堂诗集[M].清康熙释道立刻本.

[127] 黄图珌.看山阁集[M]//清代诗文集汇编：第288册.上海：上海古籍出版社，2010.

[128] 钱泳.履园丛话[M].北京：中华书局，1979.

[129] 黄达.一楼集[M]//四库未收书辑刊：第10辑15册.北京：北京出版社，2000.

[130] 祝德麟.悦亲楼诗集[M]//续修四库全书：第1463册.上海：上海古籍出版社，2002.

[131] 吴省钦.白华前稿[M]//清代诗文集汇编：第371册.上海：上海古籍出版社，2010.

[132] 金熙.灵园二十四咏[M]//中国人民政协青浦县委员会，文史资料委员会.青浦文史：第5辑.1990.

[133] 沈学渊.桂留山房诗集[M].刻本.郁松年，1844（清道光二十四年）.

[134] 张祥河.小重山房诗词全集[M]//清道光刻光绪增修本.

[135] 孙宝瑄.忘山庐日记[M].上海：上海古籍出版社，1983.

[136] 秦时昌.韭溪渔唱集[M]//四库未收书辑刊：第9辑27册.北京：北京出版社，2000.

[137] 梁章钜.退庵诗存[M]//续修四库全书：第1499册.上海：上海古籍出版社，2002.

[138] 梁章钜.浪迹续谈[M].刘知秋，苑育新，校注.福建：福建人民出版社，1983.

[139] 梁启超.梁启超全集[M].北京：北京出版社，1999.

[140] 叶观国.绿筠书屋诗钞[M].刻本.1792（清乾隆五十七年）.

[141] 陈恭尹.独漉堂诗文集[M].刻本.陈量平,1825（清道光五年）.

[142] 于敏中.日下旧闻考[M].北京：北京古籍出版社,1981.

[143] 吴长元.宸垣识略[M].北京：北京古籍出版社,1982.

[144] 爱新觉罗·弘历.清高宗御制诗集[M]//文渊阁四库全书.台北：台湾商务印书馆,1983.

[145] 爱新觉罗·弘历.清高宗御制文集[M]//文渊阁四库全书.台北：台湾商务印书馆,1983.

[146] 吴振棫.养吉斋丛录[M].童正伦,点校.北京：中华书局,2005.

[147] 李佐贤.石泉书屋类稿[M]//清代诗文集汇编：第624册.上海：上海古籍出版社,2010.

[148] 李佐贤.石泉书屋诗钞[M]//清代诗文集汇编：第624册.上海：上海古籍出版社,2010.

[149] 孙衣言.逊学斋文钞[M].清同治刻增修本.

[150] 曹庭栋.产鹤亭诗一稿[M]//四库全书存目丛书.济南：齐鲁书社,1997.

[151] 何子祥.蓉林笔抄[M]//张耀堂,吴鼎文.云霄历代诗文稿存.云霄县人大常委会编印,2009.

[152] 翟灏.台阳笔记[M]//台湾文献史料丛刊：第8辑第154册,台北：台湾大通书局,2009.

[153] 钱维城.钱文敏公全集[M].刻本.眉寿堂,1776（清乾隆四十一年）.

[154] 李继圣.寻古斋诗文集[M]//清代诗文集汇编：第278册.上海：上海古籍出版社,2010.

[155] 翁方纲.石洲诗话[M]//郭绍虞,编选.富行苏,校点.清诗话续编.上海：上海古籍出版社,1999.

[156] 沈德潜.唐诗别裁集[M].北京：中华书局,1979.

[157] 张岱.琅嬛文集[M].杭州：浙江古籍出版社,2013.

[158] 彭定求,等.全唐诗[M].北京：中华书局,1999.

[159] 金农.冬心题画记[M].杭州：西泠印社出版社,2008.

[160] 罗汝怀.湖南文征[M].长沙：岳麓书社，2008.

[161] 欧阳厚均.岳麓诗文钞[M].长沙：岳麓书社，2009年.

[162] 许宗彦.鉴止水斋集[M].刻本.德清：许氏，1819（清嘉庆二十四年）.

[163] 袁树.红豆村人诗稿[M]//清代诗文集汇编：第373册.上海：上海古籍出版社，2010.

[164] 钱谦益.列朝诗集[M].上海：上海古籍出版社，1983.

[165] 陈田.明诗纪事[M].上海：上海古籍出版社，1993.

[166] 王士禛.惠栋，金荣，注.渔洋精华录集注[M].济南：齐鲁书社，1992.

[167] 沈宗骞.芥舟学画编[M].北京：人民美术出版社，1959.

[168] 张岱.琅嬛文集[M].长沙：岳麓书社，1985.

[169] 汤贻汾.画筌析览 [M]//续修四库全书：第1083册.上海：上海古籍出版社，2002.

[170] 章学诚.叶瑛，校注.文史通义校注[M].北京：中华书局，1985.

[171] 王钧.养素园诗[M]//武林掌故丛编.清光绪丁氏竹书堂刊本.

[172] 洪嘉植.大荫堂集[M]//四库禁毁书丛刊补编：第85册.北京，北京出版社，2005.

[173] 汪鋆.清湘老人题记[M]//卢辅圣.中国书画全书：第8册.上海：上海书画出版社，1993.

[174] 潘衍桐.两浙輶轩续录[M]//续修四库全书：第1685册.上海：上海古籍出版社，2002.

[175] 刘彬华.岭南群雅[M].刻本.玉壶山房，1813（清嘉庆十八年）.

[176] 朱彝尊.曝书亭集[M].北京：商务印书馆，1929.

[177] 汪学金.静崖诗稿[M]//清代诗文集汇编：第422册.上海：上海古籍出版社，2010.

[178] 张潮.幽梦影[M].北京：中华书局，2008.

[179] 潘奕隽.三松堂集[M]//续修四库全书：第1460册.上海：上海古籍出版社，2002.

[180] 洪亮吉.洪亮吉集[M].刘德权，点校.北京：中华书局，2001.

[181] 杨芳灿.芙蓉山馆全集[M]//清代诗文集汇编：第1477册.上海：上海古籍出版社，2010.

[182] 李慈铭.越缦堂诗文集[M].刘再华，校点.上海：上海古籍出版社，2008.

[183] 谢俊美.翁同龢集[M].北京：中华书局，2005.

[184] 孔尚任.湖海集[M].上海：古典文学出版社，1957.

[185] 戴震.戴震文集[M].北京：中华书局，1980.

[186] 沈复.浮生六记[M].周如风，译评.北京：人民文学出版社，1980.

[187] 黄钧宰.金壶浪墨[M]//沈云龙.近代中国史料丛刊.台北：文海出版社，1996.

[188] 戴文灯.静退斋集[M].清乾隆刻本.

[189] 厉鹗.樊榭山房集[M].董兆雄，注.陈九思，标校.上海：上海古籍出版社，1992.

[190] 王杰，董诰，等.钦定石渠宝笈续编[M]//续修四库全书：第1072册.上海：上海古籍出版社，2002.

[191] 赵之壁.平山堂图志[M].扬州：广陵书社，2004.

[192] 郑时昌.韩江闻见录[M].吴二持，点校.广州：暨南大学出版社，2018.

[193] 赵尔巽.清史稿[M].北京：中华书局，1977.

[194] 和绅.乾隆热河志[M].台北：文海出版社，1966.

[195] 李卫，等.西湖志[M]//故宫博物院.故宫珍本丛刊：第264册.海口：海南出版社，2001.

[196] 梁诗正，沈德潜.西湖志纂[M]//沈云龙.中国名山胜迹志丛刊：第2辑.台北：文海出版社，1983.

[197] 翟灏，等辑.湖山便览：西湖新志[M].王维翰，重订.上海：上海古籍出版社，1998.

[198] 苏佳嗣.康熙长沙府志[M]//南京：江苏古籍出版社，2013.

[199] 吴文炘.乾隆原武县志[M].刻本.1748（清乾隆十三年）.

[200] 穆彰阿，潘锡恩.嘉庆大清一统志[M].四部丛刊续编影旧钞本.

[201] 曾国荃，郭嵩焘.光绪湖南通志[M].刻本.1855（清光绪十一年）.

[202] 崔懋.道光新城县志[M].扬州：广陵书社，2004.

[203] 高晋等.钦定南巡盛典[M]//文渊阁四库全书：第659册.台北：台湾商务印书馆，1982.

[204] 阿克当阿修，姚文田.嘉庆重修扬州府志[M].扬州：广陵书社，2006.

[205] 成瓘.道光济南府志[M].刻本.1840（清道光二十年）.

[206] 恩成修，刘德铨.道光夔州府志[M]//中国地方志集成.上海：上海书店出版社，1993.

[207] 黄瑶林.德县志[M].台北：成文出版社，1968.

[208] 冯桂芬.同治苏州府志[M].清光绪九年刊本.

[209] 延丰.重修两浙盐法志[M].刻本.1874（清同治十三年）.

[210] 顾云.盋山志[M].台北：文海出版社，1971.

[211] 张维屏.杏庄题咏序石刻[M]//冼剑民，陈鸿钧.广州碑刻集.广州：广东高等教育出版社，2006.

[212] 郑鹏云，曾逢辰.新竹县志初稿[M].台北：成文出版社，1984.

[213] 潘飞声.邱园八咏序[M]//江阳，吴芹，编辑.近代名人文选.上海：广益书局，1937.

[214] 林文龙.南投县志稿[M].台北：成文出版社，1984.

[215] 梁鼎芬.番禺县续志[M].广州：广东人民出版社，2000.

[216] 张华松.历城县志正续合编：第4册[M].济南：济南出版社，2007.

[217] 牛宝善.民国柏乡县志[M].台北：成文出版社，1976.

[218] 上海府县志辑[M].//上海地方志集成.上海：上海书店出版社，1991.

[219] 睢县地方史志编纂委员会.睢县志[M].郑州：中州古籍出版社，2006.

[220] 六盘水市地方志编纂委员会.六盘水旧志点校[M].贵阳：贵州人民出版社，2006.

[221] 陈谷嘉，邓洪波.中国书院史资料[M].杭州：浙江教育出版社，1988.

[222] 逯钦立.先秦汉魏晋南北朝诗[M].北京：中华书局，1998.

[223] 薛瑞兆，郭明志.全金诗[M].天津：南开大学出版社，1995.

[224] 曾枣庄，刘琳.全宋文[M].成都：巴蜀书社，1991.

[225] 李修生.全元文[M].南京：江苏古籍出版社，1997.

[226] 南京大学中国语言文学系《全清词》编纂研究室.全清词：顺康卷[M].
北京：中华书局，2002.

[227] 钱锺书.七缀集[M].北京：生活·读书·新知三联书店，2002.

[228] 王国平.西湖文献集成[M].杭州：杭州出版社，2004.

[229] 胡晓明，鼓国忠.江南女性别集初集[M].合肥：黄山书社，2008.

[230] 潘超，丘良任，孙忠铨，等.中华竹枝词全编：第3册[M].北京：北
京出版社，2007.

[231] 孙忠焕.杭州运河文献集成.杭州：杭州出版社，2009.

[232] 梅成栋.津门诗钞：下[M].卞僧慧，濮文起，校点.天津：天津古籍
出版社，1993.

[233] 江庆柏.江苏地方文献书目[M].扬州：广陵书社，2013.

[234] 童寯.江南园林志：第2版[M].北京：中国建筑工业出版社，1984.

[235] 衣学领.苏州园林历代文钞[M].王稼句，编注.上海：上海三联书
店，2008.

[236] 魏嘉瓒.苏州历代园林录[M].北京：燕山出版社，1992.

[237] 程国政.中国古代建筑文献集要：宋辽金元[M].上海：同济大学出
版社，2013.

[238] 翁经方，翁经馥.中国历代园林图文精选：第2辑[M].上海：同济大
学出版社，2005.

[239] 鲁晨海.中国历代园林图文精选：第5辑[M].上海：同济大学出版
社，2006.

[240] 程国政.中国古代建筑文献集要：清代 [M].上海：同济大学出版
社，2013.

[241] 陈诒绂.金陵琐志九种 [M].南京：南京出版社，2008.

[242] 程绪珂，王焘.上海园林志[M].上海：上海社会科学院出版社，2000.

[243] 王毅.中国园林文化史[M].上海：上海人民出版社，2004.

[244] 王毅.翳然林水：栖心中国园林之境[M].北京：北京大学出版社，2006.

[245] 李浩.唐代园林别业考论：修订版[M].西安：西北大学出版社，1996.

[246] 顾一平.扬州名园记[M].扬州：广陵书社，2011.

[247] 周维权.中国古典园林史：第3版[M].北京：清华大学出版社，2008.

[248] 周维权.园林·风景·建筑[M].天津：百花文艺出版社，2006.

[249] 陈从周.陈从周说园[M].长沙：湖南大学出版社，2009.

[250] 陈从周.帘青集.上海：上海书店出版社，2019.

[251] 陈从周，蒋启霆.园综[M].赵厚均.校订，注释.上海：同济大学出版社，2011.

[252] 陈从周.园林清议[M].南京：江苏文艺出版社，2005.

[253] 汪菊渊.中国古代园林史[M].北京：中国建筑工业出版社，2006.

[254] 金学智.中国园林美学[M].北京：北京出版社，2005.

[255] 金学智.风景园林品题美学：品题系列的研究、鉴赏与设计[M].北京：中国建筑工业出版社，2010.

[256] 金学智.苏园品韵录[M].上海：上海三联书店，2010.

[257] 衣若芬.云影天光：潇湘山水画之画意与诗情[M].台北：里仁书局，2013.

[258] 曹淑娟.孤光自照：晚明文士的言说与实践[M].天津：天津教育出版社，2012.

[259] 曹淑娟.祁彪佳与寓山园林论述[M].台北：里仁书局，2006.

[260] 曹林娣.中国园林文化[M].北京：中国建筑工业出版社，2005.

[261] 曹林娣.中国园林艺术论[M].太原：山西教育出版社，2001.

[262] 侯迺慧.诗情与幽境：唐代文人的园林生活[M].台北：东大图书股份有限公司，1991.

[263] 侯迺慧.宋代园林及其生活文化[M].台北：三民书局，2010.

[264] 庄岳，王其亨.中国园林创作的解释学传统[M].天津：天津大学出版社，2015.

[265] 王其亨.中国建筑史论集[M].沈阳：辽宁美术出版社，2014.

[266] 周琳洁.广东近代园林史[M].北京：中国建筑工业出版社，2011.

[267] 陈伯海.唐诗汇评：增订本[M].上海：上海古籍出版社，2015.

[268] 郁沅. 二十四诗品导读[M]. 北京：北京大学出版社，2012.

[269] 梁瑜霞，师长泰. 王维研究：第5辑[C]. 镇江：江苏大学出版社，2011.

[270] 王国维. 人间词话[M]. 上海：上海古籍出版社，2014.

[271] 冼剑民，陈鸿钧. 广州碑刻集[M]. 广州：广东高等教育出版社，2006.

[272] 周仁济. 历代长沙名胜诗词选[M]. 长沙：湖南文艺出版社，1991.

[273] 余正焕，左辅，张亨嘉. 城南书院志　校经书院志略[M]. 长沙：岳麓书社，2012.

[274] 周瑞松. 宁乡云山书院志[M]//赵所生，薛正兴. 中国历代书院志：第5册. 南京：江苏教育出版社，1995.

[275] 邓洪波，彭学爱. 中国书院揽胜[M]. 长沙：湖南大学出版社，2000.

[276] 李叔还. 道教大辞典[M]. 北京：华夏出版社，1993.

[277] 胡道静. 道藏要籍选刊[M]. 上海：上海古籍出版社，1989.

[278] 张岱年，程宜山. 中国文化论争[M]. 北京：中国人民大学出版社，2006.

[279] 白居易. 谢思炜，校注. 白居易诗集校注[M]. 北京：中华书局，2006.

[280] 高居翰，黄晓，刘珊珊. 不朽的林泉[M]. 北京：生活·读书·新知三联书店，2012.

[281] 石守谦. 移动的桃花源：东亚世界中的山水画[M]. 北京：生活·读书·新知三联书店，2015.

[282] 陈滢. 花到岭南无月令：居巢居廉及其乡土绘画[M]. 上海：上海古籍出版社，2010.

[283] 俞剑华. 宣和画谱[M]. 北京：人民美术出版社，1964.

[284] 庄申. 中国画史研究续编[M]. 台北：正中书局，1972.

[285] 朱万章. 明清广东画史研究[M]. 广州：岭南美术出版社，2010.

[286] 于安澜. 画品丛书[M]. 上海：上海人民美术出版社，1982.

[287] 俞剑华. 中国历代画论大观：第1编[M]. 南京：江苏美术出版社，2015.

[288] 方复祥，蒋苍苍. "金平湖"下的世家大族[M]. 北京：中国文史出版社，2008.

[289] 缪幸龙. 江阴东兴缪氏家集[M]. 上海：上海古籍出版社，2014.

[290] 徐侠.清代松江府文学世家述考[M].上海：上海三联书店，2013.

[291] 宗白华.美学散步[M].上海：上海人民出版社，2015.

[292] 莞城图书馆.容庚学术著作全集：第21册[M].北京：中华书局，2011.

[293] 徐师曾.文体明辨序说[M].北京：人民文学出版社，1962.

[294] 沈玲.随心随性　随情随缘：袁枚诗学研究[M].南京：南京大学出版社，2010.

[295] 钱仲联.清诗纪事·乾隆朝卷：第8册[M].南京：江苏古籍出版社，1989.

[296] 潘晟.地图的作者及其阅读：以宋明为核心的知识史考察[M].南京：江苏人民出版社，2013.

[297] 叶圣陶.开明书店二十周年纪念文集[M].上海：开明书店，1947.

[298] 冯亚琳.文化记忆理论读本[M].北京：北京大学出版社，2001.

[299] 王鑫磊.一座世界名城的文明多元化：扬州瘦西湖景观历史演进的文化解读[M].南京：东南大学出版社，2013.

[300] 徐复观.论艺术[M].北京：九州出版社，2014.

[301] 池长尧.西湖旧踪[M].杭州：浙江人民出版社，2000.

[302] 赵春晨，冷东.广州十三行与清代中外关系[M].广州：世界图书出版广东有限公司，2012.

[303] 萧驰.诗与它的山河：中古山水美感的生长[M].北京：生活·读书·新知三联书店，2018.

[304] 卡西尔.人论[M].甘阳，译.上海：上海译文出版社，2013.

[305] 阿兰·R.H.贝克.地理学与历史学：跨越楚河汉界[M].阙维民，译.北京：商务印书馆，2008.

[306] 迈克·克朗.文化地理学：修订版[M].杨淑华，宋慧敏，译.南京：南京大学出版社，2005.

[307] 宇文所安.中国"中世纪"的终结：中唐文学文化论集[M].陈引驰，陈磊，译.北京：生活·读书·新知三联书店，2006.

[308] 杨晓山.私人领域的变形：唐宋诗歌中的园林与玩好[M].文韬，译.南京：江苏人民出版社，2008.

[309] R. J. 约翰斯顿. 人文地理学辞典[M]. 柴彦威，译. 北京：商务印书馆，2004.

[310] 列斐伏尔. 空间：社会产物与使用价值[C]//夏铸九，王志弘编译. 空间的文化形式与社会理论读本. 台北：明文书局，2002.

[311] 姜斐德. 宋代诗画中的政治隐情[M]. 北京：中华书局，2009.

[312] 戴维·斯沃茨. 文化与权力：布尔迪厄的社会学[M]. 陶东风，译. 上海：上海译文出版社，2012.

[313] W. J. T. 米切尔. 风景与权力[M]. 杨丽，万信琼，译. 南京：译林出版社，2014.

[314] 丹尼尔·贝尔. 资本主义文化矛盾[M]. 赵一凡，蒲隆，任晓晋，译. 北京：生活·读书·新知三联书店，1989.

[315] 皮埃尔·布迪厄，华康德. 实践与反思：反思社会学导引[M]. 李猛，李康，译. 北京：中央编译出版社，1998.

[316] 内山精也. 传媒与真相：苏轼及其周围士大夫的文学[M]. 朱刚，等译. 上海：上海古籍出版社，2005.

[317] 小川环树. 风与云：中国诗文论集[M]. 周先民，译. 北京：中华书局，2005.

[318] 小川环树. 论中国诗[M]. 谭汝谦，梁国豪，译. 贵阳：贵州人民出版社，2009.

[319] 柯律格. 蕴秀之域：中国明代园林文化[M]. 孔涛，译. 开封：河南大学出版社，2019.

[320] 诺伯格·舒尔兹. 存在·空间·建筑[M]. 尹培桐，译. 北京：中国建筑工业出版社，1990.

[321] 梅尔清. 清初扬州文化[M]. 朱修春，译. 上海：复旦大学出版社，2004.

[322] 乔治娅·布蒂娜，伊恩·本特利. 设计与场所认同[M]. 魏羽力，杨志，译. 北京：中国建筑工业出版社，2009.

[323] 邬东璠. 说与寻常问景者，诗情画意此称灵：中国古典园林意的

"言象系统"初探[D].天津：天津大学，2005.

[324] 王铁华.主人的居处："看"视域的古典园林文化研究[D].北京：中央美术学院，2011.

[325] 郑庭筠.乾隆宫廷制作之西湖图[D].中坜：台湾"中央大学"，2009.

[326] 张筠.王原祁《西湖十景图》研究[D].台北：台湾师范大学，2014.

[327] 杨国荣.唐代组诗研究[D].福州：福建师范大学，2012.

[328] 李浩.论唐代园林别业与文学的关系[J].陕西师范大学学报（哲学社会科学版）.1996（02）55-59，175.

[329] 王鸿泰.闲情雅致：明清间文人的生活经营[J].故宫学术季刊.2004（01）：69-97.

[330] 杨希牧.中国古代的神秘数字论稿[J].中央研究院民族学研究所集刊.1972（33）：89-118.

[331] 萧驰.南朝诗歌山水书写中"诗的空间"的营造[J].中国文哲研究集刊.2012（03）：1-40.

[332] 李正春.论唐代景观组诗对宋代八景诗定型化的影响[J].苏州大学学报（哲学社会科学版）.2015（06）：167-172.

[333] 廖美玉.江山有待：建构物候诗学的思考路径[J].安徽师范大学学报（人文社会科学版）.2016（02）：144-159.

[334] 冉毅.宋迪其人及"潇湘八景图"之诗画创意[J].文学评论.2011（02）：157-164.

[335] 李开然.景观"意、境、流"概念及其语义学解读[J].中国园林.2008（09）：91-94.

[336] 李开然，央·瓦斯查.组景序列所表现的现象学景观：中国传统景观感知体验模式的现代性[J].中国园林.2009（05）：29-33.

[337] 张廷银.西北方志中的八景诗述论[J].宁夏社会科学.2005（05）：146-150.

[338] 张廷银.传统家谱中"八景"的文化意义[J].广州大学学报（社会

科学版）.2004（04）：40-45，90.

[339] 张廷银.地方志中"八景"的文化意义及史料价值[J].文献.2003
（04）：36-47.

[340] 王书艳.声音的风景：园林视域中的唐诗听觉意象[J].云南社会科
学.2012（03）：144-148.

[341] 周琼."八景"文化的起源及其在边疆民族的发展：以云南"八
景"文化为中心[J].清华大学学报（哲学社会科学版）.2009
（01）：106-115.

[342] 周裕锴.典范与传统：惠洪与中日禅林的"潇湘八景"书写[J].四
川大学学报（哲学社会科学版）.2004（01）：71-80.

[343] 程章灿，成林.从《金陵五题》到"金陵四十八景"：兼论古代文学对
南京历史文化地标的形塑作用[J].南京社会科学.2009（10）：64-70.

[344] 季进.地景与想象：沧浪亭的空间诗学[J].文艺争鸣.2009（07）：
121-128.

[345] 王双阳，吴敢.文人趣味与应制图式：清代的西湖十景图[J].新美
术.2015（07）：48-54.

[346] 邱雯.董邦达与《西湖十景》图[J].新美术.2015（03）：29-34.

[347] 曹福华.岁月沧桑话愚园[J].江苏地方志.2015（03）：10-21.

[348] 聂春华.诗意空间的权力经纬[J].暨南学报（哲学社会科学版）.2007
（03）：131-136.

[349] 张轲风，刘贞文.八景文化的起源和定型[J].文史知识.2021（6）：
71-77.

附　录

附录一　清代私家园林集景考述

在园林营造兴盛及八景文化盛行的社会氛围下，清代私家园林出现了大量园林集景。这些园林以八景、十景、十二景、十六景等多种景观称胜，在北方园林、江南园林、岭南园林中都十分流行，丰富了园林意境，扩展了园林声名。详见附表 1-1。

1. 西园十二景

西园是京城慎郡王允禧的王府花园。允禧，号紫琼道人，圣祖仁皇帝第二十一子，封慎郡王，有《花间堂诗钞》。允禧作《西园十二咏》，分咏桐露堂、扫石堂、红药院、平安亭、清吟亭、画筒楼、花间堂、紫栢寮、双径、冽井、鹤栅、月廊十二景之胜。如咏桐露堂："披衣窗欲明，朗诵南华卷。挹彼叶上珠，入我研朱砚。"①

2. 邸园（萃锦园）二十景

邸园是京城奕䜣恭王府邸花园，建于乾隆时期，又称萃锦园，其前身为乾隆时和坤园林。奕䜣，号乐道堂主人，道光第六子，封恭亲王。邸园二十景：曲径通幽、垂青樾、沁秋亭、吟香醉月、艺蔬圃、樵香径、渡鹤桥、滴翠岩、秘云洞、绿天小隐、倚松屏、延清籁、诗画舫、花月玲珑、吟青霭、浣云居、松风水月、凌倒景、养云精舍、雨香岑。奕䜣次子载滢于光绪年间

---

① 允禧：《花间堂诗钞》，见《四库未收书辑刊》第9辑22册，北京出版社，2000年，第57页。

作《补题邸园二十景》，每景有小序介绍景观并分题其胜，如曲径通幽："园之东南隅，翠屏对峙，一径中分。遥望山亭，水榭隐约，长松疏柳间，夹道老树干云，时闻鸟声引人入胜。行行入园路，山树青葱茏。曲折数十步，豁然蹊径通，野花间芳草，馥郁含香风。林鹤避生人，鸟恋深丛。客休畏迷误，不与桃源同。勿谓地幽僻，真趣在其中。"①

3. 水村十二景

水村是京城西北皇三子胤祉别墅。此处本为明监司所在地"一间楼"旧址，皇三子胤祉命陈梦雷居此。陈梦雷，字则震，号省斋，福建侯官人。康熙九年进士，授翰林院编修。陈梦雷《水村十二景》引言："村在城西北，河流环绕，榆柳千株。旧有监司建楼，其地俗呼一间楼。后入于贵戚而台榭增设矣。吾王殿下购得，命余居之，兼赐河西田二顷，俾得遂农圃之愿也。"② 东阁晴霞、西山晓翠、仆妇馌耕、书僮（童）作牧、曲沼鹅群、回塘娃鼓、花下鸣琴、柳荫垂钓、菊岸临风、芦航泛月、天际歌声、中流笛韵。陈梦雷作《水村十二景》词见于《松鹤山房诗集》。如《水村十二景调花发沁园春》，词曰："戚畹园林，更增斗阁，傍山且又环水。花枝烂熳，柳线飘潇，晴霞如绮，遥掩映诸峰深翠。小亭上一曲瑶琴，投竿堤畔堪喜。菊岸鸣蛙聒耳绕，河干鹅群，扑逐摇曳。牧童啸侣，馌饷人归，天际笙歌声起。人生贵贱，共逢场游戏。捻长笛和韵舟中，好邀明月同醉。"③

4. 安园四景

安园或位于京城，系德保家园。德保，字润亭，一字仲容，号定圃，别号庞村，满洲人，乾隆二年进士累官礼部尚书。有《乐贤堂诗文钞》。德保

① 载滢：《云林书屋诗集》卷二，见《清代诗文集汇编》编委会编：《清代诗文集汇编》第788册，上海古籍出版社，2010年，第179页。
② 陈梦雷：《松鹤山房诗集》卷五，见《清代诗文集汇编》编委会编：《清代诗文集汇编》第179册，上海古籍出版社，2010年，第125页。
③ 陈梦雷：《松鹤山房诗集》卷九，见《清代诗文集汇编》编委会编：《清代诗文集汇编》第179册，上海古籍出版社，2010年，第202页。

《安园四咏》分咏安园四景：槐荫轩、信果堂、味道斋、得佳亭。如咏槐荫轩："西舍有高槐，浓阴蔽我屋。㪃㪃生昼凉，浑欲忘三伏。南柯无梦到，聊以媚幽独。"①

5. 且园十二景

且园是京城法式善园林。法式善，字开文，号时帆，学者称梧门先生，乌尔济氏，蒙古正黄旗人，乾隆四十五年进士。且园十二景：小山、石笋峰、锡光楼、烟云室、存素堂、陶庐、诗龛、小西涯、勺西书屋、有竹居、石辋、来紫轩。法式善《且园记》："园何以名'且'？我且得而园之也。前乎此我不得而园之，后乎此我不得而园之。当其适然得之，而名之以'且'，谁曰不宜？"②法式善作有《得吴南芗文征济宁书兼寄且园十二景图册》《且园十二咏》等，如咏小山："兹山虽培塿，亦具向背势。花气澹春阴，坐待新雨霁。"③

6. 澹园二十四景

澹园为斌良京城所居园林。斌良（1784—1847），字笠耕，满洲正红旗人，官刑部侍郎，有《抱冲斋诗集》。斌良延请方朔（字小东）主澹园。张伯英云："斌良，字笠耕，官侍郎，与其弟法良字可庵者皆有文名，为满洲巨族。京师所居曰澹园，方小东朔为园中上客。小东集中澹园二十四咏可见池馆之盛。"④方朔《澹园二十四咏》分咏二十四景：镜鸥山房、嘉量轩、墨池、回岚洞、留云榭、向日阁、平台、蓬庐先月、观澜、听雨楼、瓶庵、紫藤书屋、竹韵斋、听绿山庄、话山亭、草堂、筠谷、韬华馆、曼陀罗室、绮晴阑、玉冠峰、红桥、枣花帘、百折廊。方朔咏镜鸥山房："水色碧于山，漫天

---

① 德保：《乐贤堂诗钞》卷下，清乾隆五十六年英和刻本。
② 法式善：《法式善诗文集》文集卷一，人民文学出版社，2015年，第1150页。
③ 法式善：《存素堂诗初集录存》卷九，清嘉庆十二年王墉刻本。
④ 转引自莞城图书馆编：《容庚学术著作全集》第21册，中华书局，2011年，第1763页。

还有树。客至一开颜，相忘鹤与鹭。"①斌良有《澹园八咏》一诗，选择澹园中听雨楼、逸亭、小虹桥、匏泾、碧峰、蓬庐先月、竹韵斋、曼陀花舍八处景观题咏，景名与方朔所题二十四景略有出入。

7. 述园十景

述园位于北京西城，道光时恩龄所筑。恩龄，字楚湘，满洲正红旗人，官江苏淮扬道，有《述园诗存》。述园系恩龄慕随园景物，"略仿小仓山之景，筑室开池，栽花补树，俱经名手助理，至可观也"②而筑。述园十景：可青轩、绿澄堂、澄碧山庄、晚翠楼、玉华境、杏雨轩、红兰舫、云霞市、湘亭罨、画窗。震钧《天咫偶闻》记："恩楚湘先生龄宅阜成门内巡捕厅胡同。先生于嘉庆间，曾官江苏常镇道。慕随园景物，归而绕屋筑园，有可青轩，绿澄堂，澄碧山庄，晚翠楼，玉华境，杏雨轩，红兰舫，云霞市，湘亭罨，画窗十景，总名述园。"③

8. 寓游园十景

寓游园位于天津城东，乾嘉时，盐商李承鸿建。李承鸿，字云亭，号秋帆，浙江山阴（今绍兴）人，"业盐来津，遂家焉"。寓游园文士云集，是继张氏问津园、查氏水西庄后的又一风雅之地。《民国天津县新志》卷二一"人物二"记载寓游园："沽上自遂闲堂张氏盛起园林，款接名士，极一时人文之盛，其后水西庄继之，迨查氏衰落，承鸿接畛前轨，虽具体稍微，而流风赖以不坠。"④寓游园十景：半舫轩、听月楼、枣香书屋等。李承鸿作有《咏园十景》《构寓游园成，同人以十景诗见贻，赋此为答》。如《咏园十景》之半舫迎秋咏："不作升沉计，胡为半舫名？山阴思放棹，沽上叹浮萍。红

---

① 方朔：《枕经堂诗钞》卷七，见《清代诗文集汇编》编委会编：《清代诗文集汇编》第668册，上海古籍出版社，2010年，第540页。

② 崇彝：《道咸以来朝野杂记》，北京古籍出版社，1982年，第96页。

③ 震钧：《天咫偶闻》卷五，北京古籍出版社，1982年，第123页。

④ 《民国天津县新志》，上海书店出版社，2004年，第774页。

蓼窗前色，黄花槛外英。五湖秋景好，坐此若遥迎。"①

9. 白云别墅二十四景

白云别墅位于辽宁沈阳辽水之畔，陈梦雷流放盛京时于康熙三十四年冬构筑。康熙二十年至三十七年，陈梦雷被流放盛京十七年，虽流放却颇喜盛京山水，在此构园。作《白云别墅记》："岁乙亥，道人为予言：白云山水佳胜逾千山，因结茅诵经其地。是岁冬仲，余冒雪驱车一视，大慰所怀，遂以丙子季夏市许氏别业移居焉。"②其《白云别墅二十四景》一诗咏一景：杏林晓日、菊岸晚风、雨后课耕、晴秋观获、鸟道杖藜、渔矶垂钓、暑雨趣耘、夕阳归牧、野艇渔灯、远冈樵唱、春壁花丛、秋崖锦叶、冰镜窥鱼、绣陌射雉、云岫探泉、虹梁观瀑、古洞鹿踪、绿阴莺语、沙渚浴凫、河干宿鹭、月夜松涛、霜天清磬、列嶂明霞、群峰霁雪。如杏林晓日咏："东风一夕遍天涯，春满仙人董奉家。曙色旱披千树锦，晨光倒映万峰霞。残红漠漠惊飞蝶，香片霏霏扑晓鸦。芳宴曲江当日事，山村索醉酒须赊。"③

10. 素园八景

素园位于盛京（今辽宁沈阳）城西，陈梦雷流放盛京时居于此，园广二亩许。陈梦雷于康熙二十六年在此构云思草堂，使之成为文人交往的中心。素园八景：曲水浴凫、瀑泉跃鲤、红药迎风、朱樱醉日、韭畦春露、菊圃秋云、夜月荷香、夕阳榆荫。陈梦雷《素园八景》分咏八景，如曲水浴凫："细流曲曲锁莓苔，傍母凫雏浴几回。漾到沙痕清浅处，等闲唼得岸花来。"④

---

① 梅成栋纂：《津门诗钞》（下），卞僧慧、濮文起校点，天津古籍出版社，1993年，第908页。
② 陈梦雷：《松鹤山房文集》卷五，见《清代诗文集汇编》编委会编：《清代诗文集汇编》第179册，上海古籍出版社，2010年，第416页。
③ 陈梦雷：《松鹤山房诗集》卷二，见《清代诗文集汇编》编委会编：《清代诗文集汇编》第179册，上海古籍出版社，2010年，第102页。
④ 陈梦雷：《松鹤山房诗集》卷八，见《清代诗文集汇编》编委会编：《清代诗文集汇编》第179册，上海古籍出版社，2010年，第175页。

11. 惬园十景（柳庄十景）

惬园又名柳庄，园在河北柏乡。园主魏柏祥，字元昌，号拙庵，直隶柏乡（今河北柏乡）人，笃学工诗。入清后筑惬园以归隐林泉，作《柳庄别墅记》《柳庄十景诗》。据《柏乡县志》载："柳庄在城南八里西汪村。赠宫保大学士魏柏祥别墅。本郭氏旧囿，复拓其址，植柳开径，易名柳庄。中有阅楼、平野堂、隐睡斋、半涛亭、竹安、雨观诸胜。自题十景曰宣雾晴岚、曰太行返照、曰园台肆眺、曰岳庙远钟、曰平野浮烟、曰长桥揽翠、曰高斋待月、曰桧幄闻涛、曰竹径流泉、曰荷池夜棹。自为文记之。"① 如园台肆眺一景："树色苍苍一坞春，樵渔相望老间身。城中青眼应无数，能解看山有几人。"② 其子魏裔介也作《惬园十景诗》："惬园在城南八里西汪村，先子所筑也。十景皆园中之胜。"如太行返照一景诗咏："山色东奔势若流，深林返景一园收。桃源旧址犹堪赏，莫说仙踪古赵州。"③

12. 余园八景

余园位于河南光州，建于同治八年，园主李嘉乐。李嘉乐（1883—?），字德申，号宪之，河南光州人，同治二年进士。李嘉乐《余园八咏》序："丁卯秋，先君子下世，奔归辍吟，己巳除服，期近于庭畔作假山，植花竹，额曰'余园'，分为八景各系以句。"余园八景：竹林玩石、松坞品茶、绕砌丛兰、穿篱杂豆、庭柯宿鹊、澄水游鱼、绿阴曲径、赤字悬崖。如竹林玩石一景："无竹不可居，得石快有余。砺我坚贞性，心学此君虚。"④

13. 依园十景

依园位于山西阳城，园主田懋。田懋，字德符、一琴，号退斋，山西阳城

① 牛宝善纂修：《民国柏乡县志》，成文出版社，1976年，第123页。
② 牛宝善纂修：《民国柏乡县志》，成文出版社，1976年，第123页。
③ 魏裔介：《兼济堂文集》卷一七，中华书局，2007年，第441页。
④ 李嘉乐：《仿潜斋诗钞》卷七，见《续修四库全书》第1559册，上海古籍出版社，2002年，第632页。

人。乾隆元年为都察院礼科给事中，官吏部侍郎。乾隆二十六年于阳城修建别墅，奉亲养母。依园十景：小台丛碧、乔木长青、霜天红叶、月夜花茵、幽畦芍药、芳征梅花、林中高阁、花下茅亭、春风杨柳、秋水兼葭。乔于洞作《田少宰以依园十景命赋》，其咏小台丛碧："名园丛翠竹，泠泠台边绕。虚中风韵多，阴森烟雾杳。劲节欲参天，密叶时过鸟。可怜一望碧，转使高台小。登台挹此君，自觉俗气少。"①钱维城《依园八景和田退斋少宰即送归山右八首》，绘有《依园八景图》，八景为：梅径、芍药圃、好风亭、云壑、丛碧台、新月步、红叶坡、冬秀轩，相比于十景之题，缺少春风杨柳、秋水兼葭二景。

14. 北园十景

北园在山东曲阜，孔贞瑄园。孔贞瑄，字璧六，号历洲，晚号聊叟，山东曲阜人。顺治十七年（1660）举人。官泰安学正，云南大姚知县，罢归后购北园。孔贞瑄《北园十景》分咏北园十景之胜：古堞朝霞、莲塘暮雨、介石藏云、孤松梗日、层台玩月、曲沼观鱼、梅坞鸣琴、石船垂钓、茅亭雪霁、柳浪莺声。如古堞朝霞一景："曲阜元来少崞都，元公胙土有遗模。壁经检校哀衣老，偶筑荒园占一隅。朝旭分光腾海角，赤城炫彩映蓬壶。自闻蒙发千秋后，信有烛龙照夜珠。"②

15. 澄碧园十二景

澄碧园位于山东德州，是德州粮道署的花园。乾隆御史曹锡宝题澄碧园十二景：笠瓢春晓、伊亭柳浪、长廊塔影、射圃槐荫、壑舟听雨、曲沼荷风、方桥蛙鼓、沧浪夕照、平台秋月、小艇渔竿、东篱花午、环峦积雪。曹锡宝，字鸿书，一字剑亭，号容圃，上海人。乾隆年间，官督粮道，参与四库全书馆修书，授陕西道监察御史。曹锡宝《澄碧园十二咏》五言诗分咏十二景，序云："粮道署旧为户部分司，廨内有化龙池、繁露堂古迹也，余

---

① 乔于洞：《思居堂集》卷一，见《四库未收书辑刊》第7辑28册，北京出版社，2000年，第9页。
② 孔贞瑄：《聊园诗略续集》卷一四，见《清代诗文集汇编》编委会编：《清代诗文集汇编》第131册，上海古籍出版社，2010年，第527页。

更为点缀十二景，并记以诗。"如咏笠瓢春晓："岂谓春如海，乃于一瓢贮。蓝色与鸟声，槛外纷几许。寓目多所欣，忍寒聊伫停。①

16. 西城别墅十三景

西城别墅位于山东淄博桓台，康熙二十四年王士禛长子王启涑在其高祖王之垣长春园故址上营构。王启涑，字清远，西城别墅又称"清远山居"。王士禛作《西城别墅记》："西城别墅者，先曾王王父司徒府君西园之一隅也。……康熙甲子，予以少詹事兼翰林侍讲学士，奉命祭告南海之神，将谋乞归侍养祭酒府君，儿涑念予以归无偃息之所，因稍葺所谓石帆亭者。"②园中有十三景：绿萝书屋、啸台、春草池、石丈山、竹径、大椿轩、小华子冈、石帆亭、三峰、双松书坞、樵唱轩、小善卷、半偈阁。王士禛、王启涑以西城别墅景观广征题咏，有朱彝尊《寄题新城王上舍启深园居十二首》与《和王清远西城别墅诗十三首》、吴雯《西城别墅诗十四首阮亭先生属作》、陈恭尹《寄题王阮亭西城别墅十三咏》、宋荦《西城别墅诗为王清远赋十二首》、赵执信《西城别墅十三咏为阮亭侍郎作》、查慎行《西城别墅十三咏新城王清远属赋》、惠周惕《新城先生属和城西别墅杂咏十三首》、阎咏《和王阮亭少司马西城别墅十三咏》、尤珍《西城别墅十三咏》、陈鹏年《奉和新城王夫子西城别墅元韵十三首》等诸多题咏。康熙年间刻有李来章《新城王氏西城别墅十三咏》一卷，有《礼山园集》本。王士禛编《西城别墅倡和集》。

17. 抑园三十二景

抑园位于山东兖州道署西偏花园，"园小而石最多，每石辄有题字，因广为三十二景以张之"。抑园三十二景：青未了、知乐桥、涧壑余清、霞起坡、长春山、花屿兰皋、寻鹤磴、青芙蓉、森笋坞、临众芳、采香径、小匡庐、倚松约、听涛、桃花坪、清凉窟、碧云洞、霁华台、韵琴亭、西北有高

---

① 黄瑶林：《德县志》，成文出版社，1968年，第464页。
② 王士禛：《西城别墅记》，见程国政编注：《中国古代建筑文献集要·清代》上册，同济大学出版社，2013年，第95页。

楼、印月池、小褐石、妙莲岩、黄云见、绿阴枰、湛绿溪、石镜、鱼峡、梅岭、榆阴泉、青狮峰、又一村。张百熙作《抑园杂诗十二首并序》，光绪年间曾任青州知府的李嘉乐作有《抑园三十二景诗并序》，如咏青未了："一十二万年，青天青未了。吾园适象之，苍苍不妨小。"①

18. 也可园十景

也可园位于山东历城，在济南运署后园，建于乾隆五十四年。阿林保任山东盐运使时初构，陈弼夫重葺。阿林保，字雨窗，号适园，满洲正白旗人。嘉禾周升恒作《也可园记》："济南运使治所廨宇之后有隙地焉，旧芜不治。雨窗阿公以岁戊申莅官修附振疲，惟日孜孜不遑自暇逸其于居处观游之适泊如也。越明年……始命薙奥草蠲涂坏既辟既夷，朴斫既涂。于是厅堂轩庑之制略具。……然则公所施设无所之而不可，兹园特其寄焉者也。是宜以也可名。"②据成瓘《道光济南府志》卷六九记载，国朝盐运使阿林保作《也可园十咏》，据此知也可园十景：春雨山房、好风凉月轩、漱泉亭、集翠亭、洒然亭、曲池、平台、苹香室、射堂、鹤梦轩。如咏春雨山房："江南好烟景，佳日多清游。闲情眷畴曩，仿以林泉幽。茅茨谢丹臒，美矣何多求。开尊新旧雨，列坐东西头。檐花落镫前，欲醉闻吴讴。迢迢楚山梦，淼淼春江流。"③

19. 品泉山房八景

品泉山房位于山东历城城南，光绪年间唐尧卿寓居之所。品泉山房八景：柳岸花明、榴林锦簇、洞前飞瀑、窗外奇岸、石栈骑驴、春波浴鸭、晚凉洗马、夜雨闻钟。唐尧卿《品泉山房八景》："余居省城将十稔，嫌其嚣

---

① 李嘉乐：《仿潜斋诗钞》卷五，见《续修四库全书》第1560册，上海古籍出版社，2002年，第135页。

② 《民国续修历城县志》，见《中国地方志集成·山东府县志辑5》，凤凰出版社，2004年，第500—501页。

③ 成瓘：《道光济南府志》卷六九，清道光二十年刻本。

杂。光绪乙酉春，借寓城南品泉山房，面溪枕山、门临琵琶泉，左右列珍珠、黑虎二泉。荇菜交横，泉声盈耳，高旷清幽，足以怡情养性，用拟八景，附之以诗。"如咏柳岸花明一景："陈君性好静，年老逸兴赊。居住众香国，许我借为家。（主人于门阶厝四围短垣列各种盆花于上，开时红白相间，真不减花为四壁也。）"[①]

20. 节园四景

节园位于甘肃兰州，系陕甘总督署所在地。始建于明建文元年（1399），后为明肃王府花园，后称节园。清光绪四年，左宗棠任陕甘总督时开放督署节园而成为一处公共园林。左宗棠《甘肃督署园池记》："陕甘总督使者驻节兰州，其署有肃王故邸也。基宇壮阔，园亭之胜为诸行省最"[②]。园中有澄清阁、独乐轩、饮和池、一系亭（槎亭）四景。施补华《节园四咏》，咏独乐轩一景："宗臣拥旌旄，西顾忧患始。干戈定何年，疮痍惨如此。纷纭计兵食，终夕每三起。秦陇出垢污，洗手还天子。重城初驻节，老圃常曳履。屋上娟娟山，屋下泠泠水。拄杖过前轩，开颜时一喜。飞来群鸟雀，饮啄得所止。罗网自无惊，鸣声悦人耳。谁云公独乐，众乐亦未已。优游谢君实，闲卧洛城里。"[③]

21. 醒园十二景

醒园位于新疆伊犁，系施光铬遣戍伊犁时所筑。施光铬，字静方，号柳南，钱塘人，乾隆三十三年举人，后任叙州知府。据潘衍桐《两浙辀轩续录》补遗卷二："吴振棫曰：柳南由考取中书军机章京入直，颇有勤能之誉，出为荆州同知擢知施南府。丁艰服阕再授叙州知府。值北塞用兵以迟悞军饷遣戍伊犁，因于塞外筑醒园，有《醒园十二咏》。"[④]清人王大枢《西征录》

---

① 张华松：《历城县志正续合编》第4册，济南出版社，2007年，第406页。
② 左宗棠：《左宗棠全集（家书·诗文）》，刘泱泱校点，岳麓书社，2014年，第328页。
③ 施补华：《泽雅堂诗二集》卷二，清光绪十六年两研斋刻本。
④ 潘衍桐：《两浙辀轩续录》补遗卷二，清光绪十七年刻本。

记乾隆五十四年，保宁组织纂修《伊犁志》："共事者，浙江举人原知府施光略、山东进士原知县赵君（钧）彤。"①醒园十二景：天涯话旧之堂、青春作伴斋、萍泊舫、方庵、半亭、倚楼、啸台、小好洞天、曲池、水来桥、瘗鹤龛、待月廊。如施光辂《醒园十二咏》之咏天涯话旧之堂："万里逢亲旧，相于促席谈。他乡悲喜共，多难别离谙。已往嗟何及，从今唾亦甘。家山归有日，还约结茅庵。"②于园亭之中寄寓思乡之情。

22. 亦园十景

亦园，位于四川成都，乾隆四十六年由查礼所辟。查礼，字恂叔，号俭堂，一号榕巢，直隶宛平（今北京）人，历官四川布政使、湖南巡抚。据《蕉廊脞录》记载："成都布政使署亦园，乾隆辛丑宛平查俭堂先生礼所辟。有怡情育物之堂、不波馆、红蓼桥、种山台、小绿天亭、依花避树廊、花坞校书房、引凉径、此君亭、接翠轩诸胜。"③亦园十景：怡情育物之堂、不波馆、红蓼桥、种山台、小绿天亭、依花避树廊、花坞校书房、引凉径、此君亭、接翠轩。查礼《亦园十咏有序》："成都藩署后旧有园址荒已久矣。余莅任后，芟芜涤秽，捐资构堂以及亭馆轩廊，为暇日遣兴之所。虽未备园林之胜，亦居然园也。以亦名园复于各所识以四韵。"④吴省钦作《亦园十咏诗寄题四川布政使查礼》《寄题榕巢方伯锦城使署亦园十咏》⑤咏此十胜。按，清人俞廷举《亦园送秋诗》序所记亦园十景："锦城薇垣之西，袤广百亩。宛平查方伯官此，创别墅号'亦园'。亭台池馆，其景有十：曰怡情育物之堂，曰花坞校书房，曰种山台，曰小绿天亭，曰不波馆，曰此亭，曰接翠轩，曰引凉径，曰依花避树廊，曰红蓼桥。天然画图，古之绿野辋川不是过也。公余每偕佳客名流，饮酒赋诗其间。"⑥此亭当是"此君亭"之误。

---

① 王大枢：《西征录》，线装书局，2003年，第7147页。
② 潘衍桐：《两浙輶轩续录》补遗卷二，清光绪十七年刻本。
③ 吴庆坻：《蕉廊脞录》，张文其、刘德麟点校，中华书局，1990年，第249页。
④ 查礼：《铜鼓书堂遗稿》卷二四，清乾隆查淳刻本。
⑤ 吴省钦：《白华前稿》卷五九，清乾隆刻本。
⑥ 俞廷举：《一园文集》，唐志敬、张汉宁、蒋钦挥点校，广西人民出版社，2001年，第84页。

23. 青云圃十二景

青云圃位于江西南昌定山桥附近，为清初八大山人朱耷隐居之所。朱耷，字雪个，号八大山人、道朗等，江西南昌人，善书画，以水墨写意为主。顺治十八年，朱耷于南昌创建青云圃道院，作《青云谱志略》。据《青云谱志略》："静宇清幽，局致迥俗，不过借人事以完化工。盖环廊爽朗以舒神气，花鸟夹道以见性天。种种借镜鉴真，修行人领会，必少有所补。"①经六七年建设，青云圃始成十二景：岭云来阁、香月凭楼、五夜经幡、七星山枕、池亭放鹤、柳岸闻箫、五里三桥、一涧九曲、钟声谷应、芝圃樵归、荷迎门径、梅笑林边。嘉庆年间，此园又称"青云谱"。

24. 藏园二十四景

藏园位于江西南昌，是蒋世铨晚年所居之园，"其名园以'藏'也，取'善刀而藏之'之意"②。蒋世铨，字苕生，一字心馀，号清客，别署藏园，自称离垢居士，江西铅山（今江西上饶）人，著有《藏园诗》《藏园九种曲》等。藏园二十四景：小鸥波草堂、含颖楼、定盦、养宧、两当轩、四出方丈、邀鱼步、藕船、泽芝一曲、酿春花榭、茶烟奥、青珊瑚馆、玲珑虎、夻月移、因屋、独树老夫家、秋竹山房、晚晴牗、芳润斋、香雪斋、绿隐楼、习巢、铸所、晚香书屋。乾隆四十二年蒋士铨作《藏园二十四咏》，如咏小鸥波草堂一景："白鸥如病翁，照影一池水。我是忘机人，四十知所止。何必莲花庄？梁鸿堪老矣。"③

25. 西园八景

西园位于江西广信（今江西上饶），系王赓言任广信府太守时居所。王赓言（1752—1825），字赞虞，别号箕山，山东诸城人，乾隆五十八年进士，嘉庆时任广信府知府。西园八景：灵山、信江、文笔峰、古钟、荷池、石笋、竹院、桐庐，如吴嵩梁《西园八景为王簧山太守作》咏信江一景："信江三百里，怒涛不肯东。高岸触更回，往往声激春。夜闻雷雨壮，仰天月正中。瀑布落何处，梦绕香炉峰。"[①]

26. 抱素山房十景

抱素山房位于江西长宁，园主邱上峰。邱上峰，号眉三，江西长宁（今江西赣州）人，雍正二年进士，授官知县，著有《簬村诗集》。抱素山房十景：梅坞秋阴、桃花绕屋、楼角秋月、金莺纤柳、曲沼荷香、北涧泉韵、南屏雨阵、项山晓翠、西岭夕阳、连垄黄云。邱上峰《抱素山房十景》咏梅坞秋阴一景："篆苔浑泼绿，石座映清澄。翠滴午中露，凉驱秋后蝇。莺簧通叶镩，蝶粉拂枝棱。挟得孤山趣，伊何怯夏蒸。"[②]

27. 灌园十景

灌园所在不详，或在安徽。当为汪瑶若园。汪瑶若，安徽皖江人。据潘江《灌园十咏为汪瑶若赋》，灌园十景：镜香轩、陆舫、隐绿亭、桐彻、荷池、榴窗、竹溪、污樽、药廊、听秋廊。潘江，字蜀藻，号木厓，安徽桐城人，康熙间诸生，隐居于桐城龙眠山。如咏镜香轩一景："分明一阵香，是荷还是水。莫向镜中猜，香在此轩里。"[③]

28. 赐金园十二景

赐金园位于安徽桐城龙眠山，张英于康熙二十一年葬父乞归于龙眠山，建双溪草堂、赐金园。张英，字敦复，号圃翁，康熙六年进士，官至文华殿大学士兼礼部尚书。赐金园之名取感谢天子赐金之意，据张英《赐金园记》："壬戌之归，此愿益迫。故人左子橘亭遂成予志。……天子之赐金归

---

① 吴嵩梁：《香苏山馆集·古体诗钞》卷八，清木犀轩刻本。
② 邱上峰：《簬村诗全集》，见《清代诗文集汇编》编委会编：《清代诗文集汇编》第260册，上海古籍出版社，2010年，第402页。
③ 潘江：《木厓集》卷二四，清康熙刻本。

而营优游燕闲之地，以朝夕寝处其中。……因以赐金名园。"①张英《赐金园十二咏》所咏十二景为：学圃斋、香雪草堂、南轩、北轩、寄心亭、也红亭、清池、竹坞、桃溪、松径、芙蓉沜、碧潭。如咏学圃斋一景："圃翁性嗜圃，嘉蔬日翦溉。叹息潘安仁，岂识霜薤味。"②

29. 怡园十二景

怡园位于湖北汉阳莲花湖北侧。此地原主朱氏旧园，包祥高于嘉庆年间在此建怡园。包祥高，字包山，包云舫之侄。包云舫，字遐裕，江苏丹徒人，盐商。③道光二年（1822）刊行的范锴《汉口丛谈》卷五记载："包山司马祥高，其胞侄也。磊落好文，尝得朱氏旧圃，垒湖石构亭台为觞咏地，名曰'怡园'。"④怡园十二景：亭北春红、廊西秋碧、仄径竹深、澄池荷净、薇架花香、蓉屏月影、小山藂桂、巉石洞天、曲磴古梅、悬崖瀑布、平台歌舞、高阁琴书。包十七作有《怡园十二咏》分咏园中十二景。按：包十七盖指祥高。詹应甲作《和包十七怡园十二咏》咏亭北春红一景："十分春醉琼筵酒，百斛香围画槛风。平地楼台高北斗，赐绯不与众芳同。"⑤包山还延请画师绘《怡园十二景图》，文人题咏颇多。

30. 补园八景

补园位于长沙关监督署花园。补园八景由朱彭寿所题。朱彭寿，号述庵，光绪二十四年进士，官至内阁中书。补园八景：画阁飞觞、蕉轩话雨、西亭望岳、东观读书、碧嶂烟萝、雕栏红药、梧垣古碣、石径幽篁。朱彭寿

① 张英：《笃素堂文集》卷八，见《清代诗文集汇编》编委会编：《清代诗文集汇编》第150册，上海古籍出版社，2010年，第419—420页。
② 张英：《文端集》卷二三，见《文渊阁四库全书》第1319册，台湾商务印书馆，1986年，第494—495页。
③ 按《中国古代园林史》载，怡园是包云舫所筑。据范锴记载，怡园为包云舫侄儿包祥高所筑。范锴与包山为好友，此说当是。
④ 范锴著，江浦等校释：《汉口丛谈校释》卷五，湖北人民出版社，1999年，第339—340页。
⑤ 詹应甲：《赐绮堂集》卷一七，清道光止园刻本。

《安乐康平室随笔》卷四："湖南长沙关监督公廨，为长宝盐法道旧署，署之西南隅，有小园数亩，昔某观察曾以补园名之。……甲寅岁，余入湘司榷，春秋佳日，每集朋僚殇咏园中，公余辄独自抚松盘桓，颇觉地偏心远，因戏拟为八景，并各赋五言绝句一首，以志鸿雪因缘。八景者：一画阁飞舫，二蕉轩话雨，三西亭望岳，四东观读书，五碧嶂烟萝，六雕栏红药，七梧垣古碣，八石径幽篁。"①

31. 静园八景

光绪时龚镇湘于湖南长沙岳麓山与谷山之间构筑静园。静园八景：云母晴岚、石润泉声、止水柳钓、竹屋延凉、双冈松韵、寺钟迎月、梅簃诗讯、圭峰积雪。龚镇湘《静园八景图题咏集自记》云："八景图予成，静园属外甥张子憩云所作也。予家居湘城西二十里……丙申南归，田园半属荒芜……于是鸠工庀材，依旧宅旁筑室数楹，为岁时家祭之所，诛茅刘草滋培梅竹，添种四时花果。虽地势所限，丘壑无多，而轩窗无俗韵，山鸟弄新声，因取明道先生万物静观皆自得意，自署门额曰静园……予四十后别号静盦，以静名园，见此园本吾自有也。而园中八景即于此时出焉。"②张憩云绘《静园八景图》，龚镇湘辑《静园八景图题咏集》一卷，辑录有张百熙、易顺鼎、李祥霖等友人题咏静园八景之作。如龚镇湘咏竹屋延凉一景："绕屋皆竹，屋右平地大亩许，绿荫参天，伏日均于此间避暑。绕屋参差半竹枝，虚心劲节久相师。四时宛若春长住，人世炎凉两不知。"③

32. 渐园八景

渐园位于重庆奉节，即重庆夔州府署园。道光年间，夔州通守李锋在府内构筑花园，名渐园。李锋，字铁村，号筱园。据恩成《李筱园先生诗传合录

① 朱彭寿：《安乐康平室随笔》卷四，见《近代中国史料丛刊三编》，文海出版社，1987年，第248页。

② 龚镇湘：《静园八景图题咏集》，清宣统元年刻本。

③ 龚镇湘：《静园八景图题咏集》，清宣统元年刻本。

序》:"筱园先生守夔去今十三稔矣,其学问经济得之传闻者,皆足为余师。"①
渐园之名取自《周易》,"《周易》有之巽上艮下,其卦为渐。渐者,进也。山
上有木,渐之象。鸿渐于磐,渐之地是素位而行之义也"。渐园八景:船房、
舟行天下、文山书屋、凝翠院、鉴塘、小轩、西院、耐冬小厦。道光时刘德铨
作《渐园八景记》:"渐园中八景仿韦延厚盛山十二景故事为之记。"②

33. 云南督署宜园十景

宜园,即昆明云南督署花园。道光六年阮元任云贵总督,道光十四年
曾修葺宜园,据阮元《改造与春楼》记:"滇署宜园北之与春楼,康熙戊辰
范公承勋建。……道光十三年,楼欹坏,东架更朽。十四年秋,余修正之,
改造东架。"③精心修葺督署园亭,成亭馆花木之胜。宜园十景:仙馆昙云、
虚斋香雪、南轩赏雨、山房贯月、花棚序射、蔬圃咬香、石礿观鱼、宜亭来
鹤、竹林茶隐、禹岭怡云。阮元作《云南督署宜园十咏》,每首诗前有小序,
说明每一景观的方位。如仙馆昙云一景:"(昆华仙馆粉匾无款,在园东北,
前有昙花一株,高覆玲石,大人以纸书'琅嬛仙馆'匾,加于木匾之上。)昙
云覆昙花,昙花护仙馆。云蒸晓露香,花散春云满。我无仙释情,怡云亦
萧散。终朝趣事心,暂许对花懒。"④

34. 养素园十景

养素园位于浙江杭州,此地原为金氏友庄庵。乾隆时期王钧晚年归乡
后购得此地,名之养素园,"阶前老树,多近百年。屋数廛,石数卷,颇称
朴野"⑤,于此课子耕读。王钧,字驭陶,浙江钱塘人。华嵒《无题》诗云:

① 恩成修、刘德铨:《道光夔州府志》卷三六,见《中国地方志集成》,上海书店出版社,
1993年,第33页。
② 恩成修、刘德铨:《道光夔州府志》卷三五,见《中国地方志集成》,上海书店出版社,
1993年,第33页。
③ 阮元:《揅经室集》续四集诗卷一一,文选楼丛书本。
④ 阮元:《揅经室集》续四集诗卷七,文选楼丛书本。
⑤ 王钧:《养素园诗》,见武林掌故丛编,清光绪丁氏竹书堂刊本。

"驭陶王先生者，嗜古笃学，筑居烟水荷柳间，枕山面田，以家业训子孙，且读且耕，计无虚度，遂拟'宝日'二字铭其轩，云令子容大兄与仆交亲。"①养素园十景：绕屋梅花、倚楼临水、远树柔蓝、乾溪雨涨、夏木垂阴、疏雨梧桐、三秋丹桂、古寺鸣钟、秋深红叶、远山雪霁。乾隆年间王钧、王德溥父子合辑《养素园诗》四卷，以养素园十景题咏为中心，卷一至卷三为《十景旧作》《十景新作》《十景后作》，辑得沈德潜、陈维崧、蒋士铨、洪昇、金农、杭世骏等四十余人题咏养素园十景之作。

35. 不疏园十二景

不疏园是乾隆年间汪泰安所构筑的园林，位于浙江西溪。汪泰安，安徽歙县人，后寓于杭州，筑不疏园读书自娱。园名取陶渊明诗"暂与田园疏"反意。其子汪梧凤，字在湘，号松溪，自号不疏园主人。汪梧凤《勤思楼记》云："先君子治田为园，园北有堂，颜之曰不疏，盖取陶诗'暂与田园疏'意而反之，亦欲使后之读书其中者，常守厥志，不致苟于利禄，而饕餮于宠荣也。"②园中藏书丰富。汪梧凤次子汪灼（字渔村）作有《不疏园十二咏》以五言绝句分咏十二景：六宜亭、别韵、拜经草堂、松溪书屋、山响泉、勤思楼、双桐得夏阴、竹北华南、半隐阁、听雨轩、不浪舟、黄山一角。

36. 绵潭山馆十景

绵潭山馆位于浙江杭州，是汪启淑家园。汪启淑，字季峰，号讱庵，安徽歙县人，寓于杭州，官兵部主事。绵潭山馆十景：葆真堂、讱庵、翠香阁、律素书屋、息轩、啸云楼、蓼阳茨屋、待目簃、莓径、泽花腴莱井。蒋士铨《绵潭山馆》分咏十景，吴俊《绵潭山馆十咏》之葆真堂一景："不学安州食蜜老，不参木塔老婆禅。安心便是昌身诀，白木窗扉青竹椽。"③纪

---

① 华嵒：《离垢集：新罗山人华嵒诗稿》卷五，唐鉴荣校注，福建美术出版社，2009年，第148页。

② 汪梧凤：《松溪文集》，见《清代诗文集汇编》编委会编：《清代诗文集汇编》第359册，上海古籍出版社，2010年，第12页。

③ 吴俊：《荣性堂集》卷五，见《续修四库全书》1464册，上海古籍出版社，2002年，第42页。

昀《汪水部启淑绵潭山馆十咏》咏葆真堂一景："群动纷营营，机巧日相胜。徒云抵彼瑕，宁识漓吾性。至道咏以拙存，爱汝心无竞。"①

37. 潜园十景

潜园位于浙江杭州，嘉庆时屠倬购杨孝廉别业增筑而成。梁章钜《浪迹续谈·三谈》卷一："武林城中潜园之名颇著，其地在下段最远。屠琴坞太守倬得余姚杨孝廉别业而增筑之，园中湖石最多，清池中立一峰，尤灵峭，郭频伽名之曰'鹭君'。道光间，此园归范吾山观察玉琨。"②屠倬，字孟昭，号琴坞，晚号潜园，钱塘人，嘉庆十三年（1808）进士，官至九江知府。潜园十景：盟山堂、招隐居、鹭君峰、回波池、宝颜斋、三十六峰处、半笠亭、倚松阁、一宿觉庵、翦雪楼。沈钦韩《屠孟昭潜园十咏六言》，如咏盟山堂一景："哙等乃与为伍，湛辈当如此言。仕宦因人寒热，诗书是我系援。"③

38. 文园八景

文园位于浙江杭州。园主周雯，字雨文，浙江钱塘人，有园名山居，中多奇石。据朱彭《吴山遗事诗》记载："周雯，字雨文，钱塘人。初家吴山下太庙巷，有园名山居，中多奇石。毛稚黄、林西仲、王丹麓俱为赋诗。"④后改建为紫阳别墅，作为书院。陈鹏年作《题周雨文文园八景》，文园八景有：螺泉、寻诗径、春草池、垂钓矶、笔架峰、石鹦鹉、石蕊、石蟾蜍。如咏笔架峰一景："矗立见三峰，峰峰自崒嵂。若断复相连，空霱状难匹。天然琢珊瑚，架此徐陵笔。"⑤

---

① 纪昀：《纪晓岚文集》第1册，孙致中等校点，河北教育出版社，1995年，第511页。
② 梁章钜：《浪迹续谈》卷一，刘叶秋、苑育新校注，福建人民出版社，1983年，第17页。
③ 沈钦韩：《幼学堂诗文稿》诗稿卷一一，清道光八年增修本。
④ 朱彭：《吴山遗事诗》，见《丛书集成续编》第22册，新文丰出版公司，1988年，第9页。
⑤ 陈鹏年：《陈鹏年集》，李鸿渊校点，岳麓书社，2013年，第150页。

39. 紫阳别墅十二景

紫阳别墅位于浙江杭州，前身为周雨文文园，后园归高熊征。高熊征，字渭南，广西岑溪人，顺治十七年副贡生。任两浙盐运司时于康熙四十二年建紫阳别墅，十二景为：乐育堂、南宫舫、五云深处、别有天、寻诗径、看潮台、巢翠亭、螺泉、鹦鹉石、笔架峰、垂钓矶、簪花阁。高熊征作《紫阳别墅十二咏》分咏十二处景致，如咏乐育堂一景："登堂肃冠绅，前修缅矩矱。俯仰尽吾徒，吾岂忘吾乐。"①

40. 泻春园八景

泻春园位于杭州湖墅珠儿潭，丁丙所筑。丁丙（1832—1899），字松生，号松存，钱塘人，其八千卷楼藏书甚丰。娶妻湖墅凌氏。泻春园毁于太平天国之乱。泻春园八景：静涵室、玉照轩、初照楼、延月亭、露香楼、珠儿潭、仙掌峰、周旋廊。凌祎《玉照堂吟稿·泻春园》分咏八景。其序云："四叔泻春园，在湖墅珠儿潭。劫后重过，荒芜满目，旧迹全迷。潭水塞源，巨石尚立。抚今追昔，不能忘情。即景各记一绝。别有感托，不仅平泉花木之怀也。"②丁丙《泻春园八景》咏静涵室一景："静而后能安，涵然意弥适。斗大一室中，愿胜广厦辟。软红飞不来，窗纸晕虚白。"③

41. 息抱园十景

息抱园位于杭州西溪，原为明代江元祚在杭州西溪横山所筑横山草堂。江元祚，字邦玉，钱塘人，曾作有《横山草堂记》。清末吴唐林在废址上重新筑园。吴唐林，字子高，号晋壬，江苏阳湖人，咸丰十一年举人，官浙江候补知府，有《横山草堂词》。据方浚颐《息抱园十咏为晋壬作》所咏之横山草堂："家住白云溪，梦想芙蓉湖。为张秦髯画，峰岚近可呼。城东园在

---

① 王国平主编：《西湖文献集成》第20册，杭州出版社，2014年，第507—509页。
② 丁丙：《北郭诗帐》，见孙忠焕主编：《杭州运河文献集成》第2册，杭州出版社，2009年，第30页。
③ 丁丙：《松梦寮诗稿》卷一，清光绪二十五年丁立中刻本。

西，废址修一隅。浣花缅高躅，鼓勇诗坛趋。"①可知息抱园在横山草堂遗址上修筑。息抱园十景：横山草堂、听秋声榭、竹坪、闻木樨香室、茶寮、归云巢、树萱居、女荆花馆、齐眉庑、眺山楼。

42. 倦圃二十景

倦圃位于浙江嘉兴，曹溶构筑于顺治三年。曹溶，字秋岳，一字洁躬，号倦圃，明崇祯十年进士，作《倦圃莳植记》。曹溶《倦圃记》："丙戌之夏乃购宅东隙地一区。筑墙东小墅。以一分之二为正院。有堂、有楼。"②朱彝尊《倦圃图记》："其以倦圃名者，盖取倦翁之字以自寄。……先生之门人周君月如，工绘事，为先生图之，为景二十。于是三人各系以诗，先生复命予记其事。"③倦圃二十景：丛筠径、积翠池、浮岚、范湖草堂、静春庵、圆谷、采山楼、狷溪、金陀别馆、听雨斋、橘田、芳树亭、溪山真意轩、容与桥、漱研泉、潜山、锦淙洞、留真馆、澄怀阁、春水宅。曹溶门人周之恒（字月如，临清人）绘《倦圃二十景》，曹溶《倦圃图二十咏》、朱彝尊《题倦圃图二十首》、诸锦《寄题倦圃二十咏》等分别歌咏倦圃二十胜景。

43. 且园十景

且园位于温州道署东隅，又名其园。清康熙四十五年，温州分巡道高其佩构园。高其佩，字韦之，号且园，辽阳人。且园十景：剸绿轩、衔远山亭、筠廊、藤花径、亦舫、养竹山房、小春草池、莲勺、梅花书屋、松花石斋。梁章钜《浪迹续谈》卷二："康熙中，铁岭高且园公其佩分巡此邦，即题道署后园为且园，有小轩，额曰剸绿轩。……昨庆云囿观察廉招余饮园中，始知旧分十景，惟剸绿轩没尚是高公旧迹。乾隆间三韩徐公绵复加修

① 方浚颐：《二知轩诗续钞》卷一三，见《清代诗文集汇编》编委会编：《清代诗文集汇编》第660册，上海古籍出版社，2010年，第780页。

② 湖北人民政府文史研究馆、湖北省博物馆整理：《湖北文征》，湖北人民出版社，2014年，第222页。

③ 朱彝尊：《倦圃图记》，见陈从周、蒋启霆选编：《园综》，赵厚均校订、注释，同济大学出版社，2011年，第54—55页。

扩,有衔远山亭、筠廊、藤花径、亦舫、养竹山房、小春草池、莲勺、梅花书屋、松花石斋之目,各系以诗,并为小纪勒石。"① 徐锦《且园十景诗》、李銮宣《且园十景诗》。

44. 二此园八景

二此园位于温州道署东,系道光年刘养云太守所构。二此园八景:阅音山馆、碧净玲珑馆、味无味斋、九折廊、墨池、品雪庵、笔峰亭、转玉洞。据梁章钜《浪迹续谈》卷二:"道光乙未,南丰刘养云太守煜于署东修葺池馆,题曰二此园,盖取'贤者而后乐此,不贤者虽有此不乐'之义,自为之记。园中强分八景:曰阅音山馆,曰碧净玲珑馆,曰味无味斋,曰九折廊,曰墨池,曰品雪庵,曰笔峰亭,曰转玉洞。其哲嗣彝生明经斯恒有《二此园八咏》,并勒石于古柏轩之左近,又渐就圮废。"② 戴槃作《重修二此园记》。《二此园八景诗并序》云:"园内旧有八景,可以栖止者,则阅音山馆、碧净玲珑舫、味无味斋、笔峰亭、品雪庵,余则九折廊、转玉洞及墨池。余同治六年冬,进署周视园中,满目荒芜,荆榛一片。颓垣破屋,旧景全非。惟九折廊、转玉洞、墨池遗址尚存,乃重加修葺并建亭移石,种竹栽花,改名八景,因赋诗以记之。"③ 新八景为:金粟舫、修篁亭、冷香阁、绿天居、清芬室、回环廊、转石洞、古墨池。每诗有小序说明景题命名缘由,并以七言分咏其胜。

45. 小灵鹙山馆八景

小灵鹙山馆位于浙江嘉兴。山馆为孙家桢在老屋赋声草堂西偏构筑的,园旧为王藻旧宅。俞樾《小灵鹙山馆记》云:"孙翰香司马故有别墅,在吴江莺脰湖之滨,乃王载扬徵君旧宅也。"④ 孙家桢,字翰香,浙江秀水新

---

① 梁章钜:《浪迹续谈》卷二,刘知秋、苑育新校注,福建人民出版社,1983年,第34页。
② 梁章钜:《浪迹续谈》卷二,刘叶秋、苑育新校注,福建人民出版社,1983年,第35页。
③ 戴槃:《戴槃四种纪略》,见王有立主编:《中华文史丛书》第48辑,华文书局,1969年,第49页。
④ 孙家桢:《小灵鹙山馆图自记》,见嘉兴市文化广电新闻出版局编:《嘉兴历代碑刻集》,群言出版社,2007年,第29页。

城（今浙江嘉兴）人，同治间副贡生。工书善诗，在秀水筑小灵鹫山馆。小灵鹫山馆八景：留云水榭、遯（遁）窟、啸秋亭、香雪岩、倚月吟廊、在山泉、寿芝室、藏晖阁。孙家桢《小灵鹫山馆图自记》："山馆之傍有榭临湖，壁间嵌列停云馆石刻，故颜之曰'留云水榭'。拓窗眺望，游鱼出没可数。随廊曲折而南行，为'遯窟'。由山洞东行，小折而南，即有石级可登，登其巅，有亭翼然，亭前奇峰数柱，其最高者即秋蕉拱露也，故署其亭曰'啸秋'。"①对园中八景皆有描绘。郭照《题孙翰香家桢小灵鹫山馆八景》咏留云水榭一景："思友寄停云，临流期野渡。水榭好风来，底事留云住。"②

46. 婴山小园二十四景

婴山小园在浙江平湖（今浙江嘉兴），张诚构筑。张诚（1749—1815），字希和，晚号婴上散人，著有《婴山小园集》。潘衍桐《两浙𬨂轩续录》："中年后倦游闭户，垒石为婴山，岩壑毕具，有二十四景，环山为园，时时啸咏其中。"③张诚《婴山小园记》自云："为婴之说者，儒者曰大人者不失其赤子之心，道家曰灵胎，曰婴儿，勿药元诠小周天之说，所由出也。亲授匠石移撮诸山灵秀而自成一山……余之园犹未及芥子园之半，天下园之小者至此而极，谓之第一小园也可。"④婴山小园二十四景：保髻岭、红洞、中颖水、合貍坪、莲云峰、心泉、回身峡、群山一览峰、雄飞台、牵倦洞、泉未岭、无心洞、井龛、野马门、独立岩、星坡、石琴床岗、壶小口等。

47. 澹园十六景

澹园，又名清晏园、荷芳书院，位于江苏淮安清江浦江南河道总督西花园。康熙年间，署中即有花园。麟庆《鸿雪因缘图记·清晏受福》载："乾

① 孙家桢：《小灵鹫山馆图自记》，见嘉兴市文化广电新闻出版局编：《嘉兴历代碑刻集》，群言出版社，2007年，第54页。
② 孙家桢：《小灵鹫山馆图自记》，见嘉兴市文化广电新闻出版局编：《嘉兴历代碑刻集》，群言出版社，2007年，第54页。
③ 潘衍桐：《两浙𬨂轩续录》卷一二，清光绪十七年刻本。
④ 转引自方复祥、蒋苍苍：《"金平湖"下的世家大族》，中国文史出版社，2008年，第473页。

隆初，高宗南巡，赴武家墩阅湖，过此临幸。因在河臣署右，即赐为休沐之地，寻名淮园，又名澹园，后改清晏。"①乾隆十五年高斌新构堂榭。高斌，字右文，号东轩，满洲镶黄旗人。"河署西偏有别墅曰荷芳书院，乾隆丁巳之春，旧亭倾欹，予因材作草亭，颜其额曰固哉。……戊辰重来而混同顾先生又多有增益费省而致工"②，成荷芳书院十六景：荷芳书院、固哉草亭、可观亭、三友亭、画舫斋、素心书屋、淡泊宁静、筠疏清荫、小山丛桂、亭亭亭、绩秦安澜、湖山一角、竹里亭、藕花风漾钓鱼丝、柳荫小憩、香远益清。高斌作《荷芳书院诗并序》分咏十六景之胜。钱泳《履园丛话》卷二〇记："澹园，在清江浦江南河道总督节院西偏。园甚轩敞，花竹翳如。中有方塘十余亩，皆植千叶莲华，四围环绕垂杨，间以桃李，春时烂漫可观，而尤宜于夏日。道光己丑岁，余应河帅张芥航先生之招，寓园中者凡四载。余有《澹园二十四咏》，为先生作也。"③可见，澹园后又扩展至二十四景。

48. 爱日园十二景

爱日园位于通州城西（今江苏南通）。园原为江一鱼故居鸿宝堂，后归保赉，又归保希贤。保希贤，字兰馨，号杏桥，江苏通州人，善书画。家有通园，在州治西曹秀先（地山）题额"爱日园"。曹秀先"缀景十二，绘图作诗"，诸名士分题，保希贤辑为《云笺分赋》分咏爱日园十二景，收入《爱日园集》中。《爱日园集》卷首有保麟序："爱日园在州治西，为江氏鸿宝堂旧址，余从兄杏桥葺之，以师尊人敬亭公。园不甚旷，而高榭陂池，竹木之属，布置极邃。"④

49. 趣园二十四景

趣园位于江苏太仓，汪学金园林。汪学金，字敬箴，号杏江，晚号静

---

① 麟庆：《鸿雪因缘图记》第2集，清道光二十九年刻本。
② 高斌：《固哉草亭集·诗集》卷四，清乾隆二十年刻本。
③ 钱泳：《履园丛话》，中华书局，1979年，第540页。
④ 江庆柏主编：《江苏地方文献书目》，广陵书社，2013年，第256页。

崖，江苏太仓人。乾隆四十六年进士，授翰林院编修，官内阁中书等职，著有《静崖诗稿》。趣园二十四景：松崖玩易、桂岫吟骚、夜龛梵诵、晓塾书声、舫斋趺夏、篱屋眠秋、笋厨觞政、薇馆茶禅、石梁衔镜、水榭跳珠、柯岩弈手、芥室琴心、琅玕入径、璎珞开堂、寒泉瞥冽、老圃蔬香、柳亭听鸟、桐屿观鱼、换鹅波戏、放鹤皋鸣、瑶台缟袂、玉洞绯衣、红云映日、紫雪霏烟。汪学金《趣园二十四景诗》分咏二十四之胜，每景前有短序。如晓塾书声一景之咏："（复初斋为课孙之所。晨起倚杖而听，琅然盈耳，洵可乐也。）诸孙喜随肩，晨起各就塾。老夫久废书，听然听儿读。初日满芳林，新莺争出谷。"[1]

50. 艺圃十二景

艺圃又称敬亭山房，园在吴郡西北（今江苏苏州），始建于明嘉靖年间，园主系学宪袁祖康。崇祯年间，园归文震孟。清初称艺圃，园主姜采，字如农，号敬亭山人，人称贞毅先生，山东莱阳人。崇祯四年进士，入清后流寓苏州。陈维崧《艺圃诗序》："圃为姜如农先生仲子学在所居。其先为文文肃公清瑶屿，又先为袁宪副某堂。水木清幽，洲岛闲旷，最为吴中胜处。学在读书其中，旁列古彝鼎及茶铛酒董诸小物。"[2]艺圃十二景：南村、鹤柴、红鹅馆、乳鱼亭、香草居、朝爽堂、浴鸥池、渡香桥、响月廊、垂云峰、六松轩、绣佛阁。汪琬作《姜氏艺圃记》《艺圃十二咏》，题咏唱和之作有王士禛《和艺圃十二咏》、施闰章《和艺圃十二咏寄姜仲子学在》、孙枝蔚《艺圃十二咏》。

51. 亦园十景

亦园位于江苏苏州，园主尤侗。尤侗，字展成，号悔庵，自号西堂老人，长洲（今江苏苏州）人，贡生，康熙二十二年归隐于亦园。徐崧、张大

---

[1] 汪学金：《静崖诗稿》续稿卷四，见《清代诗文集汇编》编委会编：《清代诗文集汇编》第422册，上海古籍出版社，2010年，第667页。

[2] 陈维崧：《迦陵文集》，见《四部丛刊初编》第281册，上海书店，1986年，第148页。

纯《百城烟水》卷三载:"亦园,在葑门内上塘,太史尤艮翁归田所葺。四方诸君子至吴门者,必过访亦园主人,故酬和之什最夥(多)。内有挹青亭、水哉轩诸胜。"①尤侗自称:"家住城南采葑溪,月明夜夜小塘西。"(《葑溪秋月》)《亦园十景竹枝词》自题十景依次是南园春晓、草阁凉风、葑溪秋月、寒村积雪、绮陌黄花、水亭菡萏、平畴禾黍、西山夕照、层城烟火、沧浪古道。如南园春晓一景:"朝闻百舌唤游春,柳醉花眠总殢人。无数红裙踏步去,烧香为赛二郎神。"②

52. 志圃十六景

志圃在苏州,缪彤于康熙年间构筑。缪彤,字歌起,号念斋,别署双清老人,江阴人,康熙六年状元,有《双泉堂文集》四十二卷,附《志圃唱和诗》一卷。徐崧、张大纯辑《百城烟水》卷二载:"志圃,在府治西北,西禅寺之左。为侍讲缪念斋所葺,以奉其尊人薜书先生者也。"③志圃十六景:双泉草堂、白石亭、媚幽榭、似山居、瑞草门、杓岭、两山之间、莲子湾、杏花墩、丘壑风流、青松坞、大魁阁、小桃源、不系舟、红昼亭、更芳轩。缪彤《志圃记》《双泉堂纪事十六首》中皆有对十六景景观的描绘。吴懋谦作《双堂纪事十六首》,王誉昌作《和缪念斋夫子志圃十六咏》。如缪彤《双泉堂纪事十六首》咏双泉堂一景:"注壑成池水石平,涓涓流出喜双清。倘令补入《茶经》后,陆羽应夸别有名。"④

53. 渔隐小圃十六景

渔隐小圃位于江苏苏州阊门外枫桥江村桥畔,园先为王庭槐(字冈龄)江村山斋,后名小停云馆,乾隆时园归袁廷梼,改葺渔隐小圃。袁廷梼(1764—1810),字寿阶,号又恺,江苏吴县人,监生。渔隐小圃十六景:

---

① 徐崧、张大纯:《百城烟水》卷三,清康熙二十九年刻本。
② 潘超、丘良任、孙忠铨等编:《中华竹枝词全编》第3册,北京出版社,2007年,第235页。
③ 徐崧、张大纯:《百城烟水》卷二,清康熙二十九年刻本。
④ 缪幸龙主编:《江阴东兴缪氏家集》(上),上海古籍出版社,2014年,第473页。

贞节堂、竹柏楼、洗砚池、梦草轩、柳汜碕、水木清华榭、五砚楼、枫江草堂、小山丛桂馆、吟晖亭、稻香廊、银藤稌、挹爽台、锦绣谷、汉学居、红蕙山房。王昶《渔隐小圃记》："入门，'贞节堂'三楹，后为'竹柏楼'……楼旁有'洗砚池'，池水湛碧……沿池遍植木芙蓉，有径达'梦草轩'。旁柳阴，驾横石，名'柳汜碕'。由碕而入，左为'系舟'，右为'水木清华榭'。再进，为'五砚楼'。……楼东'枫江草堂'。南并草堂者'小山丛桂馆'，前有小阜突起，建'吟晖亭'于上。亭下接'稻香廊'，廊尽为'银藤稌'。西向最高者，为'挹爽台'。草堂之后，栽牡丹、芍药，名'锦绣谷'。东则'汉学居'，又恺著书之地，又恺穷经，必本注疏也。再后为'红蕙山房'，钮布衣匪石自洞庭山移红蕙树此，故名。总十六景，而统谓之'渔隐小圃'，盖视冈龄在日，固已胜矣。"① 袁枚作《渔隐小圃记》。

54. 西溪别墅八景

西溪别墅位于江苏虎丘下塘，乾隆五十一年陆肇域筑。陆肇域，字豫斋，江苏长洲人。"性至孝，筑娱晖园以奉母。创甫里先生祠于虎丘，以高曾祖父配。旁构别墅，集名流文宴之所。"② 西溪别墅八景仿陆龟蒙别墅八景而成：清风亭、光明阁、杞菊畦、双竹堤、桂子轩、斗鸭池、垂虹桥、斗鸭栏。顾禄《桐桥倚棹录》："西溪别墅，在甫里先生祠内，乾隆五十一年甫里后人陆肇域筑，为因龟蒙别墅中八景仿为之。"③ 钱大昕《西溪别墅记》："相传甫里祠有清风亭、光明阁、双竹堤、杞菊畦、垂虹桥、斗鸭池诸胜，今皆鞠为茂草。豫斋盍然伤之，爰于别墅仿其名目，随地势曲折而布置之……盖不徒存甫里之故迹，而兼得甫里之性情者也。"④

① 王昶：《鱼隐小圃记》，见鲁晨海编注：《中国历代园林图文精选》第5辑，同济大学出版社，2006年，第267—268页。
② 顾震涛：《吴门表隐》卷一八，甘兰经等校点，江苏古籍出版社，1999年，第298页。
③ 顾禄：《桐桥倚棹录》，气象出版社，2013年，第163—164页。
④ 衣学领主编，王稼句编注：《苏州园林历代文钞》，上海三联书店，2008年，第116页。

55. 鉏云园八景

鉏云园(今作"锄云园"),位于江苏苏州,园主彭启丰。彭启丰(1701—1784),长洲人,字翰文,号芝庭,别称香山老人、芝庭先生,雍正五年状元,任翰林院修撰、内阁大学士等职。乾隆三十三年,致仕后归乡筑园亭自娱,乾隆御赐"慈竹春晖"匾。室名蝶梦龛、延绿轩、兰陔草堂、涵青阁、幔仙阁、环荫书屋、鉏云园。鉏云园八景:漱玉亭、延绿轩、涵青阁、待月坡、见山冈、漪涟桥、蝶梦龛、放生池。彭启丰曾孙彭蕴章作有《鉏云园八咏》,如咏漱玉亭一景:"默默池上亭,池水漱寒玉。人来雨乍过,一镜春波绿。"①

56. 芳草园八景

芳草园位于苏州齐门内,明末太学生顾凝远所筑。乾隆间园归金传经。金氏居园百余年,园半归陆氏,名廉石山庄。冯桂芬《同治苏州府志》卷四六载:"芳草园在定跨桥之北。明青霞居士顾凝远筑,一名花溪。国初为周观察荃所居。康熙时昆山徐大司寇乾学得之。乾隆初,归金明经传经。今金氏于园左建祠祀殉难六安州知州金宝树。园中尚有数百年古木。"②金传经之孙金宝树撰《芳草园记》:"水石清幽,花竹秀野,别馆闲亭,颇擅佳胜。"③苏州博物馆藏有金应仁(字子仁)于道光十一年所绘《芳草园八景册》。芳草园八景:十研斋、春风楼、双清阁、都梁香室等。

57. 息舫园十景

息舫园位于江苏吴县(今苏州),徐桂荣别业。徐桂荣,字南屏,江苏吴县洞庭西山人。息舫园因形似舟,故名息舫。金轭作《息舫记》,有蔡书升、叶苞、顾堃、陆昶等名人纷纷题赠。徐柱《息舫园十咏》分咏息舫园十景:平畴春绿、淀山拥翠、滁麓松涛、晓林鸟啭、渡渚渔歌、姑山远帆、枫

---

① 彭蕴章:《松风阁诗钞》卷一,清同治刻彭文敬公全集本。
② 冯桂芬:《同治苏州府志》卷四六,清光绪九年刊本。
③ 魏嘉瓒编著:《苏州历代园林录》,燕山出版社,1992年,第168页。

圻月出、崦上晚烟、莫厘积雪、灵岩夕照。[1]

58. 邓尉山庄二十四景

邓尉山庄在吴郡光福(今江苏苏州)西南。明初徐良夫之耕渔轩,后为浙江海宁查世倓购得,合并比邻亭池而扩充葺治,辟为二十四景。二十四景为:思贻堂、小绉云、御书楼、静学斋、月廊、宝楔龛、蔬圃、耕渔轩、杨柳湾、塔影岚光阁、澹虑籆、读书庐、钓雪潭、银藤舫、秋水夕阳吟榭、金兰馆、鹤步埼、石帆亭、索笑坡、梅花屋等。张问陶《邓尉山庄记》称:"釐为二十四景,各被嘉名,可谓极园林韵事矣。"[2]详细记载了二十四景的景观位置、风貌特征及与查世倓"从容谈艺,啸傲于湖山之表,息游于图史之林,日坐春风香雪中,与君衔杯促膝,重话京华旧事"的园居生活。

59. 复园十景

复园位于苏州。乾隆初年,拙政园东部归蒋棨,园名复园。蒋棨,字诵先,吴县人。嘉庆年间园归刑部郎中查世倓之子查元偁,查元偁《复园十咏》记:"嘉庆已巳始售于余,池之湮者浚之,石之颓者葺之,木之芜者攘之、剔之,亭之欹者扶之、翼之。鱼鸟翔泳,水木明瑟,翻红当阶,剪绿成径。前哲所咏歌而记述者,庶复旧观焉。"复园十景:远香堂、雨醉风笑、绿波楼、烟雾雾接、春风槛、笠亭、憩轩、筠谷、虚舟、盘阿。查元偁咏(画堂春)远香堂:"绿阴如水水如天,林芳尽隔轻烟。晴薰百和晚风前,挼近吟边。遥挹岚光开画,静恭花气通禅。槐眉篆迹老词迁,一瓣香传。(额为沈归愚宗伯书。)"[3]

---

① 参见江庆柏主编:《江苏地方文献书目》,广陵书社,2013年,第250页。

② 张问陶:《邓尉山庄记》,见陈从周、蒋启霆选编:《园综》,赵厚均校订、注释,同济大学出版社,2011年,第242页。

③ 查元偁:《蒋斋文存》,见《四库未收书辑刊》第10辑29册,北京出版社,2000年,第710页。

60. 贷园四景

贷园位于苏州,本杨仁山别业,后归乐钧。乐钧(1766—1816),本名宫谱,字元淑,号莲裳,江西临川人,有《青芝山馆诗文集》。嘉庆十二年后,乐钧寓于苏州杨仁山别业,名之"贷园",贷园四景:青芝山馆、四松十三桂草堂、影心亭、宾灵阁。乐钧作《贷园赋并序》《贷园四咏》,如咏青芝山馆一景:"旧隐荒芜林蓥间,十年梦绕青芝山。琴书今置莳溪侧,遥借山名为馆颜。故国他乡皆传舍,鹊巢犹幸鸠能借。留此看花知几时,呼僮且整蔷薇架。"①

61. 凤池园十景

凤池园在苏州东北临顿里。凤池园原为顾汧族人月隐之自耕园,康熙时候归顾汧,顾汧作《凤池园记》,后园归潘芝轩。据石韫玉《临顿新居图记》:"康熙间,故宗人府丞顾汧葺而新之,尝记其山池屋宇之盛,后其园入唐氏。既而唐氏子孙不能守,归于今尚书潘芝轩先生。"②潘世恩,初名世辅,字槐堂,号芝轩,江苏苏州人,乾隆五十八年状元。陈裴之《凤池园十咏为潘芝轩司徒作》咏凤池园十景:凤池亭、虹翠居、梅花楼、凝香径、有瀑布声、蓬壶小隐、玉泉、先得月处、烟波画船、绿荫榭。如凤池亭一景咏:"碧澄湘草岸,红接海棠巢。寄语题门客,于今有凤毛。"③

62. 闲园十景

闲园,位于江苏苏州提刑按察使署衙后,园主陈芝楣。陈銮,字仲和,一字芝楣,湖北蕲州(今湖北蕲春)人。嘉庆二十五年进士,任翰林院编修,官至江苏巡抚署两江总督。梅曾亮《闲园诗序》:"江夏陈芝楣先生,以侍从近臣,莅政于此。……踵韦白之遗风,修郡治之旧贯,忘其身之劳而职之剧也。名其园曰闲园。先生之言曰:'治烦者必置心于万事之外,乃可

---

① 乐钧:《青芝山馆诗集》卷一九,清嘉庆二十二年刻后印本。
② 衣学领主编,王稼句编注:《苏州园林历代文钞》,上海三联书店,2008年,第97页。
③ 宋如林修,石韫玉纂:《道光苏州府志》卷四七,清道光四年刻本。

以尽万务之情，此吾园之所以名也。'"①陶澍《为陈芝楣銮题闲园十景图》云："我观君之图此园，知有精意存其间。世人好动不好静，故揭此园名以闲。闲者在心不在物，天真湛然中独完。"②陈銮曾作《闲园十景图》绘园中十胜，此图未见传，闲园十景亦不详。

63. 惠荫园八景

惠荫园位于苏州南显子巷。明嘉靖时为归湛初宅园，清顺治六年韩馨购得重葺名洽隐园。乾隆年间重修，后归倪莲舫，易名皖山别墅。同治三年扩为安徽会馆，名惠荫园。八景为：柳阴系舫、松荫眠琴、屏山听瀑、林屋探奇、藤崖伫月、荷岸观鱼、石窦收云、棕亭霁雪。王凯泰作《惠荫园八景序》，赵宗道作《惠荫园八景跋》。王凯泰《惠荫园八景序》云："……渔舫，曰'柳阴系舫'；琴台，曰'松荫眠琴'；一房山，曰'屏山听瀑'；小林屋，曰'林屋探奇'；藤崖，曰'藤崖伫月'；荷垞，曰'荷岸观鱼'，云窦，曰'石窦收云'；棕亭，曰'棕亭霁雪'。"③阚凤楼《惠荫园八景小记》每景皆以短记记之，如柳阴系舫一景咏："舫在忠烈祠后，左为桂苑，重楼峻宇，最整豁。由曲廊绕西侧，舫翼然背河临沼，题额出李筱川制府手。回廊曲岸，多植桃、柳、玫瑰、芭蕉之属。每茶烟午熟，卧短榻，闻鸣榔咿哑戛轧，履潟之下，直走涛声，芦竹之际，隐积花雾。溽暑开北窗，则又风露袭襟，羲皇恬梦矣。迎面作断桥，蹲石仰欹，'绿荫俯碧砌，抚掌引鲦鱼'，真不减戴文进红衣垂钓图也。故曰柳阴系舫。"④

64. 怡园二十景

怡园在苏州护龙街，同治十三年（1874年）由顾文彬之子顾承（字乐

---

① 梅曾亮：《柏枧山房全集·文集》卷五，民国七年补修本。

② 陶澍：《陶文毅公全集·诗集》卷五六，清道光刻本。

③ 王凯泰：《惠荫园八景序》，见鲁晨海编注：《中国历代园林图文精选》第5辑，同济大学出版社，2006年，第291页。

④ 衣学领主编，王稼句编注：《苏州园林历代文钞》，上海三联书店，2008年，第122页。

泉）主持经营，光绪初年怡园景观大致完备。①园主顾文彬（1811—1889），字蔚如，号子山，晚号艮庵，江苏元和（今江苏苏州）人，清道光二十一年（1841）进士，官至浙江宁绍道台，著有《过云楼书画记》《眉绿楼词》等。光绪三年（1877）时，顾沄（字若波，号云壶）分绘怡园十六胜景：武陵宗祠、牡丹厅、松籁阁、面壁亭、梅花馆、藕香榭、小沧浪、金粟亭、绛霞洞、慈云洞、遁窟、南雪亭、岁寒草庐、拜石轩、石听琴室、坡仙琴馆十六景。光绪十年（1884），顾沄又补留客、岭云别墅、竹院、石舫四景，成二十景。

65. 亦园十景

亦园位于金陵清凉山侧，本康熙年间孝感熊赐履别墅朴园，风景幽僻，林木蒨茂，"上元朱问源观察澜得而拓之，改曰亦园"②。熊赐履，字青岳，又字敬修，湖北孝昌（今湖北孝感）人，顺治十五年进士。朱澜（1724—1796），字问源，号安斋，江苏江宁（今江苏南京）人。韩菼作《朴园记》。《金陵待征录》云："熊孝感别墅。亭曰洗心、曰孔颜乐处。斋曰茂密、曰深造。室曰潜窟、曰学易。韩慕庐记以为有武陵柴桑之胜，其居宅在居安里。朱党建长得而葺治之，则名亦园，有通觉晨钟、晚香梅萼、画舫书声、清流映月、古洞纳凉、层楼远眺、平台望雪、一叶垂钓、接桂秋香、钟山雪声十景。"③

66. 南园十景

南园位于金陵古长干（今江苏南京），又名僻园、佟园。"本魏国家人所筑。襄平佟汇伯（按：伯应作白）中丞国器居金陵得之。水边郭外，地旷景饶。屋宇参差，林峦错落。……后为历阳物夏禹贡所有，则万竿苍玉、双株文杏、锦谷芳丛、金粟幽香、高阁松风、方塘荷雨、桐轩延月、梅屋烘晴、

---

① 参见边谦：《清末苏州怡园造园意匠变迁考略（1874—1882）》，载《建筑史》2019年第1期。

② 陈诒绂：《金陵园墅志》，见陈作霖、陈诒绂：《金陵琐志九种》（下），南京出版社，2008年，第445页。

③ 金鏊：《金陵待征录》，南京出版社，2009年，第90页。

春郊水涨、夜塔灯辉，所称十景。"①佟国器，字汇白，辽宁抚顺人，隶汉军旗籍，曾任福建巡抚、南赣巡抚、浙江巡抚等职。清人先著在康熙二十一年季夏，曾假馆于此。其《南园十咏》词序："南园者，中丞汇白佟公之僻园也。其地引山带城，有水竹之娱。外幽靓，而中敞豁。郊南诸胜，斯园殆居其一焉。……流连于花药禽鱼间者，非一朝夕。因标其最胜者为十目，系以长短体十阕。"如《水龙吟·万竿苍玉》："渭滨千亩苍凉，此间日有凌云势。锦绷才褪，抽梢一夜，满园龙子。密叶交加，风吟不到，月穿无地。向深林坐听，琅玕奏响，入耳处皆生翠。欢想子犹高致，真不愧，此君知已。行一赤日，炎蒸顿失，幽襟如洗。恭寻玉版，多年公案，不妨拈起，趁逍遥静。日吮毫，重舆撰淇园记。"②

67. 随园二十四景

随园位于金陵小仓山。乾隆十年，袁枚归隐随园对其精心规划，使之成为金陵一处盛景。袁枚，字子才，号简斋，又号随园老人，浙江钱塘人。乾隆二十四年随园二十四景成，袁枚作《随园二十四咏》一诗咏一景，将随园景观集为二十四景，全面介绍随园的景观构成。二十四景为：仓山云舍、书仓、金石藏、小眠斋、绿晓阁、柳谷、群玉山头、竹请客、因树为屋、双湖、柏亭、奇礓石、回波闸、澄碧泉、小栖霞、南台、水精域、渡鹤桥、泛杭、香界、盘之中、嵊山红雪、蔚蓝天、凉室。如咏群玉山头一景："梅花杂玉兰，排列西南峰。素女三千人，乱笑含春风。我记相别时，瑶台雪万重。"③

① 陈诒绂：《金陵园墅志》，见陈作霖、陈诒绂：《金陵琐志九种》（下），南京出版社，2008年，第441页。
② 南京大学中国语言文学系《全清词》编纂研究室编：《全清词·顺康卷》第12册，中华书局，2002年，第7284页。
③ 王英志编纂校点：《袁枚全集新编》，浙江古籍出版社，2018年，第325页。

68. 瞻园十景

瞻园位于南京城南。此地明初为中山王徐达西花园，徐达七世孙徐鹏举在西花园基础上构筑瞻园。清初为江南行省左布政使署，乾隆南巡时御题瞻园匾额。据清代《上江两县志》卷五"城厢"条载："司门口，署本徐中山王故邸。"金鳌《金陵待征录》载："'瞻园，园以石胜，有最高峰，最峭拔，友松、倚云、长生、凌云、仙人、卷石，亦名称其实。'"瞻园十景：石坡、梅花坞、平台、抱石轩、老树斋、北楼、翼然亭、钓台、板桥、秭生亭。清人李佳（字继昌）作《瞻园记》有"民和年丰，时逢全盛，乡先辈优游觞咏，领略春秋佳日，抚松倚石，坐对六朝山色"①之语。袁枚为布政使托庸（字师健，号瞻园）作《瞻园十咏为托师健方伯作》。据《钦定八旗通志》："《瞻园诗钞》一卷，托庸撰。其所居曰瞻园，中有十八景，具池沼竹木之胜，暇此觞咏于此。因以颜其集。"②此十八景景名未考。

69. 豆花庄十景

豆花庄位于江苏江宁，园属马士图。据《清人别集总目》记载：马士图，字瓒宗，号菊村，一号鞠村，别号无想山人，江宁人，诸生，居莫愁湖东。据《江苏地方文献书目》记马士图生于1766年后，可知此园建于乾嘉时。豆花庄有《豆花庄诗抄》。马士图《豆花庄十景诗》分咏豆花庄十景：三山月镜、牛首云衣、常岭麦浪、板桥蟹市、小山松翠、新亭枫丹、鹭洲桃霞、草庵□雪、龙江练色、星冈帆影。马士图《豆花庄十景诗》之咏三山月镜："光满三峰顶，秋磨镜面新。鲸鱼骑未返，江上照何人？"③

① 李佳：《瞻园记》，见陈从周、蒋启霆选编：《园综》，赵厚均校订、注释，同济大学出版社，2011年，第157页。
② 铁保辑：《熙朝雅颂集》，赵志辉校点补，辽宁大学出版社，1992年，第1417页。
③ 陈诒绂：《金陵园墅志》，见陈作霖、陈诒绂：《金陵琐志九种》（下），南京出版社，2008年，第549页。

70. 愚园三十六景

愚园位于江苏南京。光绪时胡恩燮所构，又称胡家花园。胡恩燮（1825—1892），字煦斋，号愚园主人，江苏江宁人。童寯《江南园林志》称："清同治后，南京新起园林，今犹存数家，以愚园为最著。"① 愚园草木扶疏、水木明瑟，成清末文人雅集之中心。园中有三十六胜景：春晖堂、清远堂、水石居、无隐精舍、分荫轩、依琴拜石之斋、镜里芙蓉、寄安、松颜馆、牧亭、城市山林、集韵轩、漱玉、觅句廊、青山伴读之楼、愚湖、渡鹤桥、柳岸波光、养俟山庄、西圃、春睡轩、在水一方、鹿坪、延青阁、啸台、梅崦、界花桥、课耕草堂、容安小舍、秋水兼葭之馆、竹坞、栖云阁、小沧浪、憩亭、小山佳处、岩窝。胡恩燮《愚园三十六咏》之咏梅崦："种梅三百树，中结茅庵小。幽香扑面来，疏影隔窗绕。老鹤舞翩跹，修翎映池沼。停琴对积雪，三径足音杳。"②

71. 可园八景

可园位于南京安品街，是陈作霖晚年园居之处。陈作霖，字雨生，号伯雨，别号雨叟、可园、冶麓，江苏江宁人，光绪元年举人。可园"土阜坡陀，筑亭其上。诸山苍翠，近接檐楹。种竹莳花，以悦晨夕。蔬肥笋脆，甘旨足供"③。可园八景：养和轩、凝晖廊、瑞华馆、寒香坞、丛碧径、望蒋墩、延清亭、蔬圃。陈作霖《可园八咏》分咏八景，如咏养和轩："寒夜围炉坐，轩窗四面明。雪深街柝静，犹听读书声。"④

72. 薛庐十景

薛庐位于江苏南京。光绪年间仿杭州薛庐而建，薛时雨晚年居此园中。

① 童寯：《江南园林志》第2版，中国建筑工业出版社，1984年，第36页。

② 胡恩燮：《愚园三十六咏》，见胡恩燮、胡光国等：《南京愚园文献十一种》，南京出版社，2015年，第793页。

③ 陈作霖：《运渎桥道小志》，见陈作霖、陈诒绂：《金陵琐志九种》（上），南京出版社，2008年，第15页。

④ 陈作霖：《可园诗存》卷一六，清宣统元年刻增修本。

薛时雨，字慰农，安徽全椒人，咸丰三年进士，官杭州知府。《金陵胜迹志》："全椒薛慰农掌教惜阴时，在此拓地三弓，筑庐数椽，屋不多而结构颇佳，地不广而部置得宜。回廊曲榭，连缀无痕，称胜地焉。"① 薛庐十景：窬园、永今堂、冬荣春妍之室、双登瀛堂、仰山楼、吴砖书屋、有叟堂、夕好轩、半潭秋水一房山、蛰斋。范志熙、冯煦、赵彦修、秦际唐等皆作有《薛庐十咏》分咏十景。如秦际唐《薛庐十咏》之窬园咏："廿载循良颂，忘怀在此园。漫将武林守，遽等鹿门孙。鸟几遗群动，青琴息众喧。翛然流憩处，观化欲无言。"②

73. 存园十景

存园位于江苏扬州东郊二里桥，康熙中叶吴从殷构筑。储欣作《存园记》："东郊二里桥存园，吴君尚木别业也。横从百余亩。门以外，江帆村舍，纵目无际。入门，土山川梁。稍进，堂轩、亭楼、台阁、茅斋、斗室、长廊、曲栏、藤架、竹篱，位置楚楚，大段素朴，少丹刻者。"③ 阮元《广陵诗事》："存园去东城不数里，有竹径、红玉亭、梅坞、听雨廊、玉兰堂、桂坪、回溪、观稼楼、西亭、遥岑阁。"④ 张世进题《存园十咏》，如咏竹径："遥望碧檀栾，入门无杂树。万竿烟雨娑，几曲蜿蜒路。知有好池台，深藏不知处。"⑤

74. 筱园十景

筱园位于扬州西北，康熙五十五年程梦星构筑。程梦星，字午桥，安徽歙县人，迁居江苏江都，康熙五十一年进士，授翰林院编修，后寓扬州。程梦星《筱园十咏序》："在郭西北，其西南为廿四桥，蜀冈迤逦而来，可骋目

---

① 胡祥翰：《金陵胜迹志》，南京出版社，2012年，第93页。
② 顾云：《盋山志》卷八，文海出版社，1971年，第304页。
③ 储欣：《存园记》，见顾一平：《扬州名园记》，广陵书社，2011年，第25页。
④ 阮元：《广陵诗事》，广陵书社，2005年，第86页。
⑤ 张世进：《著老书堂集》卷五，清乾隆刻本。

见者，栖灵法海二寺也。上下雷塘、七星塘皆在左右。"①筱园其地本为一处芍药花田，康熙五十五年程梦星构得筑园，占地理、花木之利，营构筱园十景：今有堂、修到亭、初月汧、南坡、来雨阁、畅馀轩、饭松庵、红药栏、藕麋、桂坪。将其营造成园林雅居，文会游赏之处。程梦星作有《筱园十咏》，一诗咏一景，诗前有小序介绍景观，如咏今有堂："谢康乐《山家》诗云：'中为天地物，今成鄙夫有。'何古非今，即今成有，遂以名堂。林野有清旷，天意闭荒僻。偶然落吾手，榛莽倏已辟。长啸惬幽怀，于焉乐晨夕。"

75. 东园八景

东园位于江苏扬州，为扬州盐商乔国桢别墅，构筑于康熙四十八年。清人宋荦作《东园记》："广陵乔君逸斋，构园于城东之甪里村，曰东园。"②张云章《扬州东园记》云："其地去城以六里名村，盖已远嚣尘而就闲旷矣。问园之列屋高下几何，则虚室之明，温室之奥，朝夕室之左右俱宜，不可以悉志。其佳处辄有会心，则孰为之名？通政曹公时方为盐使于此，游而乐焉，一一而命之也。"③东园八景：其椐堂、几山楼、西池吟社、分喜亭、心听轩、西墅、鹤厂、渔庵。曹寅尝寓于此。曹寅《寄题东园八首》之几山楼咏："川原净遥衍，缥影烟中楼。澄江曳修练，突兀露几丘。推棂纳浩翠，永日成淹留。"④程梦星作《东园八咏》。

76. 街南书屋十二景

街南书屋位于扬州，是雍正年间"扬州二马"马曰琯、马曰璐兄弟所筑园林，是扬州诗酒雅会之中心。马曰琯《小玲珑山馆图记》："将落成时，余方拟榜其门为'街南书屋'，适得主湖巨石，其美秀与真州之美人石相

---

① 程梦星：《今有堂集·畅馀集》，见《四库全书存目丛书补编》第42册，齐鲁书社，1997年，第47页。
② 阿克当阿修，姚文田纂：《嘉庆扬州府志》卷三〇，清嘉庆十五年刻本。
③ 张云章：《扬州东园记》，见鲁晨海编注：《中国历代园林图文精选》第5辑，同济大学出版社，2006年，第167页。
④ 曹寅：《栋亭诗文钞·诗钞》卷七，清康熙刻本。

坪，其奇奥偕海宁之皱云石争雄……甫谋位置其中，藉作他山之助，遂定其名'小玲珑山馆'。"①街南书屋十二景：小玲珑山馆、看山楼、红药阶、透风透月两明轩、石屋、清响阁、藤花庵、丛书楼、觅句廊、浇药井、七峰草亭、梅寮。名流题咏十二景者有汪沆《街南书屋十二咏为马秋玉半查昆季赋》、厉鹗《题秋玉、佩兮街南书屋十二首》、马曰璐《街南书屋十二咏》等。如马曰璐咏小玲珑山馆："爱此一拳石，置之在庭角。如见天地初，游心到庐霍。"②

77. 东园十二景

东园在扬州莲性寺东，贺君召所筑，始建于雍正年间，又称贺园。贺君召，字吴邨，山西临汾人，在扬业盐，"喜风雅，好宾客，与人不设町畦"③。《扬州画舫录》记载："贺园始于雍正间，贺君召创建。……丙寅间，以园之醉烟亭、凝翠轩、梓潼殿、驾鹤楼、杏轩、春雨亭、云山阁、品外第一泉、目瞯台、偶寄山房、子云亭、嘉莲亭十二景，征画士袁耀凤绘图，以游人题壁诗词及园中匾联，汇之成帙，题曰《东园题咏》。"④

78. 菽园十二景

菽园在江苏扬州，园主桑豸。桑豸，字楚执，号雪芗，江苏扬州人，康熙二十五年贡生，工书善画。十二胜景为：则堂、绿倚楼、西清馆、栖寻阁、百城、寒河、舟居非水、香象阁、深柳读书堂、芦之漪、云湾、蔚浮深境。《嘉庆重修扬州府志·古迹下》载："菽园，桑豸有十二咏：曰则堂，曰绿倚楼，曰西清馆，曰栖寻阁，曰百城，曰寒河，曰舟居非水，曰香象阁，曰深柳读书堂，曰芦之漪，曰云湾，曰蔚浮深境。今不知其处。"⑤

---

① 马曰璐：《小玲珑山馆图记》，见顾一平：《扬州名园记》，广陵书社，2011年，第138页。
② 阮元辑：《淮海英灵集·乙集》卷三，文选楼丛书本。
③ 赵之壁：《平山堂图志》卷九，清乾隆三十年刻本。
④ 李斗：《扬州画舫录》卷一三，潘爱平评注，中国画报出版社，2014年，第236页。
⑤ 阿克当阿修，姚文田纂：《嘉庆重修扬州府志》卷三一，清嘉庆十五年刻本。

79. 休园八景

休园位于扬州城内流水桥。顺治十年郑元勋弟郑侠如构筑的娱老之所，后其孙郑熙绩重修。郑侠如，字士介，安徽歙县人。郑熙绩，字有常，号懋嘉，康熙十七年举人。园中有语石堂、漱芳轩、云山阁、三峰草堂、含清别墅等景致。方象瑛《重葺休园记》："休园在江都流水桥，前水部士介郑公之别业，而其孙懋嘉孝廉读书处也。……士介公年最幼，闭户读书，独无所营，后以司空解组归，始买朱氏址以娱老，因名曰'休园'。子侍御晦中公继之，园乃益盛。"①休园八景：三峰草堂、嘉树读书楼、春雨亭、云峰阁、空翠山亭、希夷花径、竹深留客处、来鹤台。石韫玉作《休园八咏》，如咏三峰草堂："芜城古岩邑，城市有山林。白屋衣冠古，沧江岁月深。四时宜对酒，一室独鸣琴。谁道繁华地，蓬壶不可寻。"②

80. 学圃八景

学圃，即扬州学宫园林。园有八景：松槐双荫之居、即林楼、绿净池、帆影亭、桐花舫、碧山楼、舒啸台、柳簃。马曰璐、程梦星皆作有《学圃八咏》诗，分咏八景。如程梦星咏松槐双荫之居："十松香山宅，三槐晋公庭。何如此乔柯，交荫绿莎厅。幽人日吟啸，双眼含空青。"③马曰璐咏松槐双荫之居："攫拿松自高，布濩槐亦茂。含风有双清，映石无孤秀。珍簟倘相从，可以坐炎昼。"④

81. 让圃八景

让圃位于江苏扬州，系张四科、陆钟辉别墅。张四科，字喆士，号渔川，陕西临潼人，乾隆间官候补员外郎。陆钟辉，字南圻，号淳川，江都

---

① 方象瑛：《重葺休园记》，见陈从周、蒋启霆选编：《园综》，赵厚均校订、注释，同济大学出版社，2011年，第42—43页。

② 石韫玉：《独学庐全稿·三稿诗》卷六，清写刻本。

③ 程梦星：《今有堂集·漪南集》，见《四库全书存目丛书补编》第42册，齐鲁书社，1997年，第98页。

④ 马曰璐：《学圃八咏》，见阮元辑：《淮海英灵集·乙集》卷三，文选楼丛书本。

人。园之所以名让圃,《扬州画舫录》有记:"在行庵西,今属杏园,本为天宁寺西院废址。先是张氏典赁,未经年复鬻与陆氏。张氏侦知陆氏所鬻,而不知为钟辉也,以未及期为辞。会陆氏知其故,让于张氏,张氏故辞不受。马主政为之介,各鬻其半,构亭舍为别墅,名曰让圃。"[1]园中常举行诗文之会。张四科《让圃八咏》附《让圃记》云:"置酒高会,自都御史胡公而下,凡十六人,诗社之集,于斯为盛。自是二十年来,春秋佳日,选胜探幽,多在于此。四方文人学士,知有韩江雅集者,未尝不从游于行庵让圃。"[2]张四科、马曰璐皆有《让圃八咏》诗,分咏其胜。

82. 贷圃八景

贷圃位于江苏宝应柘溪(今江苏扬州),乾隆年间园主为柘溪乔氏。"贷圃者柘溪乔氏真意堂,去宝应五十里许。戊子冬,假馆于兹,故得详所历。其圃存宅后,环圃以墙,墙东启小扉,有亭,植丛桂,子颜之曰泰阿。由亭而东为堂,面深池,倚修竹曰客居所居堂,即真意堂是也。堂左有廊,界以小墙,画一为二,居中厅外,时闻足音跫然,因似跫音名之。循廊达黄杨馆,颇幽邃,盖堂则居中。右顾有廊,左顾有亭,屋不必多,结构特妙。堂后池曰钓鱼闲处,竹旁屋曰何可一日无此轩,径数转,登层楼,则鸡犬桑麻,历历鸟下。七八月间,黄云满目,爱取诗人我稼既同之语,名曰稼同楼。楼下叠石为岩,松柏合拱,超然有远致,所谓松石闲意不当如是。"[3]程名世,字令延,号筠榭,江苏仪征人,乾隆戊子三十三年馆于此园,作《贷圃八咏》并序,载于《思纯堂集》卷七。

83. 棣园十六景

棣园在扬州南河下街北,园主包良训。包良训,字松溪,号棣园主人,江苏丹徒人,寓扬州,官运同。此园清初程汉瞻始筑,号"小方堂",后几

---

[1] 李斗:《扬州画舫录》卷四,周春东注,山东友谊出版社,2001年,第108—109页。
[2] 张四科:《让圃八咏》,见阮元:《广陵诗事》卷六,文选楼丛书本。
[3] 阮元辑:《淮海英灵集·乙集》卷四,文选楼丛书本。

易其主。道光二十四年，包松溪购得此园，始称棣园。梁章钜《浪迹丛谈》卷二："今属包氏，改称棣园，与余所居支氏宅，仅一墙之隔。园主人包松溪运同，风雅宜人，见余如旧相识。屡招余饮园中，尝以《棣园图》属题，卷中名作如林，皆和刘淳斋先生锡五原韵。"① 棣园十六景：絜半称寿、枫林夕照、沁春汇景、玲珑拜石、曲沼观鱼、梅馆讨春、鹤轩饲雏、方壶娱景、洛卉依廊、汇书秉烛、竹趣携锄、桂堂延月、沧浪意钓、翠馆听禽、眠琴品诗、平台眺雪。梁焦山画僧几谷、扬州画家王素皆绘有《棣园十六景图》，包松溪辑得《棣园十六景图》二册，并作《棣园十六景图记》，云："于是有图之作，先为长卷，合写全图之景，有诗有文。而客了游我园者，以为图之景，合之诚为大观，而画者与题者以园之广，堂榭、亭台、池沼之稠错，花卉、鱼鸟之点缀，或未能尽离合之美，穷纤屑之工也。于是相与循陟高下，俯仰阴阳，十步换影，四时异候，更析为分景之图十有六。"

84. 白沙翠竹江村十三景

白沙翠竹江村，又称余园，位于江苏仪征县东。康熙时，富商郑肇新（号东邑）购得员氏别业旧址开拓修葺。据清人洪嘉植《读书白沙翠竹江村记》："扬子县有白沙云，故今亦名白沙。城之东十里曰新城。江村在新城东二三里许，故汪氏之东庄，今为郑子东邑别业。有竹数千个，曰白沙翠竹江村云。"② 员燉作《白沙翠竹江村旧属余家别业，更历数主至郑氏始增台榭，多名流题咏，近归香林遂成江北名构。今春香林邀同皋斋、渔山、采庸扁舟一过，采庸亦尝读书其中。犹识守门老人，感今话昔漫赋一章》。③ 康熙时园归郑肇新。据《嘉庆重修扬州府志》，园有耕烟阁、香叶草堂、见山楼、华黍斋、小山秋、东溪白云亭、溉岩、芙蓉泲、筼筜径、度鹤桥、因是庵、寸草亭、乳桐岭十三景。白沙翠竹江村十三景名流题咏甚多，如石涛

① 梁章钜：《浪迹丛谈》卷二，刘叶秋、苑育新校注，福建人民出版社，1983年，第16页。
② 洪嘉植：《大荫堂集》，转引自汪世清：《汪世清艺苑查疑证散考》（下），河北教育出版社，2009年，第113页。
③ 阮元辑：《淮海英灵集·戊集》卷三，文选楼丛书本。

作《白沙翠竹江村图》，十三景每景各题一诗。吴敬梓《题白沙江翠竹江村》九首绝句咏见山楼、香叶草堂九个景观。有程梦星《江村十三咏》、成达可《白沙翠竹江村（十三咏）诗为真州郑东邑赋》、先著《白沙翠竹江村十三咏》、洪鉽《白沙翠竹江村十三咏》、洪嘉植《白沙翠竹江村十三咏》等，亦有园中十三景诗咏。

白沙翠竹江村后园景观有所扩充，成余园二十景，分别为：白沙翠竹江村、见山楼、梅花处士庐、因是庵、千尺桃花潭、度鹤桥、柳风麦浪之间、耕烟阁、乳桐岭、东溪白云亭、篍筅径、别寄闲情处、小山秋、芙蓉沜、听雨山房、华黍斋、寸草亭、香叶草堂、溉岩、雪窟。姚文田作《余园二十咏》。①

85. 亦园二十景

亦园系江苏常州武进百丈乡之徐墅。清代陈国柱创，乾隆时其孙陈明善增筑。陈明善，字亦园，号野航。袁枚《随园诗话》记载："常州陈明善，字亦园，乡居甚富，家有园亭，性好吟咏。"②金武祥《粟香随笔·粟香四笔》卷四："距余家东北十余里徐墅为武进循理乡，有徐氏亦园。国朝陈廷扬先生国柱创筑有别业……乾隆间其孙野航太守明善增筑之，有亦园二十咏。……亦园觞咏为一时之盛。"③亦园二十景：得间小憩、十笏山斋、片石居、静香廊、天光云影、绿天精舍、书巢、新月廊、修竹吾庐、从野书屋、一丘一壑、即是深山、问渠轩、无隐轩、小山坳、索笑台、停云、横秋阁、沁碧廊、依绿亭。

86. 问源草庐十六景

问源草庐位于梁溪之西管社山（今江苏无锡）。王颖锐筑草庐葬父，因见其地有水汩汩而出，故称"问源草庐"。王颖锐（1713—1794），字秉成，

号瓶城，江苏无锡人。王颖锐辑《问源草庐十六景题咏》一卷。周王遵称十六景：古木围庐、清泉鸣窦、风阁松涛、雪篱梅影、芦帘山雨、竹窗池月、石坞归云、柴门落叶、柳汀渔火、野寺渔火、寒沙落雁、夕照归帆、群峰积雪、村树笼烟、莲塘秋涨、芦花风色。每景分题一诗。邹一桂作《问源草庐十六景图》，王颖锐和周王遵作十六景诗。题者有龚士朴、王灏、秦仪、王若泗、释实璞、刘执玉、秦金门等人。

87. 寄园十景

寄园位于江苏江阴（今江苏无锡），系江苏学署西花园。寄园初为明代江西布政司右参政季科清机园，又称季园，后割园入署，又改名寄园。王先谦于光绪十一年就任，重修寄园，并作《重修寄园记》："经始光绪乙酉之冬，落成于丙戌季春。为庐曰永慕，以奉先谦父母遗像。堂曰虚受，为朝夕读书游憩之所。存雪、列岫诸亭，并仍其旧。增置廊榭，以延揽景光。缀以梅坞竹径，间以菊圃菜畦。奇石列秀，嘉树环植，菡萏盈陂，与水相鲜。而园之胜亦略矣。"王先谦作《寄园杂咏十首》，分咏墨华榭、虚受堂、永慕庐、存雪亭、雪浪湖、香雪亭、斠古阁、苍筤径、列岫亭、湘菜畦十景。如墨华榭咏："深檐翳青冥，奇石逞光耀。元音发沉濬，嗣者各英妙。谁知榛芜没，久辞日月照。尚恐沉埋多，巡廊独凭吊。（陈君延恩《寄园八咏》末有祁文端跋，二碑存一，知缺失不免。）"[1]

88. 文园十景

文园位于江苏如皋，汪澹庵筑于雍正十三年，于园中课子汪之珩读书。钱泳《履园丛话》卷二〇："如皋汪春田观察少孤，承母夫人之训，年十六以资户部郎，随高宗出围，以较射得花翎，累官广西、山东观察使。告养在籍者二十余年，所居文园，有溪南、溪北两所，一桥可通。饮酒赋诗，殆无虚日。"[2] 文园十景：课子读书堂、念竹廊、紫云白雪仙槎、韵石山房、一枝

---

① 王先谦：《王先谦诗文集》，岳麓书社，2008年，第521页。
② 钱泳：《履园丛话》，中华书局，1979年，第535—536页。

凫、小山泉阁、浴月楼、读梅书屋、碧梧深处、归帆亭。汪承镛作有《文园绿净园两园图记》。道光年间，季标绘《文园图》十幅、《绿净园图》四幅。如朱玮咏念竹廊："清风晓犹作，绿云寒不起。廊之左右间，独有此君耳。岁寒莭乃见，所以念君子。"①

89. 绿净园四景

绿净园位于江苏如皋，在文园北，汪之珩子汪为霖所筑。汪为霖，字春田，如皋人。绿净园四景：竹香斋、药栏、古香书屋、一簑亭。汪承镛《汪氏文园绿净园图咏序》："余家雉水之上，旧有文园、绿净两园。今将各景绘图，乞名流题咏，或赋长篇，或吟短什，珠玉既富，剞劂斯加，俾为园林生色，亦以志苔岑雅契云。"如石甫咏古香书屋："流水到门住，周回环书堂。室静浮古香，压架千琳琅。平生手勘书，甲乙无丹黄。有书如有身，修持宜退藏。凝心适其适，盖觉趣味长。蒙庄有元赏，得鱼筌已忘。"②

90. 明瑟山庄十六景

明瑟山庄位于常熟西山塘泾岸，始建于道光二十五年九秋时，完成于咸丰四年。曾之撰父亲曾熙文建。曾熙文，字酉生，号叔岩，晚号退庵。道光十二年举人，曾任内阁中书。曾熙文作《题山庄十六景》，曾熙文之子曾之撰辑《明瑟山庄记》五卷，收入《山庄十六景题词附存》一卷，有席振遴、屈茂曾等人题词。明瑟山庄十六景分别为：惜分阴书屋、望三益轩、招邀风月庐、双凤楼、澹我心亭、凹凸山阿、绿杨池上、宛转廊、湛清华阁、画阑、烟波吟舫、涵春榭、城西揽胜楼、竹篱花圃、缭曲山房、天香云外居。如咏绿杨池上："昔吟池上篇，往往发遐想。今我有斯池，为爱荡兰桨。我时坐其间，心清空万象。水碧微生波，鱼游不触网。微风漾涟漪，戏藻自来往。垂杨千万丝，幽兴随之长。通以宛转桥，消夏可挹爽。寄语素心人，

---

① 季标绘，汪承镛辑：《如皋汪氏文园绿净园图咏》，民国石印本。
② 季标绘，汪承镛辑：《如皋汪氏文园绿净园图咏》，民国石印本。

晨夕来三雨。"①

91. 茧园十景

茧园位于江苏昆山，本明嘉靖时叶氏之春玉园，后改称茧园。"清初园析为三，叶氏族人割其半葺之，称半茧园。"②康熙时茧园归叶九来，据徐开任《半茧园记》："传至九来，仅分一股，踵事增华，以继前人之志，山益培而高，水益辟而广，园未得半而已足矣，故稍更其制，曰半茧园。"③叶奕苞，字九来，江苏昆山人，监生，康熙时荐博学鸿词，见摈，归隐半茧园。茧园十景：大云堂、𠗋亭、小有居、据梧轩、霞笠、绿天径、樾阁、烟鬟榭、濠上、舒啸。叶九来作《茧园十咏》，陈瑚作《次韵九来茧园十咏》。如陈瑚诗咏大云堂："（面岗背竹，曲池环之，清风爽气，日夕自佳。）曲巷埋名迥，虚堂日夕开。帘疏花气入，榻静鸟声来。客有青云士，家多白雪才。坐深忘漏咏，零落下莓苔。"④

92. 妙喜园三十景

妙喜园在昆山西关外金童桥北，康熙时，鉴青禅师曾居此。据《亭林年谱》"千墩"条记："妙喜园，在西关外金童桥北，初为严氏园，徐坦斋营为别墅。荷池竹圃，踞西郊之胜。"⑤妙喜园三十景：补处堂、意消堂、升妙楼、忆佛轩、报慈室、闻妙斋、净名居、无隐寮、荷香榭、斜月廊、领秀阁、滴秋庵、芳草径、白鹭桥、唤鸥滩、归帆浦、荷衣沼、罨画藤、问竹冈、观槿篱、听雨篷、看云座、香稻畦、樵歌陇、钓雪汀、浮青壁、旷月庭、晚菘圃、杨柳岸、雁影潭。鉴青禅师作《妙喜园三十咏》，如咏升妙楼："拾级循栏次第

---

① 曾熙文：《明瑟山庄诗集》，见《清代清代诗文集汇编》编委会编：《清代诗文集汇编》第607册，上海古籍出版社，2010年，第648页。
② 童寯：《江南园林志》第2版，中国建筑工业出版社，1984年，第37页。
③ 徐开任：《半茧园记》，见衣学领主编，王稼句编注：《苏州园林历代文钞》，上海三联书店，2008年，第238页。
④ 陈瑚：《确庵文稿》卷三，清康熙毛氏汲古阁刻本。
⑤ 叶绍袁：《亭林年谱》，见宋如林修，石韫玉纂：《道光苏州府志》卷四八，清道光四年刻本。

升，纵高应免忌多能。从来不愿居人上，放眼何须更一层。"①

93. 小园十景

小园位于江苏娄县（今江苏昆山），黄图珌筑于雍正年间。黄图珌《看山阁集》收《小园十咏》一诗，分咏小园十景：水亭、岸舫、板桥、石阑、竹篱、荷池、鱼沼、花裀、桐轩、竹径。黄图珌，字容之，号蕉窗居士，又号守真子，松江（今上海）人，雍正年间任杭州、衢州同知，著有《看山阁集》。据光绪《松江府续志》卷三八"名迹志·娄县第宅补遗"附记"园林补遗"，黄图珌在娄县钱泾桥西北构西村小筑。据其自撰《西村小筑记略》："近得茅舍数椽，放一小圃，名曰西村小筑。筑一小坡，开一曲径，植千竿竹，养一小鱼。有堂曰春来……轩曰语花……亭曰百香……又曰踏雪……楼曰山雨……阁曰穿云。……更有长松书屋，水上闲房……或依山而起，或傍水而成。余盖经始于癸卯之秋，迄今乙巳之夏，瞬息三年得以告竣。"② 所记小园十景出于西村小筑。如咏岸舫："颇得欧阳趣，其中可逗留。疑居偏不陆，似舫却非流。久系花源口，恒停柳岸头。一灯明灭里，人坐夜悲秋。"③

94. 塔射园二十景

塔射园位于松江府城西门外东塔巷后，此地本按察许缵曾别业，张维煦购其半而筑园。钱泳《履园丛话》卷二○："松江张氏有塔射园，在东塔巷后，旧为许氏别墅，郡人张孝廉维煦购得其半，葺为小园，以近西林寺塔故名。园中有紫藤花，开时烂漫可观。旧闻昆山徐健庵司寇家有憺园，园西池内有小浮图影，又苏州虎丘有塔影园，此皆近于城市，与塔相近，理或有之。"④ 张维煦，字和叔，华亭人。康熙四十一年举人。其子张梦喈，字

---

① 释晓青：《高云堂诗集》卷一五，清康熙释道立刻本。
② 黄图珌：《看山阁集》卷二，见《清代诗文集汇编》编委会编：《清代诗文集汇编》第288册，上海古籍出版社，2010年，第117页。
③ 黄图珌：《看山阁集》卷一，见《清代诗文集汇编》编委会编：《清代诗文集汇编》第288册，上海古籍出版社，2010年，第145页。
④ 钱泳：《履园丛话》，中华书局，1979年，第536页。

凤于，号玉垒，作有《自题塔射园》云："小园为许观察鹤沙旧墅，塔射云者因西林浮图而名也。园广袤止十余亩，而池馆靓深，卉木葱蒨，花晨月夕，随侍家君，逍遥容与其间，所至辄题断句，总得二十首。"① 黄达《游塔射园记》："张氏之园，水木明瑟近在双屐之下。每当亭午晴昼，天无纤云，则此塔之金碧历录然，若放奇光异彩注射于园之中。"② 塔射园二十景：古藤榭、竹径、小重山、晚荣山、逊亭、微笑庵、响泉洞、船屋、留云岫、钓鱼湾、清晖楼、圆音书屋、澹斋、蠡阁、壶中天、拜石轩、荷池、众香西来、石壁、塔影。

95. 提督署西园八景

松江提督署西园位于松江府。乾隆年间松江提督陈树斋营构园林，成八景之胜。陈大用，字树斋，名建勋，官松江提督。按《郭嵩涛全集》中记："陈树斋，名建勋，陈瀛舫太史从弟。"松江提督署西园八景：陆舫澄秋、双榍染露、碧沼荷香、桐轩待月、遗迹墨妙、筠廊挹翠、南垣叠雪、蕉窗听雨。祝德麟《松江提督署中有西园八景，陈树斋军门属题诗各赋一绝句》，如咏陆舫澄秋："辕门鼓角放衙余，争牵船岩上居。栖泊安恬无险浪，偏心人至亦知虚。"③

96. 一邱园十景

陈氏园，又称一邱园、南园。在松江府奉贤县南桥，乾隆年间系陈安仁及从子陈遇清、陈文锦所筑别墅。《光绪重修奉贤县志》卷一八"第宅园林"记十景为：济乌台、小桃源、留云塔、涤砚池、锦玉溪、日月泉、友松岭、迎月轩、镜心亭、一线天。吴省钦《南桥陈氏园十咏》所录十景为：小桃源、

---

① 转引自徐侠：《清代松江府文学世家述考》（上），上海三联书店，2013年，第272页。
② 黄达：《一楼集》卷一七，见《四库未收书辑刊》第10辑15册，北京出版社，2000年，第734页。
③ 祝德麟：《悦亲楼诗集》卷二四，见《续修四库全书》第1463册，上海古籍出版社，2002年，第76页。

一线天、迎月轩、镜心亭、涤砚池、羲娥泉、友松岭、锦鱼溪、留云塔、下鸟台。与县志所记相比，景名济乌台、日月泉分别为下鸟台、羲娥泉。如吴省钦《南桥陈氏园十咏》咏小桃源："种桃流水边，水流花亦放。不待作花时，数渔起遥唱。"①

97. 曲水园二十四景

曲水园位于上海青浦，原名灵园，始建于乾隆十年，取"曲水流觞"之意。《光绪青浦县志》所载王希伊《灵园记》："乾隆乙丑、丙寅间，庙之东偏建堂曰'有觉'，轩曰'得月'，楼曰'歌熏'，阁曰'迎晖'……越二十余年，乃沿流增以岸舫，舫后有楼曰'夕阳红半'，有堂曰'凝和'。"②青浦曲水园六景：剪淞阁、月波轩、采莲径、响琴峡、射鸭陂、饲鹤阑。刘逢禄作有《青浦曲水园六咏》。金熙《灵园二十四咏》分咏青浦曲水园二十四景：凝和堂、白云坞、清籁山房、有觉堂、得月轩、夕阳红半楼、喜雨桥、舟居非水、冰壶、花神祠、环碧楼、半拜石、玉字廊、虬龙洞、濯锦矶、二桥、坡仙亭、小濠梁、恍对飞来、天光云影、镜心庐、迎曦亭、迎仙阁、清虚静泰。如咏凝和堂："粤维灵园成，斯堂实经始。时和民亦和，万人乐输此。四序霭春光，熙熙介蕃祉。"③

98. 鲈香小圃八景

鲈香小圃在华亭（今上海松江）府城西北，又名北垞。此园原为明代倪邦彦所筑倪园，后归董其昌，又归朱国盛及其子朱轩。入清后归姚宏度，又归其子姚培谦。姚培谦（1693—1766），字平山，号鲈香居士，江苏华亭人，诸生，雍正中保举人才，以居丧不赴。姚文谦、王永祺、黄达等友人常举文会于小圃之中。鲈香小圃八景：古树藤花、月窗梅影、隅亭观荷、松

---

① 吴省钦：《白华前稿》卷三二，清乾隆刻本。

② 程绪珂、王焘主编：《上海园林志》，上海社会科学院出版社，2000年，第642页。

③ 金熙：《灵园二十四咏》，见中国人民政协青浦县委员会、文史资料委员会编：《青浦文史》第5辑，1990年，第111—116页。

阴高卧、蒙泉鱼跃、浅山早桂、北篱赏菊、高阁看山。黄达《题鲈香小圃八景》分咏其胜，如咏隅亭观荷："结构小亭幽，策杖兹游憩。芙蕖正绘敷，花光漾水裔。新浴宜凉风，飘飘举衣袂。何处采莲人，乘流来鼓枻。"①

99. 东园十二景

东园为清中叶张子渊园林。张文涥（1788—1859），字子渊，号诚斋，江苏嘉定（今上海）人，侨居歙县。东园或在其家乡嘉定。东园十二景：六山、石台、香雪坞、梅隐居、碧云深处、玉照轩、听雨榭、邻竹山房、暖香屿、听鱼矶、孤山市、药圃。沈学渊有《东园十二景为张子渊文涥作》，如咏六山："五日画一石，画师故作态。何如运甓成，叱使巨鳌戴。"②

100. 望云山庄八景

望云山庄位于华亭县，张祥河别业。道光十九年构筑。张祥河，字诗龄，又字元卿，江苏娄县人。嘉庆二十五年进士，官内阁学士、礼部侍郎、工部尚书，加太子太保衔等。著有《小重山房诗词全集》。张祥河《望云山庄记》："岁丁酉，祥河奉先大夫讳旋里，是冬营窀穸于娄县之二里泾。……明年春，敬绎先大夫遗训，营先王父横泾丙舍，凡十楹。……又明年抽脆补致，濯黯为鲜。……祥河窃幸地近宗祠，且旷迥，升高望远，先世庐冢皆在数十里而近，可使我子弟生孝悌之心。于是浚渠导水，土敛茅，先成草堂，工取省啬，度与二里泾丙舍相等。行将读书其中，春秋佳日，奉太夫人安舆，登眺散怀，偕群从捧觞上寿，岂直啸傲湖山，流连光景之足尚哉！"③望云山庄八景：金萱堂、引胜廊、听潮小舫、香渡桥、喜亭、南荣、慈竹长春、方壶晴雪。张祥河作《新葺望云山庄八景》，如咏金萱堂："高年喜行饭，春暖衫履轻。青红纷几队，膝下连臂行。开尔北牖窗，黄华何英英。"④

---

① 黄达：《一楼集》卷二，见《四库未收书辑刊》第10辑15册，北京出版社，2000年，第585页。
② 沈学渊：《桂留山房诗集》卷一一，清道光二十四年郁松年刻本。
③ 转引自徐侠：《清代松江府文学世家述考》（上），上海三联书店，2013年，第272页。
④ 张祥河：《小重山房诗词全集·桂胜集》卷五，清道光刻光绪增修本。

101. 忘山庐八景

忘山庐在上海，孙宝瑄之园。孙宝瑄（1874—1924），字仲玙，浙江钱塘人，生于书香仕宦之家，任工部、邮传部、大理院等职。忘山庐之名取自《永嘉禅师语录》。《忘山庐日记》载："夜，览《永嘉禅师语录·答朗禅师书》，有云：先须识道，后乃居山。若未识道而先居山，见山必忘其道。若未居山而先识道者，但见其道，必忘其山。忘山则道性怡神，忘道则山形眩目。是以见道忘山者，人间亦寂也。见山忘道者，山中乃喧也。至言，名言。余因自号忘山居上，名其庐曰忘山庐。"①忘山庐八景：短垣修竹、曲院丛蕉、菜圃锄云、竹窗洗砚、远楼斜日、急雨寒渠、水阁听棋、高斋诵佛。据孙宝瑄《忘山庐日记》，陈子言、张经甫、观惠东为其作《忘山庐八咏》诗。如张经甫题短垣修竹："数竿便作渭川思，风雨潇潇静对宜。莫放墙高遮望眼，丹山仁有凤来仪。"②

102. 双清别墅（徐园）十二景

双清别墅位于上海，又名徐园。徐珂《清稗类钞》："徐园者，海宁徐棣山所建，名双清别墅，向在上海公共租界老闸桥北唐家弄，后移康瑙脱路五号，其式如初，惟较大耳。"《憩双清别墅》云："山径逶迤处处通，曲廊回绕鉴亭东。一堤柳暗村前路，半阁花香帘上风。"③园主徐鸿逵，字棣山，海宁人，光绪九年寓于上海时所筑。双清别墅十二景：草堂春宴、寄楼听雨、曲榭观鱼、画桥垂钓、笠亭闲话、桐荫对弈、萧斋读画、仙馆评梅、平台远眺、长廊觅句、柳阁闻蝉、盘谷鸣琴。④徐熙珍，徐鸿逵女，海昌周紫垣室，乌程人所著《华蕊楼遗稿》中录有《和外子双清别墅八景之四》《再和外子双清别墅八景之二》，分咏平台望月、曲榭观荷、杏村沽酒、柳阁焚香、鉴

---

① 孙宝瑄：《忘山庐日记》，上海古籍出版社，1983年，第71页。
② 孙宝瑄：《忘山庐日记》，上海古籍出版社，1983年，第432页。
③ 徐熙珍：《华蕊楼遗稿》，见胡晓明、鼓国忠主编：《江南女性别集初集》，黄山书社，2008年，第1558页。
④ 程绪珂、王焘主编：《上海园林志》，上海社会科学院出版社，2000年，第78页。

亭垂钓、画舫敲棋，余二景不详。景观名称与十二景略有出入。如徐熙珍咏平台望月："闲步登临眼界遥，欣逢三五是今宵。园林历历明如昼，不数扬州廿四桥。"①

103. 粤东藩署东园十景

粤东藩署东园位于广东广州。据《番禺县续志》记载："东园，在布政司署。有春熙亭、兰雪轩诸胜。米芾题'药洲'石，原庋（藏）春熙亭。嘉庆间，布政使武陵赵慎畛，重加修葺。翁覃溪学士、阮文达公有诗文纪之。同治六年，割署东偏地为法领事馆，园废。"②粤东藩署东园十景：来青轩、隐翠楼、竹凉处、绿榕屏、双清亭、连理枝、来鹤亭、一屋琴、习射圃、退思堂。柴杰《粤东藩署东园十咏祝宋况梅先生寿》十景题咏集句而成。如来青轩咏："万象皆春色（杜甫），先从木德来（白行简）。良辰倾四美（王勃），星分应三台（李白）。竹覆青城合（杜甫），花含宿润开（李乂）。凭轩聊一望（薛稷），佳气霭楼台（罗邺）。"③

104. 杏林庄八景

杏林庄位于广东广州，道光年间邓大林园林。邓大林，字荫泉，号荫泉道人、长眉道人，广东香山人，工诗善画。张维屏《杏庄题咏序石刻》云："而杏庄所以异于他园者，则以有丹灶可炼药也。丹药济人，有如董奉，此庄所以名杏林也。"④杏林庄八景：竹亭烟雨、通津晓道、蕉林夜雨、荷池赏夏、板桥风柳、隔岸钟声、桂径通潮、梅窗咏雪。邓大林辑有《杏庄题咏》四卷。李衡芳《杏林庄八景题咏》，如咏竹亭烟雨："小亭四面竹回环，衣桁

---

① 胡晓明、鼓国忠主编：《江南女性别集初集》，黄山书社，2008年，第1549页。
② 番禺市地方志编纂委员会办公室主持整理：《民国番禺县续志》（点注本），广东人民出版社，2000年，第730页。
③ 潘衍桐：《两浙辅轩续录》卷一四，清光绪十七年刻本。
④ 张维屏：《杏庄题咏序石刻》，见冼剑民、陈鸿钧编：《广州碑刻集》，广东高等教育出版禄，2006年，第1129页。

阴生月一弯。日报平安无个事，琅玕青翠隐烟鬟。"①

105. 小山园八景

小山园位于广州黄埔，梁纶恩园居之所。梁纶恩，广东番禺人，辑文人雅士题咏为《小山园题咏》（咸丰刊本）一卷。园中"景物之宜人，皆襟期所自领。无富贵志，乐烟霞，实天上之仙人受人间之清福也。真州之东园，洛阳之名园古人不得专美于前"②。小山园八景分别是：云阁观帆、月台晚眺、琴斋古韵、鹤舫风清、鹿山通泉、砚池鱼跃、回澜梅影、竹林鸟语。

106. 喻园（九曜园）八景

喻园即广东督学署园，又称九曜园，本系南汉南宫旧迹。清代历任督学都曾修葺此园林。光绪十七年，徐琪任广东学政，整修园林，增设景观，"余因不妨师之也，故就'光霁堂'之西室，题曰'喻学斋'，而即改环碧之名以名其园曰'喻园'"③。喻园八景：环碧新月、补莲消夏、校径晴日、芝篆垂钓、光霁延辉、鸢藻联吟、书台平眺、仙掌寻诗。徐琪，字玉可，号花农，浙江杭州人，光绪六年进士。徐琪《药洲学署八景诗图序》："余既浚药洲，因即其景分列为八，而属肖生寿仁为之图，并系以诗。"如咏校径晴日："旧为荒径，余辟之。为室三楹，而刻吾师茶香室经说于此。校径之庐，其室东向。朝暾初月，先把其爽。中有茶香，光采百丈。学海明珠，吾示诸掌。"④

---

① 周琳洁主编：《广东近代园林史》，中国建筑工业出版社，2011年，第55页。
② 鲍俊：《小山园八景图序》，见赵春晨、冷东主编：《广州十三行与清代中外关系》，世界图书出版广东有限公司，2012年，第540页。
③ 徐琪：《喻园记》，程国政编注：《中国古代建筑文献集要·清代》下册，同济大学出版社，2013年，第172页。
④ 徐琪：《药洲学署八景诗图序》，见冼剑民、陈鸿钧编：《广州碑刻集》，广东高等教育出版社，2006年，第1048页。

107. 邱园八景

邱园位于广东顺德龙山，光绪年间由邱诰桐构筑，是文人雅集之中心。邱诰桐，字仲迟，广东顺德人，官兵部主事。潘飞声《邱园八咏序》有云："顺德邱仲迟驾部，家居龙山，于其宅之南，辟为邱园。有堂榭花竹之胜，亭占烟水，既具泉石。楼之高，可望骊冈金峰，幽邃迤逦，亦既其胜处，编为八景，率以地名为纲，迨如玉山所称白云海绛雪亭诸胜欤。"① 邱园八景：紫藤花馆、碧漪池、流春桥、涵碧亭、淡白径、壁花轩、浣风台、绛雪亭。邱诰桐辑赖学海、潘飞声、杨永衍、居廉等三十六人咏邱园景色之诗，成《邱园八咏》，如居廉咏紫藤花馆："筑馆藤花下，春阴紫雾融。柔条牵细雨，嫩叶裊微风。影落胡床下，香流邺架中。雄峰约雌蝶，晒粉入芳丛。"② 邱逢甲《邱园八咏为顺德龙山家仲迟驾部作》咏紫藤花馆："名园高馆最玲珑，藤影花光护绮栊。璎珞四垂珠万串，一春长住紫云中。"③ 居廉应邀为邱诰桐所辑《邱园八咏》绘《邱园八景图》册。如居廉《邱园八咏》咏碧漪池："池皱三分水，亭招四面风。荷花藏钓艘，竹叶醉吟筒。鸭绿粼粼起，鸥盟昔昔通。波光云影乱，一色接晴空。"④

108. 朴园十景

朴园位于福建吉溪，园主吉溪丁氏。秦时昌《丁氏朴园十景有引》："吉溪丁氏之有园五世矣，而能守焉朴故也。……沈君熙远绘之于图，并肖其常游于中者十有六人，皆一时之秀，盖不减西园之雅集焉。于是柳湖表弟为作记系以七景诗，潘李诸君皆和之。余复于七景之外加以三焉，笔墨之间得母踵事增华而固无累于朴也。"朴园十景：紫虚阁、清燕堂、六宜楼、三余室、水云游、五枝桂、方竹径、梧桐岗、紫藤渡、碧莲池。如咏紫虚阁："登阁眺

① 潘飞声：《邱园八咏序》，见江阴、吴芹编辑：《近代名人文选》，广益书局，1937年，第69页。
② 陈滢：《花到岭南无月令：居巢居廉及其乡土绘画》，上海古籍出版社，2010年，第243页。
③ 丘逢甲：《岭云海日楼诗钞》，上海古籍出版社，1982年，第102页。
④ 转引自朱万章：《明清广东画史研究》，岭南美术出版社，2010年，第256页。

清旷，高怀凌紫虚。仙人骑鹤过，铁笛一声俱。"①据《清代人物生卒年表》，秦时昌（1679—1746），字枚谔，江苏吴江人，可知此园十景盛于清雍正、乾隆时期。

109. 寄赏园八景

寄赏园位于福建，清中叶时寄赏园有八景之胜：退一步斋、潇碧山房、绿天池馆、双清阁、可中亭、柳丝轩、澄观台、秀野桥。孟佐舜作有《寄赏园八咏集选句为龙山温安波赋》，如咏退一步斋："规行无旷迹，高步超常伦。守一不足矜，聊可莹心神。卜室倚北阜，连榻设华茵。徙倚引芳柯，竹柏得其真。勇退不敢进，望庐思其人。"②

110. 东园十二景

东园位于福建福州，园主梁章钜。梁章钜，字闳中，号茝邻、退庵，祖籍福建长乐，清初迁居福州。嘉庆七年进士，官至江苏巡抚兼署两江总督。道光二十二年引疾辞官返福州黄巷宅，于宅旁新建东园，成十二景之胜。梁章钜《东园落成杂诗十二首索同人和作》③，分咏藤花吟馆、榕风楼、百一峰阁、荔香斋、宝兰堂、曼华精舍、潇碧廊、般若台、宝月台、澹沄沼、小沧浪亭、落佛泉十二景。每诗前有小序，简要介绍景观。如藤花吟馆一景，诗序："二十年前宅有老藤甚奇，古曾集同人开吟社，其间陈秋坪先生为题'藤花吟馆'四字，今屡易主矣，而旧扁犹存，适园中有藤一架，仍以为额。"诗曰："昔者藤花馆，久矣非吾庐。一树复在兹，仍堪入画图。俯仰廿载赢，翩然已遂初。所愧诗不进，诗外无工夫。"④

---

① 秦时昌：《韭溪渔唱集》卷七，见《四库未收书辑刊》第9辑27册，北京出版社，2000年，第558页。
② 刘彬华：《岭南群雅·二集》卷二，清嘉庆十八年刻本。
③ 梁章钜：《退庵诗存》卷二三，清道光刻本。
④ 梁章钜：《退庵诗存》卷二三，清道光刻本。

111. 汀署梅园八景

汀署梅园位于福建临汀署（今福建龙岩）花园。李佐贤任汀州府知府时营构。李佐贤，字竹朋，道光十五年进士，利津（今山东利津）人，由庶常授编修，官至汀州府知府，嗜好金石。李佐贤于道光二十九年撰《临汀郡署园梅园记》："临汀署在九龙山之阳，署后为梅园，方广二亩许，园以北枕山麓迤逦为坡，陁坡之中为文昌阁……余素抱山水癖，丙午春奉命来守此邦。……因得与兹园为缘。或脱巾独步，或与客偕游。……赋诗饮酒为意所适。盖民府而有山林之乐焉。"① 汀署梅园八景：默林、桃坞、竹径、莲沁、中亭、宿花亭、习射厅、三友书屋。李佐贤《汀署梅园八咏》之咏梅林："探梅到芳园，浑忘在官府。赢得好头衔，我是梅花主。"②

112. 聚芳园八景

聚芳园位于台湾南投。时任南投知县的翟灏于乾隆五十七年建造。翟灏作《聚芳园记》："南投衙署，屡遭兵燹。予莅任后，捐廉修葺。署之西有隙地，为植木种花之所，久经荒芜。……友人见而谓之曰：'四时之花，群能兼之；四季之乐，君能享之；此地不可不以名也。谓之"聚芳园"可乎？'……余聆其言而志之，并记其园之显末，且镌八景诗于廊之右偏。"③ 聚芳园八景：东山晓翠、蜂衙春暖、榕夏午风、琅玕烟雨、回廊静月、秋圃赏菊、西园晚射、北苑书声。《聚芳园八景》之咏东山晓翠："群峰插半天，日高不知午。扑面翠欲流，缺处白云补。"④

113. 北郭园八景

北郭园位于台湾新竹。郑用锡于咸丰元年所筑。郑用锡，字在中，号

---

① 李佐贤：《石泉书屋类稿》卷一，见《清代诗文集汇编》编委会编：《清代诗文集汇编》第624册，上海古籍出版社，2010年，第328页。

② 李佐贤：《石泉书屋诗钞》卷三，见《清代诗文集汇编》编委会编：《清代诗文集汇编》第624册，上海古籍出版社，2010年，第269页。

③ 翟灏：《台阳笔记》，见《台湾文献史料丛刊》第8辑第154册，台湾大通书局，2009年，第9页。

④ 翟灏：《台阳笔记》，见《台湾文献史料丛刊》第8辑第154册，台湾大通书局，2009年，第11页。

祉亭，祖籍福建金门，乾隆四十年迁居台湾，道光三年中进士，是台湾第一个进士，著有《北郭园全集》。郑用锡作《北郭园记》云："庚戌，适邻翁有负郭之田与余居相近，因购之为卜筑计。而次子如梁亦不惜厚赀，匠心独运，构材鸠工。前后凡三、四层，堂庑十数间；凿池通水，积石为山，楼亭花木，灿然毕备。不不数月而成巨观，可云胜矣。"①北郭园八景：小楼听雨、晓亭春望、莲池泛舟、石桥垂钓、深院读书、曲槛看花、小山丛竹、陌田观稼。郑用锡《北郭园新成八景答诸君作》："笑余买山太多事，新筑小园喜得地。回环曲折路区分，编排一一增名字。小楼听雨足登临，晓亭春望堪游憩。莲池泛舟荷作裳，石桥垂钓香投铒。深院读书一片声，曲槛看花三月媚。小山丛竹列箈篁，陌田观稼占禾穗。周遭八景系以诗，题笺满壁群公赐。……此是平生安乐窝，他时当入《淡厅志》。"②

114. 板桥别墅八景

板桥别墅位于台湾台北板桥，又称板桥林家花园，是台湾最负盛名的私家园林。林家由福建漳州至台，自林平侯时经营致富。林家于同治时年举家迁至板桥，开始花园营建，于光绪末年始成。园中主体为来青阁、定静堂、观稼楼三部分。据林家后裔林砚香《板桥别墅八景》，林家花园八景为：定静堂、方鉴斋、来青阁、观稼楼、月波水榭、仙人洞、凝翠池、卧波桥。

115. 莱园十景

莱园位于台湾台中雾峰。初建于光绪十九年，园主林文钦。林文钦，字允卿，号幼山，祖籍福建漳州，光绪十九年中举，效老莱子娱亲之事，在雾峰宗祠南筑园，称莱园。莱园十景：木棉桥、捣衣涧、五桂楼、小习池、

---

① 郑用锡：《北郭园全集》，见陈庆元主编：《台湾古籍丛编》第5辑，福建教育出版社，2017年，第40页。
② 郑用锡：《北郭园全集》，见陈庆元主编：《台湾古籍丛编》第5辑，福建教育出版社，2017年，第53页。

荔枝岛、夕佳亭、望月峰、考盘轩、万梅崦、千步磴。梁启超《莱园杂咏》十二首，其中十首分咏十景之胜。如咏五桂楼："娟娟华月雾峰头，汜汜风光五桂楼。传语王孙应好住，海隅景物胜中州。"①

116. 竹园十景

竹园位置未考。据清人叶观国所作《竹园十咏为王秀才允青赋十首》，考得竹园十景：竹影轩、花阴室、渔歌港、语鸟巢、香荷沜、溪声馆、岸容径、山色楼、松韵亭、钟闻阁。如咏竹影轩："阿谁扫虎仆，写此湘枝魄。为想月斜时，空廊卧千尺。"②叶观国（1720—1792），字家光，号毅庵，晚年又号存吾，福建福清人，乾隆十六年进士，督学湖南、广西、安徽等职。竹园十六景胜于乾隆时期，园或为王允青所属。

117. 芳园十景

芳园所在及十景名目未考。潘成年作《芳园十咏》。潘成年，字怿亭，号杏帘。阮元《两浙輶轩录》卷三五记载："潘成年，字怿亭，号杏帘，新城人，乾隆甲午举人。洪耀曰：'杏帘为邑中名诸生，性诙谐，诗文每多新颖。尝与杭太史菫浦、齐宗伯次风游。其《芳园十咏》馆余家时所作也。'"③检《重修浙江通志稿考选谱人物表传》知，洪耀，浙江新城人，嘉庆七年进士，芳园疑为洪耀家园。

118. 澹园十八景

澹园所在缺考，园主王永命。王永命，字九如，号劬庵。山西平水（今山西临汾）人，顺治五年举人，康熙九年官迁安知县。王永命《客山澹园赠诗引》云："澹园筑自十年前，日与毗陵邹子吟啸其中。疏逸磅礴，大有寝处，丘泽闲意，爰是缘意得名，依名作赋共撰十八景诗。"澹园十八景：乐檀

---

① 梁启超：《梁启超全集》第9册，北京出版社，1999年，第5462页。
② 叶观国：《绿筠书屋诗钞》卷六，清乾隆五十七年刻本。
③ 阮元辑：《两浙輶轩录》卷三五，清光绪十六至十七年刻本。

斋、双梧石、曲流、稚峦、翠岩庐、陆舫、雅琴洞、夹峰台、漪水阁、似桃轩、绿烟亭、君子林、回塘、长廊石几、杏苑、梨花深处、晚吟楼、忘机墅。王永命《澹园十八歌仿卢嵩山体》之咏陆舫："拟长流兮放绿艭，缘树抄兮系青戤。星槎岸兮殊桨燥，风帆卸兮少蓬报。帆卸槎岸兮恰陆舫，忆清歈兮歌绝响。贪濑涨兮无相揭，细流涓兮清泛彻，学画船兮漫抛铁。"[①]

119. 且园十景

且园所在缺考。沈初《题桂宇舅氏且园十景》分咏且园十景：碧水鸿天、孤峰残印、银华汎晓、疏影横桥、薇径春风、竹林寒翠、空亭落叶、东园烟树、草堂听雨、钓矶濯足。如咏碧水鸿天："虚明敞堂檐，澄鲜列树色。容容水底云，中有宾鸿翼。水流抱阶前，鸿飞杳何极。"[②] 沈初，字景初，号萃岩，又号云椒，平湖清溪人，乾隆二十八年进士。按沈初作有《先考妣墓志铭》："不孝孤以乾隆癸卯正月二十四日，奉母陆太夫人柩与先大夫合葬于邑之南门外。"[③] 知其母陆太夫人，舅氏为陆桂宇。

120. 西池十二景

西池所在不详。祝德麟作《寄题西池十二景诗为岸亭作》分咏西池十二景。祝德麟，字止堂，海宁人，乾隆二十八年进士，官编修，后官御史。园或为岸亭所属。西池十二景：北郭春光、镜湖秋月、范萝红叶、赭岫晴岚、群山积雪、古寺鸣钟、周墩远眺、福田观鱼、小黄叠翠、来佛看荷、一房山色、画舫留春。如祝德麟《寄题西池十二景诗为岸亭作》之咏北郭春光："东风昨夜来，北郭绚红紫。使君正班春，春在农歌里。"[④]

---

① 王永命：《有怀堂笔》卷四，见《四库未收书辑刊》第5辑30册，北京出版社，2000年，第358页。
② 沈初：《兰韵堂集·诗集》卷三，清乾隆五十九年至嘉庆二十五年刻本。
③ 沈初：《兰韵堂集·文集》卷五，清乾隆五十九年至嘉庆二十五年刻本。
④ 祝德麟：《悦亲楼诗集》卷二四，见《续修四库全书》第1463册，上海古籍出版社，2002年，第75页。

121. 绿妍草堂十景

绿妍草堂所在未考，此园约盛于道光时期。据沈景运《和陈悔庵绿妍草堂十景原韵》，绿妍草堂十景为：石涧探梅、白堤春晓、北窗观鱼、竹坞听雨、报恩晓钟、水阁赏荷、桐阴枕石、草堂对月、萧斋抚琴、层楼望雪。检《清代人物生卒年表》，沈景运（1736—？），江苏吴县人，字润瞻，号春江，诸生，著有《浮春阁诗集》。检《民国宜良县志》，陈正卿，字悔庵，道光间府学禀膳生。"镕经铸史，以渊博称。平居奖掖后进恒以德行相切劘"。沈景运《和陈悔庵绿妍草堂十景原韵》之咏石涧探梅："九十春光一半开，琼英石涧绕周回。年年寒待阳和动。徐放香风次第来。"①

122. 涉园十六景

涉园或为张祥河园林。张祥河《小重山房诗词全集》有《浪淘沙涉园十六景》，所吟涉园十六景：圆峤、方塘、四照厅、蔬香馆、天香亭、芍药坡、夕佳楼、小昆仑墟、花神庙、襟带桥、月波亭、鹿柴、蓼汀、芥坳、水心亭、旷怡台。如咏圆峤："俯仰接烟鬟，乍可凭栏，薰风不耐葛衣单。远眺浑忘身是客，如此河山。 聚米掌中看，无限楼船，神仙高会亦云难。海上蟠桃花落去，燕子衔还。"②

附表 1-1　清代私家园林集景表

序号	八景景观	园主	时代	地点	景观名目	备注
1	西园十二景	允禧	雍正	北京	桐露堂、扫石堂、红药院、平安亭、清吟亭、画笥楼、花间堂、紫栢寮、双径、冽井、鹤栅、月廊	允禧《西园十二咏》
2	邸园（萃锦园）二十景	奕䜣	乾隆	北京	曲径通幽、垂青樾、沁秋亭、吟香醉月、艺蔬圃、樵香径、渡鹤桥、滴翠岩、秘云洞、绿天小隐、倚松屏、延清籁、诗画舫、花月玲珑、吟青霭、浣云居、松风水月、凌倒景、养云精舍、雨香岑	载滢《补题邸园二十景》

① 沈景运：《浮春阁诗集》，见《四库未收书辑刊》第10辑29册，北京出版社，2000年，第215页。

② 张祥河：《小重山房诗集·诗馀诗余》，见《清代诗文集汇编》编委会编：《清代诗文集汇编》第551册，上海古籍出版社，2010年，第264页。

续表

序号	八景景观	园主	时代	地点	景观名目	备注
3	水村十二景	陈梦雷	乾隆	北京	东阁晴霞、西山晓翠、仆妇馌耕、书僮（童）作牧、曲沼鹅群、回塘娃鼓、花下鸣琴、柳荫垂钓、菊岸临风、芦航泛月、天际歌声、中流笛韵	陈梦雷《水村十二景》
4	安园四景	德保	乾隆	北京	槐荫轩、信果堂、味道斋、得佳亭	德保《安园四咏》
5	且园十二景	法式善	乾隆	北京	小山、石笋峰、锡光楼、烟云室、存素堂、陶庐、诗龛、小西涯、约西书屋、有竹居、石衲、来紫轩	法式善《且园十二咏》
6	澹园二十四景	斌良	清中叶	北京	镜鸥山房、嘉量轩、墨池、回岚洞、留云榭、向日阁、平台、蓬庐先月、观澜、听雨楼、瓶庵、紫藤书屋、竹韵斋、听绿山庄、话山亭、草堂、筠谷、韬华馆、曼陀罗室、绮晴阑、玉冠峰、红桥、枣花帘、百折廊	方朔《澹园二十四咏》
7	述园十景	恩龄	道光	北京	可青轩、绿澄堂、澄碧山庄、晚翠楼、玉华境、杏雨轩、红兰舫、云霞市、湘亭罨、画窗	震钧《天咫偶闻》
8	寓游园十景	李承鸿	乾嘉	天津	半舫轩、听月楼、枣香书屋（其余七景不详）	李承鸿《咏园十景》
9	白云别墅二十四景	陈梦雷	康熙	辽宁沈阳	杏林晓日、菊岸晚风、雨后课耕、晴秋观获、鸟道杖藜、渔矶垂钓、暑雨趣耘、夕阳归牧、野艇渔灯、远冈樵唱、春壁花丛、秋崖锦叶、冰镜窥鱼、绣陌射雉、云岫探泉、虹梁观瀑、古洞鹿踪、绿阴莺语、沙渚浴凫、河干宿鹭、月夜松涛、霜天清磬、列嶂明霞、群峰霁雪	陈梦雷《白云别墅二十四景》
10	素园八景	陈梦雷	康熙	辽宁沈阳	曲水浴凫、瀑泉跃鲤、红药迎风、朱樱醉日、韭畦春露、菊圃秋云、夜月荷香、夕阳榆荫	陈梦雷《素园八景》
11	悇园十景（柳庄十景）	魏柏祥	清初	河北柏乡	宣雾晴岚、太行返照、园台肆眺、岳庙远钟、平野浮烟、长桥揽翠、高斋待月、桧幄闻涛、竹径流泉、荷池夜棹	魏柏祥《柳庄十景诗》
12	余园八景	李嘉乐	同治	河南光州	竹林玩石、松坞品茶、绕砌丛兰、穿篱杂豆、庭柯宿鹊、澄水游鱼、绿阴曲径、赤字悬崖	李嘉乐《余园八咏》

序号	八景景观	园主	时代	地点	景观名目	备注
13	依园十景	田懋	乾隆	山西阳城	小台丛碧、乔木长青、霜天红叶、月夜花茵、幽畦芍药、芳径梅花、林中高阁、花下茅亭、春风杨柳、秋水兼葭	乔于洞《田少宰以依园十景命赋》
14	北园十景	孔贞瑄	康熙	山东曲阜	古堞朝霞、莲塘暮雨、介石藏云、孤松梗日、层台玩月、曲沼观鱼、梅坞鸣琴、石船垂钓、茅亭雪霁、柳浪莺声	孔贞瑄《北园十景》
15	澄碧园十二景	曹锡宝	乾隆	山东德州	笠瓢春晓、伊亭柳浪、长廊塔影、射圃槐荫、蜒舟听雨、曲沼荷风、方桥蛙鼓、沧浪夕照、平台秋月、小艇渔竿、东篱花午、环恋积雪	曹锡宝《澄碧园十二咏》
16	西城别墅十三景	王启涑	康熙	山东淄博	绿萝书屋、啸台、春草池、石丈山、竹径、大椿轩、小华子冈、石帆亭、三峰、双松书坞、樵唱轩、小善卷、半偈阁	李来章《新城王氏西城别墅十三咏》
17	抑园三十二景	李嘉乐	光绪	山东兖州	青未了、知乐桥、涧壑余清、霞起坡、长春山、花屿兰皋、寻鹤磴、青芙蓉、森笋坞、临众芳、采香径、小匡庐、倚松约、听涛、桃花坪、清凉窟、碧云洞、霁华台、韵琴亭、西北有高楼、印月池、小褐石、妙莲岩、黄云见、绿阴枰、湛绿溪、石镜、鱼峡、梅岭、榆阴泉、青狮峰、又一村	李嘉乐《抑园三十二景诗并序》
18	也可园十景	阿林保	乾隆	山东历城	春雨山房、好风凉月轩、漱泉亭、集翠亭、洒然亭、曲池、平台、苹香室、射堂、鹤梦轩	阿林保《也可园十咏》
19	品泉山房八景	唐尧卿	光绪	山东历城	柳岸花明、榴林锦簇、洞前飞瀑、窗外奇岸、石栈骑驴、春波浴鸭、晚凉洗马、夜雨闻钟	唐尧卿《品泉山房八景》
20	节园四景	陕甘总督署	光绪	甘肃兰州	澄清阁、独乐轩、饮和池、一系亭（槎亭）	施补华《节园四咏》
21	醒园十二景	施光铬	乾隆	新疆伊犁	天涯话旧之堂、青春作伴斋、萍泊舫、方庵、半亭、倚楼、啸台、小好洞天、曲池、水来桥、瘗鹤龛、待月廊	施光铬《醒园十二咏》
22	亦园十景	查礼	乾隆	四川成都	怡情育物之堂、不波馆、红蓼桥、种山台、小绿天亭、依花避树廊、花坞校书房、引凉径、此君亭、接翠轩	吴庆坻《蕉廊脞录》

序号	八景景观	园主	时代	地点	景观名目	备注
23	青云圃十二景	朱耷	康熙	江西南昌	岭云来阁、香月凭楼、五夜经幡、七星山枕、池亭放鹤、柳岸闻箫、五里三桥、一涧九曲、钟声谷应、芝圃樵归、荷迎门径、梅笑林边	朱耷《青云谱志略》
24	藏园二十四景	蒋世铨	乾隆	江西南昌	小鸥波草堂、含颖楼、定盦、养宧、两当轩、四出方丈、邀鱼步、藕船、泽芝一曲、酿春花榭、茶烟奥、青珊瑚馆、玲珑庑、衾月移、因屋、独树老夫家、秋竹山房、晚晴牖、芳润斋、香雪斋、绿隐楼、习巢、铸所、晚香书屋	蒋士铨《藏园二十四咏》
25	西园八景	王庚言	乾隆	江西广信（今江西上饶）	灵山、信江、文笔峰、古钟、荷池、石笋、竹院、桐庐	吴嵩梁《西园八景为王簣山太守作》
26	抱素山房十景	邱上峰	雍正	江西长宁（今江西赣州）	梅坞秋阴、桃花绕屋、楼角秋月、金莺纤柳、曲沼荷香、北涧泉韵、南屏雨阵、项山晓翠、西岭夕阳、连垄黄云	邱上峰《抱素山房十景》
27	灌园十景	汪瑶若	康熙	安徽	镜香轩、陆舫、隐绿亭、桐彻、荷池、榴窗、竹溪、污樽、药廊、听秋廊	潘江《灌园十咏为汪瑶若赋》
28	赐金园十二景	张英	康熙	安徽桐城	学圃斋、香雪草堂、南轩、北轩、寄心亭、也红亭、清池、竹坞、桃溪、松径、芙蓉沜、碧潭	张英《赐金园十二咏》
29	怡园十二景	包祥高	嘉庆	湖北汉阳	亭北春红、廊西秋碧、仄径竹深、澄池荷净、微架花香、蓉屏月影、小山藂桂、巉石洞天、曲磴古梅、悬崖瀑布、平台歌舞、高阁琴书	詹应甲《和包十七怡园十二咏》
30	补园八景	长沙关监督署	光绪	湖南长沙	画阁飞觞、蕉轩话雨、西亭望岳、东观读书、碧嶂烟萝、雕栏红药、梧垣古碣、石径幽篁	朱彭寿《安乐康平室随笔》
31	静园八景	龚镇湘	光绪	湖南长沙	云母晴岚、石润泉声、止水柳钓、竹屋延凉、双冈松韵、寺钟迎月、梅蓚诗讯、圭峰积雪	龚镇湘辑《静园八景图题咏集》
32	渐园八景	李锋	道光	重庆奉节	船房、舟行天下、文山书屋、凝翠院、鉴塘、小轩、西院、耐冬小厦	刘德铨《渐园八景记》

序号	八景景观	园主	时代	地点	景观名目	备注
33	云南督署宜园十景	阮元	道光	云南昆明	仙馆昙云、虚斋香雪、南轩赏雨、山房贯月、花棚序射、蔬圃咬香、石矼观鱼、宜亭来鹤、竹林茶隐、禹岭怡云	阮元《云南督署宜园十咏》
34	养素园十景	王钧	乾隆	浙江杭州	绕屋梅花、倚楼临水、远树柔蓝、乾溪雨涨、夏木垂阴、疏雨梧桐、三秋丹桂、古寺鸣钟、秋深红叶、远山雪霁	王钧、王德溥父子合辑《养素园诗》
35	不疏园十二景	汪泰安	乾隆	浙江杭州	六宜亭、别韵、拜经草堂、松溪书屋、山响泉、勤思楼、双桐得夏阴、竹北华南、半隐阁、听雨轩、不浪舟、黄山一角	汪灼《不疏园十二咏》
36	绵潭山馆十景	汪启淑	乾隆	浙江杭州	葆真堂、切庵、翠香阁、律素书屋、息轩、啸云楼、蓼阳茨屋、待目移、莓径、泽花映莱井	吴俊《绵潭山馆十咏》
37	潜园十景	屠倬	嘉庆	浙江杭州	盟山堂、招隐居、鹭君峰、回波池、宝颜斋、三十六峰处、半笠亭、倚松阁、一宿觉庵、觏雪楼	沈钦韩《屠孟昭潜园十咏六言》
38	文园八景	周雯	清中叶	浙江杭州	螺泉、寻诗径、春草池、垂钓矶、笔架峰、石鹦鹉、石蕊、石蟾蜍	陈鹏年《题周雨文文园八景》
39	紫阳别墅十二景	高熊征	康熙	浙江杭州	乐育堂、南宫舫、五云深处、别有天、寻诗径、看潮台、巢翠亭、螺泉、鹦鹉石、笔架峰、垂钓矶、簪花阁	高熊征《紫阳别墅十二咏》
40	泻春园八景	丁丙	道光	浙江杭州	静涵室、玉照轩、初照楼、延月亭、露香楼、珠儿潭、仙掌峰、周旋廊	丁丙《泻春园八景》
41	息抱园十景	吴唐林	清末	浙江杭州	横山草堂、听秋声榭、竹坪、闻木樨香室、茶寮、归云巢、树萱居、女荆花馆、齐眉庑、眺山楼	方浚颐《息抱园十咏为晋壬作》
42	倦圃二十景	曹溶	顺治	浙江嘉兴	丛筠径、积翠池、浮岚、范湖草堂、静春庵、圆谷、采山楼、狷溪、金陀别馆、听雨斋、橘田、芳树亭、溪山真意轩、容与桥、漱研泉、潜山、锦淙洞、留真馆、澄怀阁、春水宅	曹溶《倦圃图二十咏》
43	且园十景	高其佩	康熙	浙江温州	剜绿轩、衔远山亭、筠廊、藤花径、亦舫、养竹山房、小春草池、莲勺、梅花书屋、松花石斋	徐锦《且园十景诗》
44	二此园八景	刘养云	道光	浙江温州	阅音山馆、碧净玲珑馆、味无味斋、九折廊、墨池、品雪庵、笔峰亭、转玉洞	梁章钜《浪迹续谈》

序号	八景景观	园主	时代	地点	景观名目	备注
45	小灵鹫山馆八景	孙家桢	同治	浙江嘉兴	留云水榭、遯（遁）窟、啸秋亭、香雪岩、倚月吟廊、在山泉、寿芝室、藏晖阁	郭照《题孙翰香家桢小灵鹫山馆八景》
46	婴山小园二十四景	张诚	光绪	浙江嘉兴	保髻岭、红洞、中颖水、合狸坪、莲云峰、心泉、回身峡、群山一览峰、雄飞台、牵倦洞、泉未岭、无心洞、井宄、野马门、独立岩、星坡、石琴床岗、壶小口等	潘衍桐《两浙輶轩续录》
47	澹园十六景	高斌	乾隆	江苏淮安	荷芳书院、固哉草亭、可观亭、三友亭、画舫斋、素心书屋、淡泊宁静、筠疏清荫、小山丛桂、亭亭亭、绩秦安澜、湖山一角、竹里亭、藕花风漾钓鱼丝、柳阴小憩、香远益清	高斌《荷芳书院诗并序》
48	爱日园十二景	保希贤	嘉庆	江苏南通	不详	《爱日园集》
49	趣园二十四景	汪学金	乾隆	江苏太仓	松崖玩易、桂岫吟骚、夜窥梵诵、晓塾书声、舫斋跃夏、篱屋眠秋、笋厨觞政、薇馆茶禅、石梁衔镜、水榭跳珠、柯岩弈手、芥室琴心、琅玕入径、璎珞开堂、寒泉鬈冽、老圃蔬香、柳亭听鸟、桐屿观鱼、换鹅波戏、放鹤皋鸣、瑶台缟袂、玉洞绯衣、红云映日、紫雪霏烟	汪学金《趣园二十四景诗》
50	艺圃十二景	姜埰	康熙	江苏苏州	南村、鹤柴、红鹅馆、乳鱼亭、香草居、朝爽堂、浴鸥池、渡香桥、响月廊、垂云峰、六松轩、绣佛阁	施闰章《和艺圃十二咏寄姜仲子学在》
51	亦园十景	尤侗	康熙	江苏苏州	南园春晓、草阁凉风、葑溪秋月、寒村积雪、绮陌黄花、水亭菡萏、平畴禾黍、西山夕照、层城烟火、沧浪古道	尤侗《亦园十景竹枝词》
52	志圃十六景	缪彤	康熙	江苏苏州	双泉草堂、白石亭、媚幽榭、似山居、瑞草门、杓岭、两山之间、莲子湾、杏花墩、丘壑风流、青松坞、大魁阁、小桃源、不系舟、红昼亭、更芳轩	缪彤《双泉堂纪事十六首》
53	渔隐小圃十六景	袁廷梼	乾隆	江苏苏州	贞节堂、竹柏楼、洗砚池、梦草轩、柳沚倚、水木清华榭、五砚楼、枫江草堂、小山丛桂馆、吟晖亭、稻香廊、银藤谬、挹爽台、锦绣谷、汉学居、红蕙山房	王昶《渔隐小圃记》
54	西溪别墅八景	陆肇域	乾隆	江苏苏州	清风亭、光明阁、杞菊畦、双竹堤、桂子轩、斗鸭池、垂虹桥、斗鸭栏	顾禄《桐桥倚棹录》

序号	八景景观	园主	时代	地点	景观名目	备注
55	钮云园八景	彭启丰	乾隆	江苏苏州	漱玉亭、延绿轩、涵青阁、待月坡、见山冈、漪涟桥、蝶梦龛、放生池	彭蕴章《钮云园八咏》
56	芳草园八景	金传经	乾隆	江苏苏州	十研斋、春风楼、双清阁、都梁香室等	金应仁《芳草园八景册》
57	息舫园十景	徐桂荣	乾隆	江苏苏州	平畴春绿、淀山拥翠、滁麓松涛、晓林鸟啭、渡渚渔歌、姑山远帆、枫圻月出、崦上晚烟、莫厘积雪、灵岩夕照	徐柱《息舫园十咏》
58	邓尉山庄二十四景	查世俊	嘉庆	江苏苏州	思贻堂、小绉云、御书楼、静学斋、月廊、宝楔龛、蔬圃、耕渔轩、杨柳湾、塔影岚光阁、澹虑磄、读书庐、钓雪潭、银藤舫、秋水夕阳吟榭、金兰馆、鹤步倚、石帆亭、索笑坡、梅花屋等	张问陶《邓尉山庄记》
59	复园十景	查元偁	嘉庆	江苏苏州	远香堂、雨醉风笑、绿波楼、烟雾雾接、春风槛、笠亭、憩轩、筠谷、虚舟、盘阿	查元偁《复园十咏》
60	贷园四景	乐钧	嘉庆	江苏苏州	青芝山馆、四松十三桂草堂、影心亭、宾灵阁	乐钧《贷园四咏》
61	凤池园十景	潘芝轩	乾嘉	江苏苏州	凤池亭、虹翠居、梅花楼、凝香径、有瀑布声、蓬壶小隐、玉泉、先得月处、烟波画船、绿荫榭	陈裴之《凤池园十咏为潘芝轩司徒作》
62	闲园十景	陈銮	嘉庆	江苏苏州	不详	陶澍《为陈芝楣銮题闲园十景图》
63	惠荫园八景	安徽会馆	同治	江苏苏州	柳阴系舫、松荫眠琴、屏山听瀑、林屋探奇、藤崖仵月、荷岸观鱼、石窦收云、棕亭雾雪	阚凤楼《惠荫园八景小记》
64	怡园二十景	顾文彬	同光	江苏苏州	武陵宗祠、牡丹厅、松籁阁、面壁亭、梅花馆、藕香榭、小沧浪、金粟亭、绛霞洞、慈云洞、遁窟、南雪亭、岁寒草庐、拜石轩、石听琴室、坡仙琴馆、留客、岭云别墅、竹院、石舫	顾沄《怡园图册》
65	亦园十景	朱澜	康熙	江苏南京	通觉晨钟、晚香梅萼、画舫书声、清流映月、古洞纳凉、层楼远眺、平台望雪、一叶垂钓、接桂秋香、钟山雪声	金鳌《金陵待征录》

序号	八景景观	园主	时代	地点	景观名目	备注
66	南园十景	佟国器	康熙	江苏南京	万竿苍玉、双株文杏、锦谷芳丛、金粟幽香、高阁松风、方塘荷雨、桐轩延月、梅屋烘晴、春郊水涨、夜塔灯辉	先著《南园十咏》
67	随园二十四景	袁枚	乾隆	江苏南京	仓山云舍、书仓、金石藏、小眠斋、绿晓阁、柳谷、群玉山头、竹请客、因树为屋、双湖、柏亭、奇礌石、回波闸、澄碧泉、小栖霞、南台、水精域、渡鹤桥、泛杭、香界、盘之中、嵊山红雪、蔚蓝天、凉室	袁枚《随园二十四咏》
68	瞻园十景	托庸	乾隆	江苏南京	石坡、梅花坞、平台、抱石轩、老树斋、北楼、翼然亭、钓台、板桥、稊生亭	袁枚《瞻园十咏为托师健方伯作》
69	豆花庄十景	马士图	乾嘉	江苏南京	三山月镜、牛首云衣、常岭麦浪、板桥蟹市、小山松翠、新亭枫丹、鹭洲桃霞、草庵□雪、龙江练色、星冈帆影	马士图《豆花庄十景诗》
70	愚园三十六景	胡恩燮	光绪	江苏南京	春晖堂、清远堂、水石居、无隐精舍、分荫轩、依琴拜石之斋、镜里芙蓉、寄安、松颜馆、牧亭、城市山林、集韵轩、漱玉、觅句廊、青山伴读之楼、愚湖、渡鹤桥、柳岸波光、养俟山庄、西圃、春睡轩、在水一方、鹿坪、延青阁、啸台、梅崦、界花桥、课耕草堂、容安小舍、秋水兼葭之馆、竹坞、栖云阁、小沧浪、憩亭、小山佳处、岩窝	胡恩燮《愚园三十六咏》
71	可园八景	陈作霖	光绪	江苏南京	养和轩、凝晖廊、瑞华馆、寒香坞、丛碧径、望蒋墩、延清亭、蔬圃	陈作霖《可园八咏》
72	薛庐十景	薛时雨	光绪	江苏南京	窬园、永今堂、冬荣春妍之室、双登瀛堂、仰山楼、吴砖书屋、有叟堂、夕好轩、半潭秋水一房山、蛰斋	秦际唐《薛庐十咏》
73	存园十景	吴从殷	康熙	江苏扬州	竹径、红玉亭、梅坞、听雨廊、玉兰堂、桂坪、回溪、观稼楼、西亭、遥岑阁	张世进《存园十咏》
74	筱园十景	程梦星	康熙	江苏扬州	今有堂、修到亭、初月沜、南坡、来雨阁、畅馀轩、饭松庵、红药栏、藕麇、桂坪	程梦星《筱园十咏》

序号	八景景观	园主	时代	地点	景观名目	备注
75	东园八景	乔国桢	康熙	江苏扬州	其椐堂、几山楼、西池吟社、分喜亭、心听轩、西墅、鹤厂、渔庵	曹寅《寄题东园八首》
76	街南书屋十二景	马曰琯马曰璐	雍正	江苏扬州	小玲珑山馆、看山楼、红药阶、透风透月两明轩、石屋、清响阁、藤花庵、丛书楼、觅句廊、浇药井、七峰草亭、梅寮	马曰璐《街南书屋十二景》
77	东园十二景	贺君召	雍正	江苏扬州	醉烟亭、凝翠轩、梓潼殿、驾鹤楼、杏轩、春雨亭、云山阁、品外第一泉、目瞤台、偶寄山房、子云亭、嘉莲亭	李斗《扬州画舫录》
78	菽园十二景	桑豸	康熙	江苏扬州	则堂、绿倚楼、西清馆、栖寻阁、百城、寒河、舟居非水、香象阁、深柳读书堂、芦之漪、云湾、蔚浮深境	《嘉庆重修扬州府志·古迹下》
79	休园八景	郑侠如	顺治	江苏扬州	三峰草堂、嘉树读书楼、春雨亭、云峰阁、空翠山亭、希夷花径、竹深留客处、来鹤台	石韫玉《休园八咏》
80	学圃八景	学宫园林	乾隆	江苏扬州	松槐双荫之居、即林楼、绿净池、帆影亭、桐花舫、碧山楼、舒啸台、柳簃	马曰璐《学圃八咏》
81	让圃八景	张四科、陆钟辉	乾隆	江苏扬州	松月轩、简公塔、萝径、云木相参楼、遗泉、黄杨馆、碧梧修竹之间、梅坪	张四科《让圃八咏》
82	贷圃八景	柘溪乔氏	乾隆	江苏扬州	客居所居堂(真意堂)、泰阿、黄杨馆、登音馆、何可一日无此轩、松石闲意、稼同楼、钓鱼闲处	程名世《贷圃八咏》
83	棣园十六景	包松溪	道光	江苏扬州	絮半称寿、枫林夕照、沁春汇景、玲珑拜石、曲沼观鱼、梅馆讨春、鹤轩饲雏、方壶娱景、洛卉依廊、汇书秉烛、竹趣携锄、桂堂延月、沧浪意钓、翠馆听禽、眠琴品诗、平台眺雪	包松溪辑《棣园十六景图册》
84	白沙翠竹江村十三景	郑肇新	康熙	江苏仪征	耕烟阁、香叶草堂、见山楼、华黍斋、小山秋、东溪白云亭、溉岩、芙蓉沜、篆篆径、度鹤桥、因是庵、寸草亭、乳桐岭	程梦星《江村十三咏》
85	亦园二十景	陈明善	乾隆	江苏常州	得间小憩、十笏山斋、片石居、静香廊、天光云影、绿天精舍、书巢、新月廊、修竹吾庐、从野书屋、一邱一壑、即是深山、问渠轩、无隐轩、小山坳、索笑台、停云、横秋阁、沁碧廊、依绿亭	陈明善《亦园二十咏》

序号	八景景观	园主	时代	地点	景观名目	备注
86	问源草庐十六景	王颖锐	乾隆	江苏无锡	古木围庐、清泉鸣窦、风阁松涛、雪篱梅影、芦帘山雨、竹窗池月、石坞归云、柴门落叶、柳汀渔火、野寺渔火、寒沙落雁、夕照归帆、群峰积雪、村树笼烟、莲塘秋涨、芦花风色	王颖锐辑《问源草庐十六景题咏》
87	寄园十景	王先谦	光绪	江苏无锡	墨华榭、虚受堂、永慕庐、存雪亭、雪浪湖、香雪亭、斠古阁、苍筤径、列岫亭、湘菜畦	王先谦《寄园杂咏十首》
88	文园十景	汪澹庵	雍正	江苏如皋	课子读书堂、念竹廊、紫云白雪仙槎、韵石山房、一枝龛、小山泉阁、浴月楼、读梅书屋、碧梧深处、归帆亭	汪承镛《文园绿净园两园图记》
89	绿净园四景	汪为霖	雍正	江苏如皋	竹香斋、药栏、古香书屋、一篑亭	汪承镛《文园绿净园两园图记》
90	明瑟山庄十六景	曾熙文	咸丰	江苏常熟	惜分阴书屋、望三益轩、招邀风月庐、双凤楼、澹我心亭、凹凸山阿、绿杨池上、宛转廊、湛清华阁、画阑、烟波吟舫、涵春榭、城西揽胜楼、竹篱花圃、缭曲山房、天香云外居	曾熙文《题山庄十六景》
91	茧园十景	叶奕苞	康熙	江苏昆山	大云堂、𥂖亭、小有居、据梧轩、霞笠、绿天径、樾阁、烟鬟榭、濠上、舒啸	叶九来《茧园十咏》
92	妙喜园三十景	徐坦斋	康熙	江苏昆山	补处堂、意消堂、升妙楼、忆佛轩、报慈室、闻妙斋、净名居、无隐寮、荷香榭、斜月廊、领秀阁、滴秋庵、芳草径、白鹭桥、唤鸥滩、归帆浦、荷衣沼、罨画藤、问竹冈、观槿篱、听雨篷、看云座、香稻畦、樵歌陇、钓雪汀、浮青壁、旷月庭、晚菘圃、杨柳岸、雁影潭	鉴青禅师《妙喜园三十咏》
93	小园十景	黄图珌	雍正	江苏昆山	水亭、岸舫、板桥、石阑、竹篱、荷池、鱼沼、花䴔、桐轩、竹径	黄图珌《小园十咏》
94	塔射园二十景	张维煦	康熙	上海	古藤榭、竹径、小重山、晚荣山、逊亭、微笑庵、响泉洞、船屋、留云岫、钓鱼湾、清晖楼、圆音书屋、澹斋、蠡阁、壶中天、拜石轩、荷池、众香西来、石壁、塔影	张梦喈《自题塔射园》

续表

序号	八景景观	园主	时代	地点	景观名目	备注
95	提督署西园八景	陈树斋	乾隆	上海	陆舫澄秋、双樨染露、碧沼荷香、桐轩待月、遗迹墨妙、筠廊挹翠、南垣叠雪、蕉窗听雨	祝德麟《松江提督署中有西园八景，陈树斋军门属题诗各赋一绝句》
96	一邱园十景	陈安仁	乾隆	上海	小桃源、一线天、迎月轩、镜心亭、涤砚池、羲娥泉、友松岭、锦鱼溪、留云塔、下鸟台	吴省钦《南桥陈氏园十咏》
97	曲水园二十四景	不详	乾隆	上海	凝和堂、白云坞、清籁山房、有觉堂、得月轩、夕阳红半楼、喜雨桥、舟居非水、冰壶、花神祠、环碧桥、半拜石、玉字廊、虬龙洞、濯锦矶、二桥、坡仙亭、小濠梁、恍对飞来、天光云影、镜心庐、迎曦亭、迎仙阁、清虚静泰	金熙《灵园二十四咏》
98	鲈香小圃八景	姚培谦	雍正	上海	古树藤花、月窗梅影、隅亭观荷、松阴高卧、蒙泉鱼跃、浅山早桂、北篱赏菊、高阁看山	黄达《题鲈香小圃八景》
99	东园十二景	张文淦	清中叶	上海	六山、石台、香雪坞、梅隐居、碧云深处、玉照轩、听雨榭、邻竹山房、暖香屿、听鱼矶、孤山市、药圃	沈学渊《东园十二景为张子渊文淦作》
100	望云山庄八景	张祥河	道光	上海	金萱堂、引胜廊、听潮小舫、香渡桥、喜亭、南荣、慈竹长春、方壶晴雪	张祥河《新葺望云山庄八景》
101	忘山庐八景	孙宝瑄	光绪	上海	短垣修竹、曲院丛蕉、菜圃锄云、竹窗洗砚、远楼斜日、急雨寒渠、水阁听棋、高斋诵佛	孙宝瑄《忘山庐日记》
102	双清别墅（徐园）十二景	徐鸿逵	光绪	上海	草堂春宴、寄楼听雨、曲榭观鱼、画桥垂钓、笠亭闲话、桐荫对弈、萧斋读画、仙馆评梅、平台远眺、长廊觅句、柳阁闻蝉、盘谷鸣琴	《上海园林志》
103	粤东藩署东园十景	赵慎畛	嘉庆	广东广州	来青轩、隐翠楼、竹凉处、绿榕屏、双清亭、连理枝、来鹤亭、一屋琴、习射圃、退思堂	柴杰《粤东藩署东园十咏祝宋况梅先生寿》
104	杏林庄八景	邓大林	道光	广东广州	竹亭烟雨、通津晓道、蕉林夜雨、荷池赏夏、板桥风柳、隔岸钟声、桂径通潮、梅窗咏雪	李衡芳《杏林庄八景题咏》

续表

序号	八景景观	园主	时代	地点	景观名目	备注
105	小山园八景	梁纶恩	咸丰	广东广州	云阁观帆、月台晚眺、琴斋古韵、鹤舫风清、鹿山通泉、砚池鱼跃、回澜梅影、竹林鸟语	梁纶恩《小山园题咏》
106	喻园（九曜园）八景	徐琪	光绪	广东广州	环碧新月、补莲消夏、校径晴日、芝簃垂钓、光霁延辉、莺藻联吟、书台平眺、仙掌寻诗	徐琪《学署八景诗》
107	邱园八景	邱诰桐	光绪	广东顺德	紫藤花馆、碧漪池、流春桥、涵碧亭、淡白径、壁花轩、浣风台、绛雪亭	邱诰桐辑《邱园八咏》
108	朴园十景	丁氏	雍乾	福建吉溪	紫虚阁、清燕堂、六宜楼、三余室、水云游、五枝桂、方竹径、梧桐岗、紫藤渡、碧莲池	秦时昌《丁氏朴园十景有引》
109	寄赏园八景	待考	清中叶	福建	退一步斋、潇碧山房、绿天池馆、双清阁、可中亭、柳丝轩、澄观台、秀野桥	孟佐舜《寄赏园八咏集选句为龙山温安波赋》
110	东园十二景	梁章钜	道光	福建福州	藤花吟馆、榕风楼、百一峰阁、荔香斋、宝兰堂、曼华精舍、潇碧廊、般若台、宝月台、澹囷沼、小沧浪亭、落佛泉	梁章钜《东园落成杂诗十二首索同人和作》
111	汀署梅园八景	李佐贤	道光	福建龙岩	默林、桃坞、竹径、莲沁、中亭、宿花亭、习射厅、三友书屋	李佐贤《汀署梅园八咏》
112	聚芳园八景	翟灏	乾隆	台湾南投	东山晓翠、蜂衙春暖、榕夏午风、琅玕烟雨、回廊静月、秋圃赏菊、西园晚射、北苑书声	翟灏《聚芳园八景》
113	北郭园八景	郑用锡	咸丰	台湾新竹	小楼听雨、晓亭春望、莲池泛舟、石桥垂钓、深院读书、曲槛看花、小山丛竹、陌田观稼	郑用锡《北郭园新成八景答诸君作》
114	板桥别墅八景	林维源	光绪	台湾台北	定静堂、方鉴斋、来青阁、观稼楼、册波水榭、仙人洞、凝翠池、卧波桥	林砚香《板桥别墅八景》
115	菜园十景	林文钦	光绪	台湾台中	木棉桥、捣衣涧、五桂楼、小习池、荔枝岛、夕佳亭、望月峰、考盘轩、万梅崦、千步磴	梁启超《菜园杂咏》
116	竹园十景	王允青	乾隆	不详	竹影轩、花阴室、渔歌港、语鸟巢、香荷汌、溪声馆、岸容径、山色楼、松韵亭、钟闻阁	叶观国《竹园十咏为王秀才允青赋十首》
117	芳园十景	洪耀	清中叶	不详	不详	潘成年《芳园十咏》

序号	八景景观	园主	时代	地点	景观名目	备注
118	澹园十八景	王永命	清初	不详	乐檀斋、双梧石、曲流、稚峦、翠岩庐、陆舫、雅琴洞、夹峰台、漪水阁、似桃轩、绿烟亭、君子林、回塘、长廊石几、杏苑、梨花深处、晚吟楼、忘机墅	王永命《澹园十八歌仿卢嵩山体》
119	且园十景	陆桂宇	乾隆	不详	碧水鸿天、孤峰残印、银华汎晓、疏影横桥、薇径春风、竹林寒翠、空亭落叶、东园烟树、草堂听雨、钓矶濯足	沈初《题桂宇舅氏且园十景》
120	西池十二景	不详	乾隆	不详	北郭春光、镜湖秋月、范萝红叶、赭岫晴岚、群山积雪、古寺鸣钟、周墩远眺、福田观鱼、小黄叠翠、来佛看荷、一房山色、画舫留春	祝德麟《寄题西池十二景诗为岸亭作》
121	绿妍草堂十景	不详	道光	不详	石涧探梅、白堤春晓、北窗观鱼、竹坞听雨、报恩晓钟、水阁赏荷、桐阴枕石、草堂对月、萧斋抚琴、层楼望雪	沈景运《和陈悔庵绿妍草堂十景原韵》
122	涉园十六景	张祥河	道光	不详	圆峤、方塘、四照厅、蔬香馆、天香亭、芍药坡、夕佳楼、小昆仑墟、花神庙、襟带桥、月波亭、鹿柴、蓼汀、芥坳、水心亭、旷怡台	张祥河《浪淘沙涉园十六景》

* 本表收录部分清代私家园林集景名称、景观名目、集景形成年代和集景出处。

附录二 清代皇家园林集景考述

清代皇家园林规模庞大，景观设置极为丰富。皇家园林出现诸多园林八景、十景、十二景甚至是三十六景、四十景、七十二景之胜。清代皇家园林八景可品题整个园林，如圆明园四十景，也可品题园中之园，如圆明园狮子林八景。在品题形式上以整齐的四言、三言形式居多，且多为康熙、乾隆二帝钦定。皇家园林八景传达了帝王的园林寄寓及其政治理想。详见附表2-1。

1.圆明园四十景

圆明园位于京城西郊，建于康熙四十八年，康熙帝钦题"圆明园"。雍正《御制圆明园记》："圆明园在畅春园之北，朕藩邸所居赐园也。……至若嘉名之锡以圆明，意旨深远，殊未易窥，尝稽古籍之言，体认圆明之德。夫圆而入神，君子之时中也。明而普照，达人之睿智也。"① 乾隆元年，乾隆帝命宫廷画师沈源、唐岱依景绘《圆明园四十景图》。圆明园四十景：正大光明、勤政亲贤、九州清晏、镂月开云、碧桐书院、天然图画、慈云普护、上下天光、杏花春馆、茹古涵今、长春仙馆、万方安和、武陵春色、山高水长、鸿慈永祜、汇芳书院、日天琳宇、淡泊宁静、映水兰香、濂溪乐处、鱼跃鸢飞、北远山村、坦坦荡荡、月地云居、水木明瑟、多稼如云、西峰秀色、四宜书屋、方壶胜境、澡身浴德、平湖秋月、蓬岛瑶台、接秀山房、别有洞天、夹镜鸣琴、涵虚朗鉴、廓然大公、坐石临流、曲院风荷、洞天深处。高宗作《御制圆明园四十景诗》，如咏正大光明："胜地同灵囿，遗规继畅春。当年成不日，奕代永居辰。义府庭罗壁，恩波水泻银。草青思示俭，山静体依仁。只可方衢室，何须道玉津。经营惩峻宇，出入引良臣。洞达心常

---

① 于敏中编纂：《日下旧闻考》卷八〇，北京古籍出版社，1981年，第1321页。

豁，清凉境绝尘。每移云馆跸，未费地官缗。生意荣芳树，天机跃锦鳞。肯堂弥廑念，俯仰惕心频。"①

2. 蒨园八景

蒨园位于圆明园长春园南围墙西段，始建于乾隆十七年。蒨园八景：朗润斋、湛景楼、菱香沜、青莲朵、别有天、韵天琴、标胜亭、委宛藏。后又称四景：虚受轩、委宛藏、碧静堂、菱香沜。《宸垣识略》记载："蒨园，门西向内为朗润斋，东为湛景楼，又东为菱香沜，朗润斋有石立于门内，为青莲朵，即宋德寿宫。芙蓉石斋东南山池间为标胜亭，又东南为别有天，西北为韵天琴，南角门外别院为委宛藏，是为八景。"②乾隆帝作《御制蒨园八景》："一亭一沼，爰静神游之乡；非壑非林，自足天成之趣。此中大有佳处，物外聊尔寄情。不为嵩山之比方，偶效右丞之格调。"如咏朗润斋："机缄合希夷，水木呈明翠。银塘横半亩，万顷烟波意。"③。

3. 长春园狮子林八景 / 十六景

狮子林位于圆明园长春园东北角，建于乾隆三十七年，因乾隆帝欣赏倪瓒《狮子林图》而依图所建。长春园狮子林八景：狮子林、假山、清閟阁、磴道、虹桥、纳景堂、藤架、占峰亭。长春园狮子林续八景：清淑斋、小香幢、探真书屋、延景楼、画舫、云林石室、横碧轩、水门。《日下旧闻考》：丛芳榭之东为狮子林，有纳景堂、清閟阁诸胜，别为狮子林八景，又有清淑斋，探真书屋诸胜，为狮子林续八景。④《宸垣识略》记载："狮子林，八景曰狮子林、虹桥、假山、纳景堂、清閟阁、藤架、磴道、占峰亭。又续题八景曰：清淑斋、小香幢、探真书屋、延景楼、画舫、云林石室、横碧轩、水

① 于敏中编纂：《日下旧闻考》卷八〇，北京古籍出版社，1981年，第1326页。

② 吴长元：《宸垣识略》卷一一，北京古籍出版社，1982年，第229—230页。

③ 爱新觉罗·弘历：《清高宗御制诗集》2集卷四二，见《文渊阁四库全书》第1303册，台湾商务印书馆，1986年，第734页。

④ 参见于敏中编纂：《日下旧闻考》卷八三，北京古籍出版社，1981年，第1386页。

门。"①清高宗作《御制题狮子林八景》《续题狮子林八景》《再题狮子林十六景叠旧韵》《题狮子林十六景》《题狮子林十六景用辛丑诗韵》。如《再题狮子林十六景叠旧韵》之咏狮子林:"狮林图迹创云林,一卷精神直注今。却以墨绳为肖筑,宛如粉本此重临。烟容水态万古调,楚尾吴头千里心。瞻就尔时民意切,不忘方寸托清吟。"②

4. 多稼轩十景

多稼轩位于圆明园北部。多稼轩十景:多稼轩、寸碧亭、水精域、静香屋、观稼轩、钓鱼矶、招鹤磴、互妙楼、印月池、濯鳞沼。乾隆二十四年,乾隆作《御制多稼轩十景诗》《再题多稼轩十景诗》。如《多稼轩十景诗》有序:"一天好雨,恰送黄梅;九夏新凉,初延绿簌。岂羡北窗笑傲,溯兹轩之得名;言占南亩蔷畚,思惟稼以为宝。时也高高下下,各选胜以成区;色色形形,咸对时而有作。"诗咏:"径入翠云曲,窗含老屋深。数畦水田趣,一脉戚农心。庭竹张真画,阶泉滴暗琴。当檐悬圣藻,每至起予钦。"③

5. 安澜园十景

安澜园位于圆明园内。乾隆帝仿海宁州安澜园所建。海宁安澜园是大学士陈元龙园林,后名遂初园。乾隆二十七年,高宗易名安澜园。《日下旧闻考》记载:"西峰秀色迤东,东西船坞各二所,北岸为四宜书屋五楹,即安澜园之正宇。东南为菏经馆,又南为采芳洲,其后为飞睇亭,东北为绿帷舫。四宜书屋西南为无边风月之阁,又西南为涵秋堂,北为烟月清真楼,楼西稍南为远秀山房,楼北度曲桥为染霞楼。"④高宗钦定安澜园十景:菏经馆、四宜书屋、无边风月之阁、涵秋堂、远秀山房、染霞楼、绿帷舫、飞睇

① 吴长元:《宸垣识略》卷一一,北京古籍出版社,1982年,第230页。
② 爱新觉罗·弘历:《清高宗御制诗集》4集卷一〇,见《文渊阁四库全书》第1307册,台湾商务印书馆,1986年,第404页。
③ 爱新觉罗·弘历:《清高宗御制诗集》2集卷八七,见《文渊阁四库全书》第1304册,台湾商务印书馆,1986年,第563页。
④ 于敏中编纂:《日下旧闻考》卷八六,北京古籍出版社,1981年,第1366页。

亭、烟月清真楼、采芳洲。并多次作诗题咏安澜园十景，如《再题安澜园十景》之咏四宜书屋："四宜端为四时宜，首序为春正此时。乾德惟元称善长，体仁益觉亹于斯。"①

6.绮春园三十景

绮春园位于圆明园内。嘉庆十年成三十景之胜。《养吉斋丛录》卷一八："绮春园在圆明园东，有复道相属。旧为大学士傅恒及其子大学士福康安赐园，殁后缴进。嘉庆间始加缮葺。"②绮春园三十景：敷春堂、鉴德书屋、翠合轩、凌虚阁、协性斋、澄光榭、问月楼、我见室、蔚藻堂、蔼芳圃、镜绿亭、淙玉轩、舒卉轩、竹林院、夕霏榭、清夏斋、镜虹馆、春雨山房、含光楼（旧时联晖楼）、涵清馆、华滋庭、苔香室、虚明镜、含淳堂、春泽斋、水心榭、四宜书屋、茗柯精舍、来熏室、般若观。嘉庆十年仁宗《御制绮春园三十景诗》，宣宗作《恭跋御制绮春园三十景诗》。

7.廓然大公八景

廓然大公，圆明园四十景之一。廓然大公八景：双鹤斋、影山楼、规月桥、绮吟堂、峭茜居、披云径、韵石淙、启秀亭。乾隆九年作《廓然大公诗》。乾隆二十年《廓然大公八景诗》有序："圆明园四十景皆取四字为题。各景之中一轩一峰，具有幽致，日涉成趣，正复不穷，题以八景，系之七言。"如咏双鹤斋："（前接陌柳，后临平湖，轩堂翼然，虚明洞彻。皇考御书题额时有卿云护之。廓然大公扁即在后室，一泓涵碧，颇有物来顺应之趣。）深柳偏宜羽客嬉，会心恰当读书时。（是处昔又名深柳读书堂）在阴能和宁吾谓？好爵还思与尔縻。"③乾隆作《双鹤斋八景》分咏此八景。

① 爱新觉罗·弘历：《清高宗御制诗集》3集卷八七，见《文渊阁四库全书》第1306册，台湾商务印书馆，1986年，第544页。
② 吴振棫：《养吉斋丛录》，童正伦点校，中华书局，2005年，第197页。
③ 于敏中编纂：《日下旧闻考》卷八六，北京古籍出版社，1981年，第1375页。

8. 清晖阁四景

乾隆三十年，在九州清晏增建清晖阁四景，即松云楼、露香斋、茹古堂、涵德书屋，使之与山色相配合。有乾隆《清晖阁四景诗》《再题清晖阁四景》等。如《再题清晖阁四景》之咏松云楼："阁对横陈石壁修，因高新筑两层楼。隔墙延得松云意（阁前松遭毁，墙外者犹存乔柯，此楼近之，因以命名），小许居然胜一筹。"①

9. 惠山园八景

惠山园位于昆明湖万寿山东，建成于乾隆十九年，仿无锡秦氏寄畅园而建。乾隆钦题惠山园八景：载时堂、墨妙轩、就云楼、澹碧斋、水乐亭、知鱼桥、寻诗径、涵光洞。乾隆十九年《御题惠山园八景诗》有序："江南诸名墅，惟惠山秦园最古，我皇祖赐题曰寄畅。辛未春南巡，喜其幽致，携图以归，肖其意于万寿山之东麓，名曰惠山园。一亭一径，足谐奇趣。得景凡八，各系以诗。"如咏载时堂："（桥东为堂，爽垲奥密，兼有其胜，风漪澜縠，泛影檐际。）背山得胜地，面水构闲堂。阶府兰苔秀，檐翻绮縠光。对时欣职殖，抚序敕几康。玩愒曾何谓，分阴惜不遑。"②乾隆还作有《再题惠山园八景》《题惠山园八景叠旧作韵》。

10. 如园十景

如园位于北京西郊熙春园北，建于乾隆三十二年。如园十景：锦縠洲、观丰榭、待月台、屑珠泘、转翠桥、镜香池、披青磴、称松岩、贮云窝、平安径。《养吉斋丛录》卷一八："如园，在熙春园之北，仅隔一墙，中通复道。乾隆间，仿江宁藩司署中瞻园为之。池上有敦素堂。十景则嘉庆间所题目也，曰锦縠洲、观丰榭、待月台、屑珠泘、转翠桥、镜香池、披青磴、称松

---

① 爱新觉罗·弘历：《清高宗御制诗集》3集卷五一，见《文渊阁四库全书》第1306册，台湾商务印书馆，1986年，第121页。
② 于敏中编纂：《日下旧闻考》卷八四，北京古籍出版社，1981年，第1401页。

岩、贮云窝、平安径。"①嘉庆作《御制重修如园记》《御制如园十景》,如咏锦縠洲:"水面风来锦縠浮,池中倒影印层楼。澄波相映曦光漾,一镜平开万象收。"②

11. 静宜园二十八景

静宜园在北京香山。康熙年间在香山建造行宫,乾隆十一年乾隆帝在香山行宫基础上扩建,成规模庞大的皇家园林,并亲题静宜园二十八景:勤政殿、丽瞩楼、绿云舫、虚朗斋、璎珞岩、翠微亭、青来了、驯鹿坡、蟾蜍峰、栖云楼、知乐濠、香山寺、听法松、来青轩、唳霜皋、香岩室、霞标磴、玉乳泉、绚秋林、雨香馆、晞阳阿、芙蓉坪、香雾窟、栖月崖、重翠崦、玉华岫、森玉笏、隔云钟。高宗《御制静宜园二十八景诗》之唳霜皋:"山中晨禽时鸟,随候哢声,与梵呗鱼鼓相应。饲海鹤一群,月夜澄霁,霜天晓晴,戛然送响,嘹亮云外。"③张若澄绘《静宜园二十八景图》卷。

12. 静明园十六景

静明园位于北京玉泉山。康熙年间在玉泉山建行宫,更名静明园。乾隆钦定十六景:廓然大公、芙蓉晴照、玉泉趵突、竹炉山房、圣因综绘、绣壁诗态、溪田课耕、清凉禅窟、采香云径、峡雪琴音、玉峰塔影、风篁清听、镜影涵虚、裂帛湖光、云外钟声、翠云嘉荫。乾隆二十四年又增十六景:清音斋、华滋馆、冠峰亭、观音洞、赏遇楼、飞云岫、试墨泉、分鉴曲、写琴廊、延绿厅、犁云亭、罗浮洞、如如室、层明宇、迸珠泉、心远阁。《养吉斋丛录》卷一八:"静明园,在清漪园之西,约四里,即玉泉山。山顶有定光塔,凡七层,乾隆间建,仿金山寺塔式。园旧名澄心,康熙三十一年易今名。有十六景,以四字标题。廓然大公、芙蓉晴照(峰顶相传为金章宗芙蓉殿遗址)、玉泉趵突、竹炉山房、圣因综绘(阁名,仿西湖圣因寺行宫八

① 吴振棫:《养吉斋丛录》,童正伦点校,中华书局,2005年,第199页。
② 颙琰:《清仁宗御制诗》3集卷七,海南出版社,2000年,第176页。
③ 于敏中编纂:《日下旧闻考》卷八六,北京古籍出版社,1981年,第1449页。

景）、绣壁诗态、溪田课耕、清凉禅窟、采香云径、峡雪琴音、玉峰塔影、风
篁清听（有楼，在含经堂之南。东为如如室，西为近青阁。又西稍南为飞
雪煨）、镜影涵虚、裂帛湖光（山东麓为裂帛湖）、云外钟声、翠云嘉荫（双
栝为金元时物）。又后增十六景，以三字标题：清音斋、华滋馆、冠峰亭、
观音洞、赏遇楼、飞云岏、试墨泉、分鉴曲、写琴廊、延绿厅、犁云亭、罗浮
洞、如如室、层明宇、迸珠泉、心远阁。"①乾隆《御制题静明园十六景》之廓
然大公："听政之所，虚明洞彻，境与心会，取程子语颜之。沼宫时燕豫，
召对有明庭。即境爱空阔，因心悟逝停。鉴呈自妍丑，汲取任罍瓶。敷政
真堪式，宁惟悦性灵。"②乾隆作《玉泉山杂咏十六首》分咏清音斋等十六景。

13. 避暑山庄三十六景

避暑山庄，又称热河行宫，位于热河（今河北承德），是清代帝王消
夏避暑之处。山庄始建于康熙四十二年，康熙五十年建成，康熙帝钦定
三十六景：烟波致爽、芝径云堤、无暑清凉、延薰山馆、水芳岩秀、万壑松
风、松鹤清越、云山胜地、四面云山、北枕双峰、西岭晨霞、锤峰落照、南
山积雪、梨花伴月、曲水荷香、风泉清听、濠濮间想、天宇咸畅、暖溜暄波、
泉源石壁、青枫绿屿、莺啭乔木、香远益清、金莲映日、远近泉声、云帆月
舫、芳渚临流、云容水态、澄泉绕石、澄波叠翠、石矶观鱼、镜水云岑、双
湖夹镜、长虹饮练、甫田丛樾、水流云在。康熙作《热河三十六景诗》，如
咏烟波致爽："（热河地既高敞，气亦清朗，无蒙雾霾氛。柳宗元记所谓'旷
如也'。四围秀岭，十里澄湖，致有爽气。云山胜地之南，有屋七楹，遂以
'烟波致爽'颜其额焉。）山庄频避暑，静默少喧哗。北控远烟息，南临近壑
嘉。春归鱼出浪，秋敛雁横沙。触目皆仙草，迎窗遍药花。炎风昼致爽，
绵雨夜方赊。土厚登双谷，泉甘剖翠瓜。古人戍武备，今卒断鸣笳。生理

---

① 吴振棫：《养吉斋丛录》，童正伦点校，中华书局，2005年，第235页。

② 爱新觉罗·弘历：《清高宗御制诗集》2集卷四二，见《文渊阁四库全书》第1303册，台湾商
务印书馆，1986年，第730页。

农商事，聚民至万家。"①

乾隆十九年，高宗以三字格新题避暑山庄三十六景：丽正门、勤政殿、松鹤斋、如意湖、青雀舫、绮望楼、驯鹿坡、水心榭、颐志堂、畅远台、静好堂、冷香亭、采菱渡、观莲所、清晖亭、般若相、沧浪屿、一片云、萍香泮、万树园、试马埭、嘉树轩、乐成阁、宿云檐、澄观斋、翠云岩、罨画窗、凌太虚、千尺雪、宁静斋、玉琴轩、临芳墅、知鱼矶、涌翠岩、素尚斋、永恬居。关于景观的择选，乾隆《避暑山庄后序》有云："我皇祖于辛卯年成此避暑山庄三十六景，绘图赋什，为序以行之。……甲戌年又增赋三十六景，盖以皇祖昔曾题额而未经入图，及余游览所至，随时题额补定者，总弗出皇祖旧定之范围。"②如乾隆《恭和皇祖圣祖仁皇帝三十六景诗》《避暑山庄三十六景诗》《再题避暑山庄三十六景诗》。乾隆《避暑山庄三十六景诗》之咏嘉树轩，序云："万树园之东，桧栝蔚葱，老干螺枝，童童垂荫。构轩其下，取无忘封殖之义。"诗云："就树构轩阴易得，轩前种树待阴迟。因知事半功惟倍，契理皆然讵止斯。"③

14. 万树园八景

万树园位于避暑山庄东北部，是避暑山庄乾隆三十六景之第二十景，园中立有石碣，上刻乾隆御书万树园。万树园中嘉树成林，种类繁多。乾隆《御题万树园并序》之咏万树园，序云："北枕双峰之南，平原径数千余亩。灌树成帷幄，绿草铺茵毯。虽以园名，不施土木。今年都尔伯特部长入觐，即园中张穹幕，集名藩、锡燕、烧灯、陈马伎、火戏。燕乐之，为时盛事。"诗云："原田每每曾闻传，麀鹿麌麌载咏诗。秀木佳阴尘不到，乘凉

---

① 爱新觉罗·玄烨：《圣祖仁皇帝御制文集》3集卷五〇，见《文渊阁四库全书》第1299册，台湾商务印书馆，1986年，第370页。

② 爱新觉罗·弘历：《清高宗御制诗集》2集卷一七，见《文渊阁四库全书》第1301册，台湾商务印书馆，1986年，第391页。

③ 爱新觉罗·弘历：《清高宗御制诗集》2集卷五〇，见《文渊阁四库全书》第1304册，台湾商务印书馆，1986年，第75页。

点笔合于斯。"①钱维城《题万树园八景》分咏园中八景：万树园、桐雨斋、半园、意中亭、桃花堰、凤尾泉、藕花居、秋水池。如咏万树园："入山何必深，平地有深处。谁云十丈尘，早隔万株树。"

15. 文园狮子林十六景

文园狮子林位于热河避暑山庄银湖之小岛。乾隆三十九年，在避暑山庄仿建狮子林园，亦有十六处景观，景观题名与长春园狮子林相同。乾隆《题文园狮子林十六景（有序）》："兹于避暑山庄清舒山馆之前，度地复规仿之。其景一如御园之名，则又同御园之狮子林。而非吴中之狮子林。既落成，名之曰'文园'。"文园狮子林八景：狮子林、假山、清闷阁、磴道、虹桥、纳景堂、藤架、占峰亭。续八景：清淑斋、小香幢、探真书屋、延景楼、画舫、云林石室、横碧轩、水门。乾隆帝对避暑山庄狮子林效仿倪瓒《狮子林图》的风格更为满意。乾隆帝多次作有《题文园狮子林十六景》《再题文园狮子林十六景》。如《题文园狮子林十六景》之咏藤架："藤架石桥上，中矩随曲折。两岸植其根，延蔓相连缀。施松彼竖上，缘木斯横列。"②

16. 狮子园六景

狮子园位于热河避暑山庄外西北部，因附近有狮子岭而得名。建于康熙四十二年，康熙五十年圣祖题名狮子园。园中景观多为草木，属植物园。《热河志》卷四二，园有六景：山色、溪声、鸟语、蛩吟、砌花、庭草。乾隆作《御制狮子园六咏》，如咏砌花："秋花饶野意，红紫纷丁星。不谓无人赏，风前也吐声。"③

---

① 爱新觉罗·弘历：《清高宗御制诗集》2集卷五〇，见《文渊阁四库全书》第1304册，台湾商务印书馆，1986年，第75页。
② 爱新觉罗·弘历：《清高宗御制诗集》4集卷二二，见《文渊阁四库全书》第1307册，台湾商务印书馆，1986年，第635页。
③ 爱新觉罗·弘历：《清高宗御制诗集》3集卷七六，见《文渊阁四库全书》第1306册，台湾商务印书馆，1986年，第506页。

17. 静寄山庄十六景

静寄山庄即盘山行宫，位于盘山山麓，依山傍水，气势恢宏。始建于乾隆九年，历时十年建成。乾隆《盘山十六景诗》序："人生而静，儒者之言也。人生如寄，达士之旨也。山以静为体，其寄于天地与人之寄于山等。观山以观我生，其体不二，故其寄也恒主乎静。"静寄山庄十六景又称盘山十六景，分内、外八景。内八景：静寄山庄、太古云岚、层岩飞翠、清虚玉字、镜圆常照、众音松吹、四面芙蓉、贞观遗踪；外八景：天成寺、万松寺、舞剑台、盘谷寺、云罩寺、紫盖峰、千像寺、浮石舫。乾隆作有《静寄山庄十六景记》，如《御制盘山十六景诗》之咏静寄山庄："秀木千章荫，疏峰四面罗。经营成不日，伴奂咏卷阿。藻绘无须急，林泉岂在多。肯堂遵祖俭（是处阔较避暑山庄公十之四，而程则仅十之三），色养奉慈和。绕砌栽红药，开畦灌玉禾。万缘归静寄，隔岁一相过。"①

18. 桃花寺行宫八景

桃花寺行宫位于蓟州（今天津蓟县）桃花山，重修于乾隆九年。《日下旧闻考》记载："桃花山去蓟州南二舍，今城东别有桃花山。桃花寺旁亦有泉，绕山而下，清浅可爱。桃花寺，乾隆九年奉敕重修。皇上御题八景：曰涌晴雪，曰小九叠，曰吟清籁，曰坐霄汉，曰云外赏，曰涤襟泉，曰点笔石，曰绣云壁。"②桃花寺行宫八景：涌晴雪、小九叠、云外赏、吟清籁、坐霄汉、涤襟泉、点笔石、绣云壁。乾隆作《桃花寺八景以题为韵》《再题桃花寺八景》《桃花寺八景叠前韵》，如《桃花寺八景以题为韵》之咏涌晴雪，序云："济南趵突泉为宇内名胜，然自平地涌出，此得之山半尤奇。"诗云："澄澄汇鉴池，淙淙出乳穴。始讶古琴鸣，乍惜明珠裂。声色扰扰地，坐对两清绝。积素在高峰，是复涌晴雪。"③

① 于敏中编纂：《日下旧闻考》卷一一五，北京古籍出版社，1981年，第1901页。
② 于敏中编纂：《日下旧闻考》卷一一七，北京古籍出版社，1981年，第1928页。
③ 于敏中编纂：《日下旧闻考》卷一一七，北京古籍出版社，1981年，第1929页。

19. 隆福寺行宫六景

隆福寺行宫位于蓟州。隆福寺为皇帝驾崩入葬之前的暂安之处，隆福寺行宫是皇帝谒陵的最终驻地。隆福寺行宫修建于康熙年间，乾隆四十九年重修。乾隆《重修葛山隆福寺碑记》对扩建及命名有如下阐述："癸卯秋，往盛京瞻谒福陵、昭陵……归而命内府就此寺用盛京实胜寺之例，拓而新之。……所谓隆也，吉蠲考享，诒尔双福，群黎百姓，遍为尔德。所谓福也，夫不以一人之福为福，而合亿兆人之福以为福，此名与实之所以副尔，非侈岗陵松柏之颂为也。"① 乾隆作有《隆福寺行宫六景》《再题隆福寺行宫六景》《题隆福寺行宫六景》等诗，题咏行宫六景：翠云山房、翠微室、碧巘丹峰、天半舫、挹霞叫月、翼然亭。如咏翠云山房："山不英英镇有云，有云兼滴翠氤氲。底缘奇绝乃如此，为是岩松迥出群。"②

20. 桐柏村行宫八景

桐柏村行宫位于武清（今天津武清），建成于乾隆三十六年。乾隆有御制《桐柏村行馆作》："水程两宿陆程遵，桐柏村看别馆陈。亦念铺张劳物力，都缘憩息豫慈亲。"③ 桐柏村行宫八景：孚惠堂、古芳书屋、融春堂、心矩亭、寒碧径、环胜斋、来青阁、泛虚舫。乾隆五十一年《桐柏村行宫八景》之咏古芳书屋："书屋怡情萃缥缃，于斯枕葃趣偏长。盆中尚有梅花朵，彼此都堪号古芳。"④

---

① 爱新觉罗·弘历：《清高宗御制文集》3集卷一一，见《文渊阁四库全书》第1301册，台湾商务印书馆，1986年，第644—645页。

② 爱新觉罗·弘历：《清高宗御制诗集》3集卷五五，见《文渊阁四库全书》第1306册，台湾商务印书馆，1986年，第176页。

③ 爱新觉罗·弘历：《清高宗御制诗集》4集卷一二，见《文渊阁四库全书》第1307册，台湾商务印书馆，1986年，第449页。

④ 爱新觉罗·弘历：《清高宗御制诗集》5集卷三八，见《文渊阁四库全书》第1306册，台湾商务印书馆，1986年，第210页。

21. 团河行宫八景

团河行宫位于南苑黄村（今北京大兴），建于乾隆四十二年。团河行宫八景：璇源堂、涵道斋、归云岫、珠源寺、镜虹亭、狎鸥舫、漪鉴轩、清怀堂。乾隆《团河行宫八景叠甲寅韵》之咏璇源堂："美玉由来得号璇，然乎斯可证其然。设于运斗品次第（《春秋运斗枢》称：北斗七星第二曰璇），产处奚论方与圆（《淮南子》云：水圆折者有珠方折者有玉）。"①

22. 常山峪行宫八景

常山峪行宫位于热河（今河北承德），建于康熙五十九年，康熙、乾隆、嘉庆三帝多次驻跸于此。《热河志》卷四四："殿五楹曰蔚藻堂，内曰青云梯，西曰虚白轩，后曰如是室……蔚藻堂之右曰翠风埭，曰绿樾径，曰枫香坂，曰陵霞亭。皆创于圣祖时。"② 常山峪行宫八景：绿樾径、虚白轩、青云梯、枫香孤、蔚藻堂、如是室、翠风埭、陵霞亭。乾隆多次作《常山峪行宫八景》《再题常山峪行宫八景》《常山峪行宫八咏》，如《常山峪行宫八景》之咏绿樾径："灌木盘山腰，浓阴日翁翳。豁开壶中天，迥异人间世。"③

23. 淀祠旁行宫八景

淀祠旁行宫建于京畿霸州，处于东西两淀适中之地。淀祠旁行宫八景：静宁斋、颐庆堂、惠畅楼、互镜轩、问源亭、延清阁、澄渌池、引薰廊。乾隆《御制淀神祠碑文》："岁丁亥，朕敬循皇祖成宪，巡览淀海……乃发外府金二万五千，卜度两淀中……堂庑既崇，辉庖咸列，以妥以恪，式副彝典。"④乾隆三十五年作《题淀祠旁行宫八景诗》咏静宁斋，序云："淀池旁构此数楹，为临憩治事之所，既静而宁，式惬观民深意。"诗云："祠旁隙地构

① 爱新觉罗·弘历：《清高宗御制诗集》余集卷四，见《文渊阁四库全书》第1311册，台湾商务印书馆，1986年，第589页。

② 和绅主编：《乾隆热河志》卷四四，文海出版社，1966年。

③ 爱新觉罗·弘历：《清高宗御制诗集》初集卷一六，见《文渊阁四库全书》，台湾商务印书馆，1986年。

④ 于敏中编纂：《日下旧闻考》卷一一九，北京古籍出版社，1981年，第1957页。

轩厅,庆落斯干翠跸停。成事由来遵不说,舆情亦只付权听。讵欣室宇兹临憩?实愿波澜永静宁。大吏传宣前席问,水乡民气可苏醒?"①此外,乾隆还有《淀祠旁行宫八景》《淀祠行宫八景》等题咏之作。

24. 莲池行宫十二景

莲池行宫位于直隶保定府(今河北保定)。乾隆二十五年,直隶总督方观承主持之下莲池行宫十二景建成。十二景为:春午坡、万卷楼、花南研北草堂、高芬阁、宛虹亭、鹤柴、蕊幢精舍、藻泳楼、绎堂、寒绿轩、篇留洞、含沧亭。方观承绘十二景图并系以科解和图赞。方观承、莲池书院院长张叙分景以题。次年,乾隆驻跸行宫时有《题莲池书院十二景》诗,后又有《二题莲池书院十二景》《三题莲池书院十二景》《四题莲池书院十二景》。如《题莲池书院十二景》之咏春午坡:"菁莪雅化辟莲池,秀障当门春午坡。漫爱牡丹花富贵,濂溪爱处正宜思。"②咸丰十一年,莲池书院院长黄彭年重绘《莲池行宫十二景图》。

25. 紫泉行宫十景

紫泉行宫位于直隶新城县(今河北高碑店),建于乾隆初年。道光《新城县志》:"紫泉行宫在南关外,建于乾隆初,垣东西广百二十七步,南北袤五十三步。"③紫泉行宫十景:敞轩、屏山、镜湖、舫室、棕亭、虹桥、鱼罾、石径、竹埒、箭厅。乾隆驻跸时,为紫泉行宫题十景诗。乾隆作《再咏紫泉行宫十景》《紫泉行宫十咏》《再题紫泉行宫十咏》等多首御制诗,如《再咏紫泉行宫十景》之敞轩:"一区行馆县城南,路近因之早驻骖。十景向来率留咏,无妨次第与全探。"④

---

① 于敏中编纂:《日下旧闻考》卷一一九,北京古籍出版社,1981年,第1959页。

② 爱新觉罗·弘历:《清高宗御制文集》3集卷一二,见《文渊阁四库全书》第1305册,台湾商务印书馆,1986年,第452页。

③ 崔懋:《道光新城县志》,广陵书社,2004年。

④ 爱新觉罗·弘历:《清高宗御制诗集》5集卷二,见《文渊阁四库全书》第1309册,台湾商务印书馆,1986年,第260页。

26. 西湖行宫八景

西湖行宫位于杭州孤山。乾隆十六年建行宫于圣因寺西，可揽全湖之胜。西湖行宫八景：四照亭、竹凉处、绿云径、瞰碧楼、贮月泉、鹫香庭、领要阁、玉兰馆。乾隆十六年，高宗巡幸江浙时题《西湖行宫八景》；乾隆二十七年，作《至圣因行宫驻跸并再题西湖行宫八景》诗；乾隆三十年，有《御制西湖行宫八景重咏》；乾隆四十五年，作《四题西湖行宫八景》；乾隆四十九年，有《五题西湖行宫八景》。张宗苍绘有《西湖行宫八景图》横幅。如《五题西湖行宫八景》之竹凉处："见说三春是竹秋，既秋凉自有来由。闲披料峭琅玕里，未可其间坐久留。"①沈德潜等侍臣作《恭和御制西湖行宫八景元韵》。

27. 泉林寺行宫八景

泉林寺行宫位于山东济宁泗水。泉林寺始建于唐代，明代为寿圣寺，后名泉林寺。清初建行宫。泉林寺行宫八景：近圣居、在川处、镜澜榭、横云馆、九曲勺、柳烟坡、古荫堂、红雨亭。康熙、乾隆二帝南巡时皆曾驻跸泉林寺行宫。《南巡盛典》记载："康熙二十三年圣祖仁皇帝临幸于此。御制记文，勒之碑石，盐臣于御碑亭后恭建行宫。我皇上流览其间，赐以嘉名，曰近圣居，曰在川处，曰镜澜榭，曰横云馆，曰九曲勺，曰柳烟坡，曰古荫堂，曰红雨亭，号为'八景'。"②乾隆作有《泉林行宫八景诗》《再题泉林行宫八景》《三题泉林行宫八景》《八题泉林行宫八景叠庚子韵》。如《泉林行宫八景诗》之近圣居，序云："泉林去曲阜百里，而近逾昔可至。依泉为行殿，皇祖经临处也。澄观静契，如睹羹墙。"诗云："去圣如斯近，纤銮未至遥。林烟锁寒食，泉气漾虚寮。翰墨于焉挹，嚣尘一以消。潜求应不舍，家法具神尧。"③

① 高晋等初编，萨载等续编，阿桂、傅恒等合编：《钦定南巡盛典》卷二二，见《文渊阁四库全书》第658册，台湾商务印书馆，1982年，第393页。

② 高晋等初编，萨载等续编，阿桂、傅恒等合编：《钦定南巡盛典》卷八三，见《文渊阁四库全书》第659册，台湾商务印书馆，1982年，第318页。

③ 爱新觉罗·弘历：《清高宗御制文集》2集卷六二，见《文渊阁四库全书》第1304册，台湾商务印书馆，1986年，第231页。

28. 灵岩寺行宫八景

灵岩寺行宫位于山东济南泰山北麓灵岩峪。灵岩寺始建于东晋，乾隆年间在此构筑行宫。乾隆作有《题灵岩寺八景》《再题灵岩寺八景》《四题灵岩寺八景》《七题灵岩寺八景》等多首题咏行宫八景之作。灵岩寺行宫八景：巢鹤岩、甘露泉、卓锡泉、摩顶松、铁袈裟、白云洞、雨花岩、爱山楼。如《再题灵岩寺八景》之巢鹤岩："羽客本来瑶岛种，何因瑞相兆开山。应缘命命同飞去，安养道场听法还。"①

附表 2-1　清代皇家园林集景表

序号	八景名称	年代	地点	景观名目	备注
1	圆明园四十景	乾隆	圆明园	正大光明、勤政亲贤、九州清晏、镂月开云、碧桐书院、天然图画、慈云普护、上下天光、杏花春馆、茹古涵今、长春仙馆、万方安和、武陵春色、山高水长、鸿慈永祜、汇芳书院、日天琳宇、淡泊宁静、映水兰香、濂溪乐处、鱼跃鸢飞、北远山村、坦坦荡荡、月地云居、水木明瑟、多稼如云、西峰秀色、四宜书屋、方壶胜境、澡身浴德、平湖秋月、蓬岛瑶台、接秀山房、别有洞天、夹镜鸣琴、涵虚朗鉴、廓然大公、坐石临流、曲院风荷、洞天深处	高宗《御制圆明园四十景诗》
2	蒨园八景	乾隆	圆明园长春园	朗润斋、湛景楼、菱香沜、青莲朵、别有天、韵天琴、标胜亭、委宛藏	高宗《御制蒨园八景》
3	长春园狮子林八景/十六景	乾隆	圆明园长春园	长春园狮子林八景：狮子林、假山、清閟阁、磴道、虹桥、纳景堂、藤架、占峰亭续八景：清淑斋、小香幢、探真书屋、延景楼、画舫、云林石室、横碧轩、水门	高宗《御制题狮子林八景》《续题狮子林八景》《再题狮子林十六景叠旧韵》等
4	多稼轩十景	乾隆	圆明园	多稼轩、水精域、观稼轩、招鹤磴、寸碧亭、静香屋、钓鱼矶、互妙楼、印月池、濯鳞沼	高宗《御制多稼轩十景诗》

---

① 爱新觉罗·弘历：《清高宗御制文集》3集卷一八，见《文渊阁四库全书》第1305册，台湾商务印书馆，1986年，第547页。

序号	八景名称	年代	地点	景观名目	备注
5	安澜园十景	乾隆	圆明园	葄经馆、四宜书屋、涵秋堂、无边风月之阁、远秀山房、染霞楼、绿帷舫、飞睇亭、烟月清真楼、采芳洲	高宗《御制题安澜园十景》
6	绮春园三十景	嘉庆	圆明园	敷春堂、鉴德书屋、翠合轩、凌虚阁、协性斋、澄光榭、问月楼、我见室、蔚藻堂、蔼芳圃、镜绿亭、淙玉轩、舒卉轩、竹林院、夕霏榭、清夏斋、镜虹馆、春雨山房、含光楼（旧时联晖楼）、涵清馆、华滋庭、苔香室、虚明镜、含淳堂、春泽斋、水心榭、四宜书屋、茗柯精舍、来熏室、般若观	仁宗《御制绮春园三十景诗》
7	廓然大公八景	乾隆	圆明园	双鹤斋、规月桥、峭茜居、影山楼、披云径、绮吟堂、韵石淙、启秀亭	高宗《廓然大公八景诗》
8	清晖阁四景	乾隆	圆明园	松云楼、露香斋、茹古堂、涵德书屋	高宗《清晖阁四景诗》
9	惠山园八景	乾隆	北京昆明湖	载时堂、墨妙轩、就云楼、澹碧斋、水乐亭、知鱼桥、寻诗径、涵光洞	高宗《御题惠山园八景诗（有序）》
10	如园十景	乾隆	北京西郊	锦縠洲、观丰榭、待月台、屑珠泝、转翠桥、镜香池、披青磴、称松岩、贮云窝、平安径	仁宗《御制如园十景》
11	静宜园二十八景	乾隆	北京香山	勤政殿、丽瞩楼、绿云舫、虚朗斋、璎珞岩、翠微亭、青来了、驯鹿坡、蟾蜍峰、栖云楼、知乐壕、香山寺、听法松、来青轩、唳霜皋、香岩室、霞标磴、玉乳泉、绚秋林、雨香馆、晞阳阿、芙蓉坪、香雾窟、栖月崖、重翠崦、玉华岫、森玉笏、隔云钟	高宗《御制静宜园二十八景诗》
12	静明园十六景	康熙	北京玉泉山	廓然大公、芙蓉晴照、玉泉趵突、竹炉山房、圣因综绘、绣壁诗态、溪田课耕、清凉禅窟、采香云径、峡雪琴音、玉峰塔影、风篁清听、镜影涵虚、裂帛湖光、云外钟声、翠云嘉荫	高宗《御制题静明园十六景》

序号	八景名称	年代	地点	景观名目	备注
13	避暑山庄三十六景	康熙	河北承德	康熙题三十六景：烟波致爽、芝径云堤、无暑清凉、延薰山馆、水芳岩秀、万壑松风、松鹤清越、云山胜地、四面云山、北枕双峰、西岭晨霞、锤峰落照、南山积雪、梨花伴月、曲水荷香、风泉清听、濠濮间想、天宇咸畅、暖溜暄波、泉源石壁、青枫绿屿、莺啭乔木、香远益清、金莲映日、远近泉声、云帆月舫、芳渚临流、云容水态、澄泉绕石、澄波叠翠、石矶观鱼、镜水云岑、双湖夹镜、长虹饮练、甫田丛樾、水流云在 乾隆题三十六景：丽正门、勤政殿、松鹤斋、如意湖、青雀舫、绮望楼、驯鹿坡、水心榭、颐志堂、畅远台、静好堂、冷香亭、采菱渡、观莲所、清晖亭、般若相、沧浪屿、一片云、萍香泮、万树园、试马埭、嘉树轩、乐成阁、宿云檐、澄观斋、翠云岩、罨画窗、凌太虚、千尺雪、宁静斋、玉琴轩、临芳墅、知鱼矶、涌翠岩、素尚斋、永恬居	圣祖《热河三十六景诗》、高宗《避暑山庄三十六景诗》
14	万树园八景	乾隆	河北承德	万树园、桐雨斋、半园、意中亭、桃花堰、凤尾泉、藕花居、秋水池	钱维城《题万树园八景》
15	文园狮子林十六景	乾隆	河北承德	八景：狮子林、假山、清闷阁、磴道、虹桥、纳景堂、藤架、占峰亭 续八景：清淑斋、小香幢、探真书屋、延景楼、画舫、云林石室、横碧轩、水门	高宗《题文园狮子林十六景（有序）》
16	狮子园六景	乾隆	河北承德	山色、溪声、鸟语、蛩吟、砌花、庭草	高宗《御制狮子园六咏》
17	静寄山庄十六景	乾隆	天津盘山	内八景：静寄山庄、太古云岚、层岩飞翠、清虚玉字、镜圆常照、众音松吹、四面芙蓉、贞观遗踪 外八景：天成寺、万松寺、舞剑台、盘谷寺、云罩寺、紫盖峰、千像寺、浮石舫	高宗《御制盘山十六景诗》
18	桃花寺行宫八景	乾隆	天津蓟县	涌晴雪、小九叠、云外赏、吟清籁、坐霄汉、涤襟泉、点笔石、绣云壁	高宗《桃花寺八景以题为韵》
19	隆福寺行宫六景	乾隆	天津蓟县	翠云山房、翠微室、碧巘丹峰、天半舫、挹霞叫月、翼然亭	高宗《隆福寺行宫六景》

序号	八景名称	年代	地点	景观名目	备注
20	桐柏村行宫八景	乾隆	天津武清	孚惠堂、古芳书屋、融春堂、心矩亭、寒碧径、环胜斋、来青阁、泛虚舫	高宗《桐柏村行宫八景》
21	团河行宫八景	乾隆	北京大兴	璇源堂、涵道斋、归云岫、珠源寺、镜虹亭、狎鸥舫、漪鉴轩、清怀堂	高宗《团河行宫八景叠甲寅韵》
22	常山峪行宫八景	康熙	河北承德	绿樾径、虚白轩、青云梯、枫香孤、蔚藻堂、如是室、翠风埭、陵霞亭	高宗《常山峪行宫八景》
23	淀祠旁行馆八景	乾隆	河北霸州	静宁斋、颐庆堂、惠畅楼、互镜轩、问源亭、延清阁、澄渌池、引薰廊	高宗《题淀祠旁行馆八景诗》
24	莲池行宫十二景	乾隆	河北保定	春午坡、万卷楼、花南研北草堂、高芬阁、宛虹亭、鹤柴、蕊幢精舍、藻泳楼、绎堂、寒绿轩、篇留洞、含沧亭	高宗《题莲池书院十二景》
25	紫泉行宫十景	乾隆	河北保定	敞轩、屏山、镜湖、舫室、棕亭、虹桥、鱼畺、石径、竹埭、箭厅	高宗《紫泉行宫十咏》
26	西湖行宫八景	乾隆	浙江杭州	四照亭、竹凉处、绿云径、瞰碧楼、贮月泉、鸳香庭、领要阁、玉兰馆	高宗《西湖行宫八景》
27	泉林寺行宫八景	康熙	山东济宁	近圣居、在川处、镜澜榭、横云馆、九曲彴、柳烟坡、古荫堂、红雨亭	高宗《泉林行宫八景诗》
28	灵岩寺行宫八景	乾隆	山东济南	巢鹤岩、甘露泉、卓锡泉、摩顶松、铁袈裟、白云洞、雨花岩、爱山楼	高宗《题灵岩寺八景》

* 本表收录部分清代皇家园林集景名称、景观名目、集景形成年代和集景出处。

附录三　清代书院园林集景考述

清代书院文化兴盛，一大批书院在建设之始将书院文化与园林文化相结合，形成独具特色的书院园林。书院园林八景注重景观的择选，景观题名常常精心润色，多为整齐的三言、四言，突显书院清雅的氛围与教化色彩。详见附表3-1。

1. 莲池书院十二景

莲池书院在保定，雍正十一年，直隶总督李卫建立。乾隆十年，为满足皇帝西巡驻跸之需，改建成莲池行宫。乾隆十四年，直隶总督方观承增建亭阁，成莲池十二景：春午坡、万卷楼、花南研北草堂、高芬阁、宛虹亭、鹤柴、蕊幢精舍、藻泳楼、绎堂、寒绿轩、篇留洞、含沧亭。乾隆皇帝曾四次驾幸莲池书院。穆彰阿《嘉庆大清一统志》卷一二记载："莲池书院在府治南，本朝雍正十一年，世宗宪皇帝命各省督抚于会城建立书院，赐银千两以为肄业诸生膏火。直隶总督李卫即元张柔莲花池故址修建讲堂，延师课诵名莲池书院。乾隆十五年，总督方观承复加修葺。高宗纯皇帝巡幸嵩岳、五台，屡经临憩，赐万卷楼、蕊幢书院榜额并御制《莲池书院诗》及《莲池十二景诗》。按：莲池上有临漪亭，临鸡泊水。《名胜志》鸡泊泉亭馆临漪即此。又有君子亭亦张柔所建，又有柳塘、西溪、北潭，皆引导鸡水幽景特胜。"①

2. 文蔚书院八景

文蔚书院位于蔚州（今河北张家口），乾隆四十年靳荣藩建。靳荣藩，字价人，号绿溪，黎城麦仓村人，出生于诗书之家，聪慧好学，博览强记，

---

① 穆彰阿修，潘锡恩纂：《嘉庆大清一统志》卷一二，四部丛刊续编影旧钞本。

通读经史，清乾隆十三年进士。历新蔡、龙门、迁安知县，蔚州、遵化知州，累官至大名府知府。乾隆三十三年升任蔚州知州，建立文蔚书院，招收学生研习经书，也作科举考试准备之用。蔚州书院八景：杰阁昂霄、池塘春草、老树干云、平桥延月、花田晓日、曲栏游径、南山当户、邻馆青灯。靳荣藩作《题文蔚书院八景图》，图为何人所绘未详。李中简作《蔚州文蔚书院记》。

3. 睢州洛学书院八景

睢州洛学书院位于河南睢州（今河南商丘）。乾隆初年，睢州知州刘蓟植建洛学书院。刘蓟植，字肇唐，号念劬。刘蓟植作《洛学书院八景诗》，属人赓和记胜。王澄慧《洛学书院八景记》："乾隆二年春，予得告归里，足疾不能出门户。闻州牧刘君建洛学书院于小蓬莱之东，既落成，于其地撰八景焉。心慕之，未及往视也。明年夏，刘君以母丧去，遗予作书院纪事文，并八景诗一册。披而读之，始知所谓八景者，惟双桥为新造，其余皆旧迹也。"[1]李继圣有《睢州洛学书院八景记》《睢州洛学书院八景诗》。如李继圣记八景之双桥彩虹："柳径沿池曲，石梁压浪低。牵连摇槛影，层折蹴云梯。气吐青萍合，烟横绛帐斋。踟蹰悲过客，㧑柱各留题。"[2]睢州洛学书院八景：环池芳草、锦城金带、双桥彩虹、仙峰滴翠、奎楼远眺、冈峦夜月、双寺晓钟、洌井甘泉。

4. 凤山书院八景

凤山书院位于贵州盘县，建于嘉庆十三年。教谕刘汉英题为八景：魁阁飞霞、书楼赏雨、薇云夏幕、桂露秋香、笔岫凌云、斗亭留月、山房抱膝、井泉洗心。刘汉英作《凤山书院八景》诗分咏八景，如咏魁阁飞霞："杰阁凭虚矗，登临思邈然。人扶鳌背上，山接凤头圆。俯瞰城如斗，高吟笔插

---

① 睢县地方史志编纂委员会编：《睢县志》，中州古籍出版社，2006年，第116页。
② 李继圣：《寻古斋集》诗集卷一，见《清代诗文集汇编》编委会编：《清代诗文集汇编》第278册，上海古籍出版社，2010年，第590页。

天。丹霞遥对峙，落落锦标悬。"①

5. 毓文书院八景

毓文书院位于安徽旌德白地镇，由谭子文于乾隆五十九年建，历三年竣工。谭子文，名廷柱，洋川人。书院山长洪亮吉撰有《毓文书院碑记》："洋川毓文书院者，旌德县洋川镇人谭君子文所创建也。……君自幼时，已弃学为贾，然性酷嗜书，一日辄两至院中，听诸生读书声以为乐。院中自讲堂及横舍外，又就冈阜之高下曲折，建为亭馆廊庑，有塔焉，以备远眺；有楼阁焉，以备文宴游息，盖胜于君所居室远甚。"②毓文书院八景：黄高铺云、金鳌返照、重楼月色、高阁松涛、虹桥春涨、一杵送残、绿海浮烟、蓬莱积雪。嘉庆年间孙原湘主书院。孙原湘作有《毓文书院八咏》。

6. 锦屏书院十景

锦屏书院位于四川阆中。此地是古代治平园，亦名东园之址。为北宋治平初所建，有郎中庵、三角亭、四照亭、红药栏、清风台、明月台、锦屏阁、花坞、柳桥、曲池等。北宋文学家黄庭坚有记，文同著有《东园十咏》。清乾隆二十三年，庄芝园守保宁郡时建成。嘉庆二十四年重建书院十景：星台晚眺、螺塔晴波、莲塘贮月、蓼岸渔舟、楼阁交辉、红桥溪涨、竹榭笼云、稼亭牧笛、治平缉古、宜园恒春。

7. 青溪书院十景

青溪书院在青浦县城南（今上海青浦）。嘉庆五年，王昶主青溪书院。穆彰阿《嘉庆大清一统志》卷八二："青溪书院在青浦县城南，本朝嘉庆元年建十八年修。"《光绪青浦县志》卷九记载："青溪书院旧在南门外，万寿塔院右。嘉庆五年知府赵宜喜、知县卢焌温恭倡建，延王昶主讲。"③青溪

---

① 六盘水市地方志编纂委员会：《六盘水旧志点校》，贵州人民出版社，2006年，第433页。
② 陈谷嘉、邓洪波主编：《中国书院史资料》，浙江教育出版社，1988年，第1261—1262页。
③ 《上海府县志辑》第6册，见《中国地方志集成》，上海书店出版社，1991年，第186页。

书院十景：青溪一曲、五峰拱翠、雉堞连云、烟村杏霭、远浦云帆、礼门桃李、芸签小阁、讲院梧阴、层楼释菜、绀塔凌云。王昶广征题诗歌咏青溪书院十景，有潘奕隽、许宗彦、屠倬、朱彭、汤礼祥等多人作《青溪书院十景》诗。

8. 紫阳书院十六景

紫阳别墅位于浙江杭州，前身为周雨文文园。康熙四十二年，高熊征首创紫阳书院。高熊征有《紫阳别墅十二咏》分咏书院乐育堂、南宫舫、五云深处、别有天、寻诗径、看潮台、巢翠亭、螺泉、鹦鹉石、笔架山、垂钓矶、簪花阁十二处景致。[①]孙衣言依高熊征遗意，作《紫阳书院十六咏》，和者有吴存义、谭献、薛时雨等名流。序云："枕山面江，中有层楼，楼旁有池，池有泉水清涟可爱。后有花厅，红绿参差掩映。阶砌再折而北，渐登吴山高处。凭而远眺，钱江圣湖悉在几席间。又有石门天成，石径迂折，古木森阴，花香鸟语，饶山林之趣而无城市之嚣。以中奉紫阳朱夫子位，故颜曰紫阳别墅。"[②]紫阳书院十六景：乐育堂、五云深处、春草池、凌虚阁、簪花阁、别有天、寻诗径、巢翠亭、螺泉、鹦鹉石、笔架峰、垂钓矶、校经亭、观澜楼、景徽堂、听经岩。

9. 魏塘书院十景

魏塘书院位于浙江嘉善，乾隆三年构建。穆彰阿《嘉庆大清一统志》卷二八七记载："魏塘书院在嘉善县东南隅，乾隆三年建。"魏塘书院原为程氏别墅。崇祯元年，进士李奇玉在此主讲《易经》。乾隆三年知县张圣训及曹庭栋、曹庭枢与邑人共建。曹庭栋《魏塘书院杂咏十首序》："城东南隅旧有程氏别业，乾隆丁巳，杏传张明府莅我邑，欲创置书院，捐俸购之。余与同人共事修葺。三阅月，焕然改观。藏修游息之所，极一时之盛。今明府以被

论去，士思其德，建祠祀焉。爰各系以诗志盛，并志感云。"①曹庭栋有《魏塘书院杂咏十首》，曹庭枢有《魏塘书院十咏》。魏塘书院十景：城南讲堂、衡殷阁、六贤祠、萃古楼、虚受斋、他山书屋、敬业乐群轩、洗心亭、生白室、张公祠。

10. 金陵书院八景

金陵书院在湖南山永乡县城西，原名金陵义学，又称文昌阁。乾隆四年由乡绅李如璧等人倡建。乾隆四十六年，知县张治题金陵书院。据《光绪永兴县志》记载，嘉庆十八年，绅士李如暲、江义昆、刘代珣、刘希晏等重修。知县程永图有序拟书院八景并赠七言律八首。金陵书院八景：龙角挂榜、狮岭呈祥、色马空群、鸡仙惊读、高峰插笔、曲水回文、砚田种玉、楼头步月。②如陈永图咏砚田种玉："书院非田欲近田，书田菽粟缵薪传。耕田秀擢三秋馥，种砚杏生万宝全。玉籍他山攻可心，珍徒席上聘将然。连城价重应沽也，不待磨穿几度年。"

11. 岳麓书院八景

岳麓书院位于湖南长沙岳麓山。乾隆四十七年罗典任书院山长时在书院空地修池建亭，构筑成八景之胜，使书院愈为情趣幽然。罗典，字徽五，号慎斋，湖南湘潭人，官至鸿胪寺少卿。岳麓书院八景：柳塘烟晓、桃坞烘霞、风荷晚香、桐荫别径、花墩坐月、碧沼观鱼、竹林冬翠、曲涧鸣泉。文人雅士纷纷题诗歌咏，如书院弟子俞超《岳麓书院八景》诗："晓烟低护柳塘宽，桃坞霞烘一色丹。路绕桐荫芳径别，香生荷岸晚风抟。泉鸣涧并青山曲，鱼戏人从碧沼观。小坐花墩斜月照，冬林翠绕竹千竿。"

---

① 曹庭栋：《产鹤亭诗一稿》，见《四库全书存目丛书》集部第282册，齐鲁书社，1997年，第152页。
② 参见《光绪永兴县志》，江苏古籍出版社，2002年，第410页。

12. 城南书院十景

城南书院位于湖南长沙，原是南宋大儒张栻之父张浚在潭州的居所，建于绍兴三十一年（1161），因张栻和朱熹曾在此讲学而颇负盛名。城南书院十景：丽泽堂、书楼、蒙轩、卷云亭、月榭、纳湖、琮琤谷、听雨舫、采菱舟、高阜。张栻（字敬夫，号南轩）作《城南书院十景》诗，朱熹作《书院十景为敬夫赋》相唱和。书院在宋时已荒废。明正德二年（1507），陈凤梧在妙高峰下复建。道光二年巡抚左辅在妙高峰上复建城南书院，恢复十景。劳崇光《城南书院赋》记十景之胜："草树回环，山川萦束，纳湖供其溯洄，高阜任其瞻瞩。访旧基于月榭，危栏之影依然；叩曩躅于云亭，隐几之吟可续。舫名听雨，闲垂软涨三篙；舟泛采菱，缓度新歌一曲。……轩开半亩，养蒙迪我聪明；堂矗三椽，丽泽成吾学问。看江波月色，潇湘之灵秀如新；仰圣域贤关，闽洛之渊源伊近。"[1]

13. 文华书院十景

文华书院在湖南浏阳。道光二十一年知县胡泰阶倡建，取"文章华国"之义。《光绪湖南通志》卷六八："文华书院在浏阳县南文家市。道光二十一年，知县胡泰阶建。咸丰元年，知县赵光裕增修。"[2]文华书院十景：龙山霁雪、雁塔斜阳、天台风月、许阜云烟、柳潭春涨、槐市秋香、江洲芳草、沙渚文漪、仙乘牧笛、磨斧樵歌。

14. 云山书院十景

云山书院位于湖南宁乡水云山下。同治四年，陕西巡抚刘典倡建。《光绪湖南通志》卷六八："云山书院在宁乡县西九十里地名横市。同治四年，阖邑创建。"[3]周瑞松《云山书院形势纪略》："水云山在宁乡县西九十里，六都横市沩水南岸，重峦叠嶂，上入霄汉。山势由双蕊峰蜿蜒而下，拓为平

---

① 余正焕、左辅、张亨嘉编撰：《城南书院志 校经书院志略》，岳麓书社，2012年，第152页。
② 卞宝第、李瀚章修，曾国荃、郭嵩焘纂：《光绪湖南通志》卷六八，清光绪十一年刻本。
③ 卞宝第、李瀚章修，曾国荃、郭嵩焘纂：《光绪湖南通志》卷六八，清光绪十一年刻本。

地，书院在焉。"①云山书院以"处为大儒，出为良佐"为培养宗旨，教育学生
"贵博学、审问、慎思、明辨以析其理，笃行以践其慎"。云山书院十景：长
桥夕照、鉴泉印月、奎阁凌云、云寺钟声、悬崖飞瀑、太素元泉、方塘倒影、
水榭看山、双江云树、云壑晴岚。②如周瑞松《宁乡云山书院志》中"鉴泉印
月"题诗序："书院前方塘下甃石为井，空山秋夜月印澄泉对之，神恬气静，
真足增长道心。"

15. 玉潭书院六景

玉潭书院位于湖南宁乡，乾隆十九年巡抚陈宏谋筑。《光绪湖南通志》
卷六八："玉潭书院在宁乡县东门外，旧在县治左，名玉山书院。明嘉靖中
建后毁于兵。国朝乾隆十九年迁建今所。巡抚陈宏谋易今名。咸丰四年粤
寇，过堂斋被毁。七年，知县耿维中修复。同治元年大水西斋一带尽倾圯
邑人修复。"③乾隆年间周在炽《玉潭书院志》记玉潭书院六景：辟凤翩流丹、
薛花淳玉、化龙跃浪、天乌昂霄、绝楔擎云、灵峰铺翠。

16. 鳌峰书院十景

鳌峰书院位于福建福州。康熙四十六年诏令全国设立书院，福建巡抚
张伯行于鳌峰坊正谊堂旧址建鳌峰书院，修建藏书楼、鉴亭。康熙五十年
御赐"三山养秀"匾。乾隆三年，御赐"澜清学海"匾。乾隆十年，掌教严
源煮赞书院十景：秀分鳌顶、灵对九仙、讲院临流、鉴亭峙水、方池鱼跃、
丛树莺歌、奎章眺远、仙井斗奇、交翠迎凤、棋盘玩月。嘉庆二年，游光绎
修《鳌峰书院志》。王式金作《鳌峰书院十景》诗，分咏十景之胜，如咏秀
分鳌顶："于山割一阜，分作育贤薮。胜地天特开，鬼神相与守。人文萃七

---

① 周瑞松：《宁乡云山书院志》，见赵所生、薛正兴主编：《中国历代书院志》第5册，江苏
教育出版社，1995年，第267页。
② 参见邓洪波、彭爱学主编：《中国书院揽胜》，湖南大学出版社，2000年，第248—249页。
③ 卞宝第、李瀚章修，曾国荃、郭嵩焘纂：《光绪湖南通志》卷六八，清光绪十一年刻本。

闽，书史藏二酉。良由灵气钟，山脉通鳌首。"①

17. 炉峰书院八景

炉峰书院在福建云霄县马铺乡石鼓村。乾隆二十三年进士何子祥、赖升闻、张君玉倡建。炉峰书院八景：三台叠翠、七里拖蓝、狮岩涌雾、罅峙篆云、莲塘新夏、桂岭深秋、猿峰吐月、凤髻朝阳。何子祥《蓉林笔钞》有《炉峰书院八景诗》，如咏三台叠翠："天阶列宿明，地轴浮峦翠。高高云汉齐，面面风光腻。开轩延朝爽，幽独良足媚。嶙峋如有灵，文笔生奇思。"②

18. 浦阳书院八景

浦阳书院位于福建云霄。何子祥捐建。何子祥，字象宣，号蓉林，福建漳州人，乾隆十六年进士，及第后归乡建炉峰书院、浦阳书院。浦阳书院八景：层阁披云、长廊听雨、梅轩春信、桂院秋香、泮池塔影、水榭钟声、柳岸吟风、石桥啸月。何子祥《蓉林笔抄》有《浦阳书院八景诗》《浦阳书院八景图诗序》，如何子祥《浦阳书院八景诗》咏层阁披云："四山多白云，随风到层阁。飘飘巾带间，披对遥遥瞩。星斗若可扪，雷雨或交融。人文倬天章，雅诗赓械朴。"③

19. 龙湖书院十景

龙湖书院位于福建浦城登瀛门外龙湖边，官办书院。何子祥《蓉林笔抄》卷三《龙湖书院序》云："书院曷以额'龙湖'？郡伯即其景，且寓属望之意也。堪舆家又来了平邑龙脉从昆山来。昆山连冈插霄，屏嶂凌云，踊跃腾翔，不可名状。至五凤山，再耸员峰，然后蜿蜒而见于田。十许里，

---

① 谢其铨主编：《于山志》，大众文艺出版社，2009年，第305页。

② 何子祥：《蓉林笔抄》，见张耀堂、吴鼎文编：《云霄历代诗文稿存》，云霄县人大常委会编印，2009年，第353页。

③ 浦江县档案局编：《浦阳风物旧咏》，宁夏人民出版社，2019年，第117页。

从西门入，复蟠其首于西水门外之左，有地隆然，还望昆岩，即建书院处也。"①何子祥《龙湖书院十景诗》分咏龙湖书院十景：三峰叠秀、双桥垂虹、白石春花、锦屏秋叶、龙湖泛月、凰谷巢云、亭开新霁、柳交远风、丹岭朝霞、谯楼晚角。如咏双桥垂彩："双桥波面合，返照俨虹垂。碧涧澄澜彻，芳风画舸移。东西光掩映，下上影差池。最爱霞如绮，残阳雨霁时。"②

20. 白石书院十二景

白石书院位于福建浦阳，原为白石山房，明代张孟兼读书之所。乾隆二十九年何子祥改其为书院。何子祥《白石山房十二景诗》之跋："龙王庙之侧，有白石山房，明张孟兼先生与其从弟读书处也。……余复拆庙之精舍通于楼，为士子讲诵之所。……山房十二景，邑之能诗者咸歌咏其盛，余亦作小诗纪之。"③白石书院十二景：丹崖摩日、玉潆垂虹、春波浴鲤、夏木鸣莺、新亭遇雨、晚洞归云、幻荷露石、篆碣霜苔、繁花谷口、澄月潭心、樵歌曲径、琴韵别楼。《白石山房十二景诗》之咏丹崖摩日："高崖卓天半，云气积弥漫。扶桑来晓日，云散光流丹。凭轩寄遐瞩，洞觉胸臆宽。万象会有真，难许坐井观。"④

21. 榕江书院八景

榕江书院位于广东揭阳。乾隆八年，县令张公薰始构。乾隆三十二年，知县刘业勤扩筑成书院八景。刘业勤作《榕江书院记》："乾隆八年，前令张公薰始购地城西筑精舍，为榕江书院。顾形制卑陋，且檐阿宗棁，陁落

---

① 何子祥：《蓉林笔抄》，见张耀堂、吴鼎文编：《云霄历代诗文稿存》，云霄县人大常委会编印，2009年，第320页。

② 何子祥：《蓉林笔抄》，见张耀堂、吴鼎文编：《云霄历代诗文稿存》，云霄县人大常委会编印，2009年，第357页。

③ 何子祥：《蓉林笔抄》，见张耀堂、吴鼎文编：《云霄历代诗文稿存》，云霄县人大常委会编印，2009年，第356页。

④ 何子祥：《蓉林笔抄》，见张耀堂、吴鼎文编：《云霄历代诗文稿存》，云霄县人大常委会编印，2009年，第357页。

日甚。岁丁亥，余于公暇爱其地之胜，思无废前人因重修而式廓之，乃甫建一楼，旋值外艰云。乙未，再临，窃喜得酬前志，爰诹日鸠工，先缭之周垣，表之绰楔，继而伉其门，殖其庭。……"①榕江书院八景：奎楼揽胜、蓬岛听泉、曙院书声、射亭竹韵、方池鳞跃、曲沼荷香、芳庭挹翠、嘉树停云。陈子承作《榕江书院八景诗》。

22. 韩山书院八景

韩山书院位于广东潮州，据穆彰阿《嘉庆大清一统志》卷四四六记载，宋元祐五年（1090）知州王涤建立。匾额为"昌黎伯庙"，祭祀韩愈，几经毁弃、修复、重建。清顺治四年，惠潮道巡道曾弘在城南重修韩山书院。嘉庆十三年，郑昌时作为重建韩山书院的司事，参与园林景观建设。嘉庆十六年，韩山书院完工。郑昌时，字平阶，后名重晖，广东海阳人，诸生。韩山书院八景：亭阴榕幄、石磴松涛、曲水流觞、平池浸月、橡木遗迹、鹦鹉古碑、水槛观鱼、山窗听鸟。郑昌时作《韩山书院八景诗》，如咏亭阴榕幄："绿树荫如幄，青山张似屏。此中堪着我，坐啸飞霞亭。"②

附表 3-1 清代书院八景表

序号	八景景名	园主	时代	地点	八景名目	备注
1	莲池书院十二景	方观承	乾隆	河北保定	春午坡、万卷楼、花南研北草堂、高芬阁、宛虹亭、鹤柴、蕊幢精舍、藻泳楼、绎堂、寒绿轩、篇留洞、含沧亭	高宗《莲池十二景诗》
2	文蔚书院八景	靳荣藩	乾隆	河北张家口	杰阁昂霄、池塘春草、老树干云、平桥延月、花田晓日、曲栏游径、南山当户、邻馆青灯	靳荣藩《题文蔚书院八景图》
3	睢州洛学书院八景	刘蓟植	乾隆	河南商丘	环池芳草、锦城金带、双桥彩虹、仙峰滴翠、奎楼远眺、冈峦夜月、双寺晓钟、冽井甘泉	李继圣《睢州洛学书院八景诗》

---

① 陈谷嘉、邓洪波主编：《中国书院史资料》，浙江教育出版社，1988年，第1134页。
② 郑昌时：《韩江闻见录》卷九，吴二持点校，暨南大学出版社，2008年，第113页。

续表

序号	八景景名	园主	时代	地点	八景名目	备注
4	凤山书院八景	刘汉英	嘉庆	贵州盘县	魁阁飞霞、书楼赏雨、薇云夏幕、桂露秋香、笔岫凌云、斗亭留月、山房抱膝、井泉洗心	刘汉英《凤山书院八景》
5	毓文书院八景	谭子文	乾隆	安徽旌德	黄高铺云、金鳌返照、重楼月色、高阁松涛、虹桥春涨、一杵送残、绿海浮烟、蓬莱积雪	孙原湘《毓文书院八咏》
6	锦屏书院十景	庄芝园	乾嘉	四川阆中	星台晚眺、螺塔晴波、莲塘贮月、蓼岸渔舟、楼阁交辉、红桥溪涨、竹榭笼云、稼亭牧笛、治平缉古、宜园恒春	文同《东园十咏》
7	青溪书院十景	王昶	嘉庆	上海	青溪一曲、五峰拱翠、雉堞连云、烟村杏霭、远浦云帆、礼门桃李、芸签小阁、讲院梧阴、层楼释菜、绀塔凌云	《光绪青浦县志》
8	紫阳书院十六景	高熊征	康熙	浙江杭州	乐育堂、五云深处、春草池、凌虚阁、簪花阁、别有天、寻诗径、巢翠亭、螺泉、鹦鹉石、笔架峰、垂钓矶、校经亭、观澜楼、景徽堂、听经岩	孙衣言《紫阳书院十六咏》
9	魏塘书院十景	曹庭栋	乾隆	浙江嘉兴	城南讲堂、衡殷阁、六贤祠、萃古楼、虚受斋、他山书屋、敬业乐群轩、洗心亭、生白室、张公祠	曹庭栋《魏塘书院杂咏十首》、曹庭枢《魏塘书院十咏》
10	金陵书院八景	李如璧	嘉庆	湖南郴州	龙角挂榜、狮岭呈祥、色马空群、鸡仙惊读、高峰插笔、曲水回文、砚田种玉、楼头步月	《光绪永兴县志》
11	岳麓书院八景	罗典	乾隆	湖南长沙	柳塘烟晓、桃坞烘霞、风荷晚香、桐荫别径、花墩坐月、碧沼观鱼、竹林冬翠、曲涧鸣泉	俞超《岳麓书院八景》
12	城南书院十景	左辅	道光	湖南长沙	丽泽堂、书楼、蒙轩、卷云亭、月榭、纳湖、琼玎谷、听雨舫、采菱舟、高阜	劳崇光《城南书院赋》
13	文华书院十景	胡泰阶	道光	湖南浏阳	龙山雾雪、雁塔斜阳、天台风月、许阜云烟、柳潭春涨、槐市秋香、江洲芳草、沙渚文漪、仙乘牧笛、磨斧樵歌	《光绪湖南通志》
14	云山书院十景	刘典	同治	湖南宁乡	长桥夕照、鉴泉印月、奎阁凌云、云寺钟声、悬崖飞瀑、太素元泉、方塘倒影、水榭看山、双江云树、云壑晴岚	《宁乡云山书院志》

续表

序号	八景景名	园主	时代	地点	八景名目	备注
15	玉潭书院六景	陈宏谋	乾隆	湖南宁乡	辟凤翻流丹、薜花淳玉、化龙跃浪、天鸟昂霄、绝楔擎云、灵峰铺翠	周在炽《玉潭书院志》
16	鳌峰书院十景	张伯行	康熙	福建福州	秀分鳌顶、灵对九仙、讲院临流、鉴亭峙水、方池鱼跃、丛树莺歌、奎章眺远、仙井斗奇、交翠迎风、棋盘玩月	王式金《鳌峰书院十景》
17	炉峰书院八景	何子祥	乾隆	福建浦阳	三台叠翠、七里拖蓝、狮岩涌雾、鳞峙篆云、莲塘新夏、桂岭深秋、猿峰吐月、凤髻朝阳	何子祥《炉峰书院八景诗》
18	浦阳书院八景	何子祥	乾隆	福建浦阳	层阁披云、长廊听雨、梅轩春信、桂院秋香、泮池塔影、水榭钟声、柳岸吟风、石桥啸月	何子祥《浦阳书院八景诗》
19	龙湖书院十景	何子祥	乾隆	福建浦阳	三峰叠秀、双桥垂虹、白石春花、锦屏秋叶、龙湖泛月、凰谷巢云、亭开新霁、柳交远风、丹岭朝霞、谯楼晚角	何子祥《龙湖书院十景诗》
20	白石书院十二景	何子祥	乾隆	福建浦阳	丹崖摩日、玉漈垂虹、春波浴鲤、夏木鸣莺、新亭遇雨、晚洞归云、幻荷露石、篆碣霜苔、繁花谷口、澄月潭心、樵歌曲径、琴韵别楼	何子祥《白石山房十二景诗》
21	榕江书院八景	刘业勤	乾隆	广东揭阳	奎楼揽胜、蓬岛听泉、曙院书声、射亭竹韵、方池鳞跃、曲沼荷香、芳庭挹翠、嘉树停云	陈子承《榕江书院八景诗》
22	韩山书院八景	郑昌时	嘉庆	广东潮州	亭阴榕幄、石磴松涛、曲水流觞、平池浸月、橡木遗迹、鹦鹉古碑、水槛观鱼、山窗听鸟	郑昌时《韩山书院八景诗》

* 本表收录部分清代书院集景名称、景观名目、集景形成年代和集景出处。

后　记

　　这部书稿是在我博士后报告的基础上修订完成的。西北大学博士后的学习生涯是我个人科研工作与人生经历中一段重要的历程。衷心感谢我的博士后导师李浩先生。李浩师仁善淳雅、博学智慧，在学术研究上独具慧眼且勤勉不怠，尤在地域文化、唐代文学、园林文学研究等领域造诣精深。我能投身于敬慕已久的先生门下学习，实属人生幸事。先生为人治学皆是我学习的榜样，也是我前行的鞭策。在日常学习中，先生为我们拓展学术视野，搭建交流平台，指点研究思路。每每遇到学业和生活上的困惑，求教于先生时，先生三言两语即可为我指点迷航，受益终生。在跟随先生学习的日子中，我对先生的敬佩之情与日俱增，然而又常常因自己学识谫陋而感到惶恐，只待日后继续努力以期不辜负先生的教导。

　　李浩师指引我进入了园林文学领域，为我开拓了一方新的研究天地。不入园林，怎知春色如许。中国传统园林模仿自然山水，其一亭一阁、一草一木充满了自然情趣与人文情怀。园林是物质的景观空间、逸趣的审美空间，也是人们栖居身心的精神家园。园林之于我而言，是一个能无限拓展延伸的研究视域，在这些古典园林文字和图画中可以感受静逸清疏的园林意境，可以品味雅致幽韵的园居生活，可以怀想诗酒歌欢的园林雅集，去感知文人的园林寄寓，去触摸古人园林生活的脉动。

　　日常学习生活虽多简居书斋，但身未动，心已远，我的学术视线和万种心绪常常随着园林文字、图绘游走于古代的各个园林中，感悟园林的景观风物与画境诗情。在读书、工作、生活之时，虽也时时感到困顿，但也能在壶中天地的畅游中得以润泽心灵，获得无限慰藉。

读万卷书，行万里路，是一种生活的实践，也是视野的提升。希望今后除沉浸于园林文学文献之外，还能更多地游走于古典园林中，去体验园林山水的魅力，以开阔的视野、踏实的态度来面对生活、享受生活、感悟生活。